孩子你是在为自己读书

卜翔宇 编著

北京工艺美术出版社

图书在版编目（CIP）数据

孩子你是在为自己读书/卜翔宇编著. — 北京：北京工艺美术出版社，2017.7
ISBN 978-7-5140-1301-6

Ⅰ.①孩… Ⅱ.①卜… Ⅲ.①成功心理-青少年读物 Ⅳ.①B848.4-49

中国版本图书馆CIP数据核字（2017）第156160号

出 版 人：陈高潮
责任编辑：王炳护
封面设计：韩立强
责任印制：宋朝晖

孩子你是在为自己读书

卜翔宇　编著

出　　版	北京工艺美术出版社
发　　行	北京美联京工图书有限公司
地　　址	北京市朝阳区化工路甲18号 中国北京出版创意产业基地先导区
邮　　编	100124
电　　话	（010）84255105（总编室） （010）64283630（编辑室） （010）64280045（发　行）
传　　真	（010）64280045/84255105
网　　址	www.gmcbs.cn
经　　销	全国新华书店
印　　刷	北京中振源印务有限公司
开　　本	787毫米×1092毫米　1/16
印　　张	16
版　　次	2017年7月第1版
印　　次	2017年7月第1次印刷
印　　数	1～5000
书　　号	ISBN 978-7-5140-1301-6
定　　价	32.00元

前　言

你在为谁读书？这是每个青少年在成长过程必须面对的问题，并且要认真思考和回答的问题。现在似乎很少有人觉得这会是个问题。在新的时代环境下，我们不妨抽时间问一问自己这个问题。

2005年3月，我正式开始北漂的生活。一个人怀揣着所谓的文化梦想，去往一个陌生的城市生活。现在想来，那时常念叨着所谓的梦想的我，也许根本不明白"读书为了谁"这5个字的含义和它所蕴含的力量。

曾经看到一篇文字，说如果你有一台时光机可以带你回到过去，你会对过去的自己说些什么。我认真地想了想，如果回到最开始的那几年，我会对那个动不动就嚷嚷着要放弃的自己说一句："感谢你没有选择放弃。"

二十多岁是个尴尬的年纪，即便在幼时我曾经无比憧憬过这样的年龄。小时候的自己有很多的梦想，想象着在黄金年代自己会是一个什么样的人，我想那时在他的诸多幻想中，绝对没有想到我会是这样——我没有变成威风的警察，也没有变成科学家，我更没有改变世界。二十多岁的我们，好像被印上了很多不属于我们的东西。我们被迫懂得很多人情世故，我们被迫知道现实的残酷之处，伴随着我们所谓的梦想和一触即溃的自尊，开始变得不知所措。我们想要依赖自己，却发现自己也靠不住；我们安慰自己还小，却发现身边的朋友已经风生水起。我们想要依靠自己生活，却发现生活远比想象的要困难；我们想要在黄金年代里做自己，却发现最难的就是做自己。

然而一切还是过来了，那个曾经好几次觉得自己就要倒下的时刻还是过来了。在这样的生活里，我学会了怎么看待离别，怎么看待孤单，怎么看待生命里那些无能为力的事情。当你还没有出去看世界，还没有踏上实现梦想的第一步的时候，你的踌躇满志并不是梦想；当你看清了全世界，当你明白梦想是多难实现的时候，你才真正明白了梦想是什么。

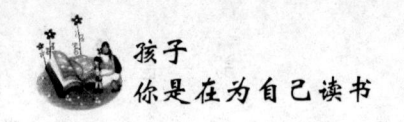

罗曼·罗兰在《米开朗基罗》里说："世界上只有一种真正的英雄主义，那就是认清生活的真相后还依然热爱生活。"

"德不孤，必有邻。"出自《论语》，这里的"德"，指的是有道德的人，"不孤"，就是不会感到孤单。整句话的意思是有道德的人是不会孤单的，一定会有志同道合的人来和他相伴。这句话涵含着一种做人的修养与智慧。在有德行的人眼里，关怀弱者、关怀社会是他们的责任和义务。为高尚的品德而活，也许会寂寞、会痛苦，但是最终一定会得到更多人的理解、欣赏与敬佩。

本书从十多个方面进行阐述，从而清晰地为青少年挖掘自身潜能、不断进取、最终成为卓越人才提出了一整套实用的人生规划。以期使许多读者的人生发生转折，也让许多家长对自己的孩子重新燃起希望。

是为序。

著名亲子教育专家　谢天

目 录

第一章 读万卷书，行万里路

为你自己的未来读书 …………………………………… 1
读书不是为师长 ………………………………………… 3
用心读书，就是对自己的未来负责 …………………… 6
学习带来的成长比成功更重要 ………………………… 7
学习力比学习本身更重要 ……………………………… 9
校园，是人生经过的最美的地方 ……………………… 11

第二章 熟读精思子自知

兴趣是最好的老师 ……………………………………… 13
读书要充满激情 ………………………………………… 26
改变你既有的读书习惯 ………………………………… 30
如何选择一本好书 ……………………………………… 34
读书要有"钻书"精神 ………………………………… 35

第三章 腹有诗书气自华

相信自己是读书的料 …………………………………… 37
充满自信，战胜读书路上的挫折 ……………………… 40
读书是真正的幸福之本 ………………………………… 42
读书能改变你的命运 …………………………………… 44

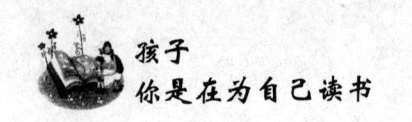

人生需要智慧，智慧来自读书 ················· 47

第四章　立志读尽人间书

拥抱理想，读书是一条捷径 ················· 49
让梦想为我们的人生导航 ··················· 51
做一个志向远大的人 ······················· 53
你自己就是最大的宝藏 ····················· 55

第五章　书山有路勤为径

读书一定要勤奋 ··························· 59
天道酬勤，勤能补拙 ······················· 60
勤奋要从珍惜时间开始 ····················· 62
刻苦学习，改变命运 ······················· 64
没有人只依靠天分成功 ····················· 66
青春有期限，时间莫浪费 ··················· 68

第六章　读书须尽苦功夫

读书人要有志、有识、有恒 ················· 79
持之以恒才能成就大业 ····················· 81
没有恒心，一定学无所成 ··················· 85
人贵有志，学贵有恒 ······················· 87

第七章　漫卷诗书喜欲狂

名人也曾比我差 ··························· 90
说你行，你就一定行 ······················· 92
好态度也是一种本领 ······················· 94
勤奋，开启知识宝库的唯一钥匙 ············· 95

持之以恒才能让成功成为可能 ·················· 97
随时保持"不满" ·································· 98
只有自己不敢面对的时候，难题才会出现 ······· 100
上进心与成就成正比 ····························· 101
永远都要坐前排 ·································· 102
课本知识不是老土过时的内容 ··················· 104
学松树抖落积雪的智慧，给自己减压 ············ 106

第八章 书当快意读易尽

兴趣激发一切 ····································· 108
兴趣是阅读的第一推动力 ························ 108
阅读兴趣需要父母的引导 ························ 109
培养孩子阅读兴趣从小做起 ····················· 111
帮孩子抛弃"读书痛苦"的想法 ················· 113
从"让孩子成功"着手 ···························· 115
尊重孩子的兴趣 ·································· 117
父母读书给孩子听 ································ 124
以表演故事的方式读书 ·························· 126
陪伴阅读 ·· 128
让书本和实物相结合 ····························· 130
外出旅行 ·· 131
给孩子选择的自由 ································ 132

第九章 六经勤向窗前读

父母做好榜样 ····································· 135
抓住点点滴滴的时间阅读 ························ 137
每天阅读的时间不宜太长 ························ 138
为孩子制定阅读计划 ····························· 140
革除不良的阅读习惯 ····························· 142

正确利用媒介 ……………………………………………… 145
如何指导孩子看电视 …………………………………… 146

第十章 读书切戒在慌忙

不动笔墨不读书 ………………………………………… 150
放映读书法 ……………………………………………… 153
随身携带法 ……………………………………………… 154
温故知新：循环读书法 ………………………………… 155
精品读书法 ……………………………………………… 158
快速阅读法 ……………………………………………… 159
精读和泛读并举 ………………………………………… 161
重视工具书 ……………………………………………… 165

第十一章 书读百遍、其义自见

思考是阅读之魂 ………………………………………… 167
教孩子几种思考方法 …………………………………… 168
好奇心——阅读思考的驱动器 ………………………… 169
逻辑思维能力的培养 …………………………………… 171
想象出一片新的天地 …………………………………… 173
记住的知识才是自己的 ………………………………… 175

第十二章 白首方悔读书迟

少年正是读书时 ………………………………………… 179
珍惜时间勤奋学习 ……………………………………… 181
懂得合理安排和分配学习时间 ………………………… 183
做一个早起的人 ………………………………………… 187
两耳不闻窗外事，一心只读圣贤书 …………………… 189

第十三章　人求上进先读书

理解书的内涵 …………………………………… 192
书是人的精神营养剂 …………………………… 193
通过读书提高你的素质 ………………………… 195
读书是我们获得信息与知识的方式 …………… 204
解读中国古人的"读书观" …………………… 205
确立良好的读书动机 …………………………… 210
读书是积累知识的最佳方式 …………………… 217

第十四章　少年辛苦终事成

当我们必须独立的时候，社会什么样 ………… 222
十年后，我能否成为自己最崇拜的人 ………… 223
长大了，我要做些什么 ………………………… 225
珍惜读书的机会，未来的社会才会尊重你 …… 227
知识是一切能力中最强的力量 ………………… 230
没有明天的人，不会拥有快乐 ………………… 231

第十五章　而今迈步从头越

学习是一辈子的事情 …………………………… 233
永远不要轻言放弃 ……………………………… 235
生活是我们最好的老师 ………………………… 237
读书：以更轻松的方式环游世界 ……………… 239
成功人士为什么还要读书：知识升级是以变应变的根本 … 241
头脑聪明却不用功是一种耻辱 ………………… 242
用心读书，许你一个可预见的美丽未来 ……… 244

第一章 读万卷书，行万里路
—— 为你的未来而读书

为你自己的未来读书

我们每一个人都要认真地问问自己：我到底在为谁读书？

既然我们已经否定了完全为父母或老师读书的不当想法，那么，我们在为谁读书呢？

要真正明白读书的真谛不是那么容易，尤其对于还没有真正长大的中学生们。但只要多多接触古今读书人的榜样和故事，就能从中领悟到读书的真正魅力，从而热爱读书，以读书为乐，通过读书实现自己的人生价值和社会价值。因为只有你自己拥有了知识和技能这对强大的武器，才能在以后的人生征程上勇往直前、所向披靡、战无不胜。

《清史稿·儒林》中记载着这样一个故事：

有个叫李颙的年轻人，不幸少年丧父，家中非常贫困，甚至可以说是一贫如洗。家庭生活仅依靠母亲替人帮工的微薄收入来维持生存。母亲把他含辛茹苦地抚养

成人，根本无钱让他上正规的学堂去读书。但是李颙意识到知识的重要性，不为贫困所吓倒，常以忠孝礼仪来勉励自己，依靠自己发奋自学，终于成为清初著名的"三大儒学家"之一，也成就了一个出身贫贱而成大业的光辉榜样。

意大利文艺复兴时期的著名大师达·芬奇曾经善意地提醒年轻人："趁年轻力壮去探求知识吧，你将弥补由于年老而带来的亏损。读书带来的智慧乃是老年的精神养料。年轻时应该努力，这样老时才不至于空虚。"

在科学技术如此发达的现代社会，如果一个人没有一点科学文化知

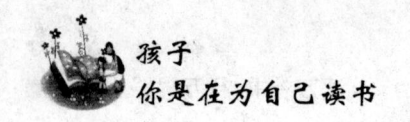

识，没有一技之长，就会寸步难行，被时代的浪潮淹没，更谈不上拥有幸福快乐的生活。我们不能做现代文盲，今天的学习将给我们带来明日的光明和欢笑。读书是为了获得科学知识，而科学知识是将来的谋生之本。没有少年时代的刻苦读书，就没有美好、幸福的明天。

所以，一个人不管将来想成为什么样的人，不管将来选择什么的道路——去独立经营企业，或到机关当公务员，到部队，或去公司等等，都必须从小好好地读书，努力地学习文化，用科学知识把自己武装起来。从这个意义上说，你是在为自己读书。

清朝学者戴震在《孟子字义疏证》一书中写道："人之初生，不食则死；人之幼稚，不学则愚。食以养其生，充之使长；学以养其良，充之至于圣人圣贤。"有知识的人，一生多幸福、多快乐；无知无识之人，一生多不幸、多痛苦。没有文化，在少年时可能没有什么体会，可是到了青年、中年，那种哀痛与悔恨是无法用语言来形容的。当你还是一个孩子时，总感觉读书学习的生活是如此漫长；当你成为一个青年走上工作岗位时，才会发现当时努力学习是多么重要；当你进入壮年时，你常常会为了知识的贫乏而懊悔当年学习时期的贪恋玩乐等；进入老年时，你悲伤地发现人生是多么短暂啊！所以，珍惜少年时代的读书机会非常重要。

少年时期，好比四季中的春季，那是春花烂漫的美好季节，是万物复苏、生长的季节。但是我们不能只顾留恋春季的美丽时光，而要在春季的时节考虑秋收的事情。我们不妨来学习一下农民伯伯那种辛勤劳作的精神。他们按季节时令来计划一年的春播耕种、精心呵护庄稼，到了秋天收获甜美的果实。试想，如果没有春天的播种计划，哪有秋天的收获？趁早进行人生规划，趁早去努力读书，年轻时候的努力，永远也不会白费。在美好的青春年华，如果能确定好人生的目标，并积极去努力，人生肯定会前程似锦。

生活总是在默默地过去，并不会诉说什么，但是时间却会诠释人生的真谛。只有珍惜现在的人，才不会为时间的流逝而遗憾。若虚度现在的人生，那么明天的生活肯定难熬。假如学习中能多点属于青春的快乐，定能冲淡许多人所谓的那种"枯燥、单调、愁闷"的读书苦味。

高尔基曾经饱含深情地说过："孩子们无忧无虑的笑声，犹如一股淙淙流动的泉水，把那陶醉于生活魅力的动人的欢笑，送上了生活的祭坛。"

青春是人生幸福美好的象征,又是纯真号快乐学习的代表。

知识之光给人带来光明,是一个人获得幸福的可靠保证。贫困多是没有文化的结果,不幸多是无知的代价,失败多是浅陋思想的误导。不读书,容易导致愚昧无知,那就犹如黑夜行路,漆黑一片,人生何以前进?

没有勤奋读书做自己人生的坚强后盾,任伊戈就都谈不上。勤学苦读是一个人获得成功的一大法则。刻苦读书,也是改善人生地位最好的武器。肯读书的人,将来必成大器。因为知识之光能够引导一个人走向成功之路。爱读书、爱学习不仅使一个人幸福,而且能使这个人特别有出息。读书学习不仅能帮助一个人开拓前程,而且能帮助一个人成就事业。读书学习能使人聪明、智慧,并且能使人谦虚、自信,有耐心和机智,而这些都是未来成功必须要有的要素。日积月累的读书生活,是明天事业成功的关键。没有今天的勤奋读书作为人生的保证,何来将来的辉煌业绩?今天的努力,就是明天的希望。

你想获得人生的成功吗?那么从"今天"努力读书开始。你想出人头地吗?

那么从"今天"努力读书开始。你想做不被人鄙视并且获得人们尊敬的人吗?那么从"今天"努力读书开始。你想让生命绽放灿烂的光芒吗?那么从"今天"努力读书开始。

没有今天的优秀学业,何来明天的成功事业?没有今天的辛勤耕耘,何来明天的丰收硕果?没有今天的品德修行,何来明天的崇高声誉?没有今天的执着追求,何来明天的掌声鲜花?

读书不是为师长

父母老师经常会对我们说:读书是为了自己。但是有时,我们觉得事实不是这样,成绩并不完全和自己的感受挂钩,成绩好的同学可能并不快乐,成绩不好的同学有时却能开心生活,放松交友,在同学之间很受欢迎。

从目前来讲,我们学习的短期目的似乎只是让大考小考顺利拿高分,满足父母和老师的期待,让他们展露欢颜,当我们的成绩下滑时,最担心

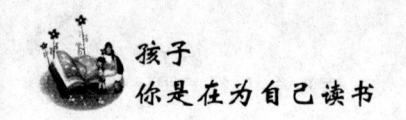

的也莫过于无法向他们交代。这让我们的心里产生了一种错觉：好像学习并没有为我们自己带来真正的好处，只是为了父母师长的要求才不得已而学的。毕竟三角函数和细胞结构图对于我们目前的生活和幸福指数之间，找不到任何关联。

　　但是静下心来想一想，父母师长无疑是非常爱我们的，难道他们会任由我们为了一件毫无意义的事浪费生命吗？绝对不会，他们已经走过了几十年的人生，他们经历过于我们一样迷茫懵懂厌恶学习的时期，也体会过知识储备的不足所导致的惨痛代价，体验过知识为自己带来的喜悦、光荣和成功，走过这段蹒跚的道路，他们经过分析和总结，发现了一个道理：虽然学习知识的过程也许有些累和枯燥，但是它的结果绝对是甜蜜的。他们爱自己的孩子和学生，所以，当他们想把他们的人生经验向世人传播的时候，首先想到了你们，他们最亲近的人。

　　他们不想让自己的孩子怀着痛苦的心情做枯燥的数学题和物理知识，也不舍得让自己的孩子舍弃一部分休息的时间背诵佶屈聱牙的古文，但是他们更深深地知道，没有苦痛和艰难的努力就没有成长，没有日后的成功，如果与让孩子一生目不识丁，在社会上步履维艰来比较，他们宁愿选择让他们选择现在的痛苦，而且，事实上，努力之中也自有快乐，当你们经历了入门期的枯燥体验，你们也会发现学习的天地里别有洞天，那里的神奇和奥妙是你原来难以想象的。

　　所以，我们必须明白，无论一个人是为了祖国而学习，还是为了父母而学习，学习的直接受益者都是自己。

　　只有学习，我们才能体会到遨游于知识世界的快乐，只有学习，才能体验目标实现的成就感，只有学习，才能在未来社会中立好身，找到自己认为最理想的工作和职业；只有学习，才能实现让妈妈住进大房子、带奶奶环游世界地梦想；只有学习，才能让我们成为一个高素质的、有内涵有魅力的人，只有学习，才能让我们有更敏锐的触角去体验生命的喜悦与快乐。

知识决定一个人的命运

　　对于个人而言，知识就是力量在于知识可以决定命运，这句话有两方面的含义：一方面，是指知识本身所具有的前所未有的巨大功能；另一方面，知识能够重塑人的性格，改善人的心态，从而通过学习铸就成功的人生。

《论读书》一书的作者培根说："读史使人明智，读诗使人聪慧，演算使人精密，哲理使人深刻，伦理使人有修养，逻辑修辞使人善辩。"

相反，一个不读书、不求知的人，他的生活会是怎样的呢？

国学大师林语堂先生这样说："那个没有养成读书习惯的人，以时间和空间而言，是受着他眼前的世界所禁锢的。他的生活是机械化的、刻板的，他只跟几个朋友和相识者接触谈话，他只看见他周围所发生的一切事情。他在这个监狱里是逃不出去的。"

但是，如果他走上读书、求知道路的话，那么一切都将改变。即使他只是开始读一本书。"他立刻走进一个不同的世界。如果是一本好书，他便立刻接触到一个世界上最健谈的人。这个谈话者引导他前进，带他到一个不同的国度或不同的时代，或者对他发泄一些私人的悔恨，或者跟他讨论一些他从来不知道的学问或生活问题。"

"读一本好书，就是和许多高尚的人谈话。"这是歌德读书的经验。

求知、学习就是置身于一个成功的环境，就是聆听贤达的教诲，就是与成功者做朋友，就是向成功者学习成功的方法。

知识是创新的准备，是竞争力的"内功"，是成功的积累。

《辽宁青年》杂志登载过一篇文章《你错过了什么》（作者孙盛起）——

你年轻聪明，壮志凌云。你不想庸庸碌碌地了此一生，渴望为国为民做出贡献。因此你常常在我耳边抱怨：

那个著名的苹果为什么不是掉在你的头上？那只藏着'老子珠'的巨贝怎么就产在巴拉旺而不是在你常去游泳的海湾？拿破仑偏能碰上约瑟芬，而英俊高大的你总没有人垂青？

于是，我想成全你，先是照样给你掉下一个苹果，结果你把它吃了。我决定换一个方法，在你闲逛时将硕大的卡里南钻石偷偷放在你的脚边，将你绊倒。可你爬起后，怒气冲天地将它一脚踢下阴沟。最后我干脆就让你做拿破仑，不过像对待他一样，先将你抓进监狱，撤掉将军官职，赶出军队，然后将你身无分文地抛到塞纳河边。就在我催促约瑟芬驾着马车匆匆赶到河边时，远远地听到'扑通'一声，你投河自尽了。

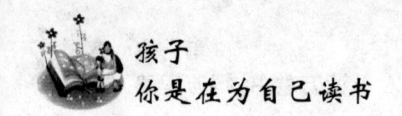

"唉！你错过的仅仅是机会吗？"

不，绝对不是，你错过的是准备。机会从来只给有准备的人。

因此，我们往往失去的不是机会，而是准备。谚语说，有缘千里来相会，无缘对面不相识。"缘"实质就是"准备"。没有准备的人，绝对与"人"无缘，与"事"无缘。

特别是在竞争日益加剧的今天，还没等到过招儿，胜负早已定了。在竞争激烈的今天，要击败对手，最终的办法就是比对方准备更充分、积累更多。

这种积累和准备，从广义上说，就是知识的积累和准备，从狭义上说，就是心态的准备、目标的准备和行动的准备（调整心态，明确目标，采取行动，都是求知的一部分）。

今天，人们越来越清楚地认识到了学习的巨大价值，学习渐渐地走进了每一个人的生活。学习不再只是小孩子的事，而是每一个想改变命运，想获取成功的人的事。

用心读书，就是对自己的未来负责

著名的哲学家萨特曾经说过："从他被投进这个世界的那一刻起，就要对自己的一切负责。"这一句话对于所有人来说都是适用的。

列夫·托尔斯泰曾经这样说过："一个人若没有热情，他将一事无成，而热情的基点就是责任心。"社会学家认为，当一个人富有责任心时，他的自我便真正开始形成，同时，这个人也由立志开始，影响力逐渐扩大，义务感逐渐增加，并能最终做出突出的成就。

对于青少年来讲，今天的用心读书，就是对自己的未来负责。

对自己负责是人们安身立命的基础。一个人应该为自己所承担的一切责任感到自豪，想要证明自己，那就对自己负责。

一次，茨格拉夫人的儿子从学校回家比平常晚了半小时，她对此表示充分的理解，但是，她也明确地告诉儿子："你玩的时间自然也就少了半个小时，这个时间我们可要遵守。"这样，就让儿子意识到了自己晚回家的后果，他就可能对自己的行为负责。

茨格拉夫人说："有时候，做父母的内心也会在爱与公平之间摇摆犹豫，但是不能因为孩子的借口而一味地迁就他的喜好，让他逃避责任。孩子如果没有按规定整理好他的书柜，那么面对他喜爱的电视节目，我们也只能做出很'遗憾'的决定。"

在人生的道路总会遇到成功、挫折、悲伤、快乐……然而同学们应该学会承担责任，自己的事情，对自己说："我对自己负责。"

众所周知，爱迪生刚在学校上了三个月的课，就被学校开除了。爱迪生从此失去了在校学习的机会，而他又很想学习。爱迪生知道，成长的道路上需要知识，于是他就恳求妈妈教他。正是这样，他一边向妈妈学习，一边自己摸索，最后发明了电灯等一千多项发明。由于爱迪生为自己负责，所以他前途无限光明。

张海迪是位下身瘫痪的女作家。曾经，初次得知自己下身瘫痪的她，也有万念俱灰的想法，然而出于对自己负责，她战胜了自己。她利用在家养伤的时间学习外语。正是这期间，为她后来的写作打下了牢固的基础，通过自学以及自我写作，最后成为世人皆知的风云人物。

假如没有爱迪生的勤奋好学，没有张海迪的顽强毅力以及本着对自己负责的态度，我们就少了一位纵横一千多项发明的发明家，一位博学的好作家，故而我们应对自己负责。

同学们在现阶段正处于校园学习阶段。学习，还是我们当前最重要的任务。然而有些同学却认为，学习是为上大学而准备的，他们不想上大学，就可以不学或者少学。而无论我们身居何处、何地，没有知识是不行的。我们应该本着对自己负责的态度，从现在开始好好学习，亡羊补牢为时不晚。在学习、工作、生活中，我们都应学会负责，对别人负责，对自己负责。

学习带来的成长比成功更重要

每个人对于生命都有自己不同的理解，在现在这个观念多元的社会，已经不是所有人都认为做官、创富是人生的唯一目标了。许多青少年热衷于歌手许巍的歌，就是因为其中有一种"生命在路上"的感觉。是的，生

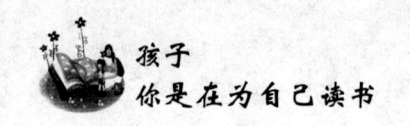

命是一个过程，它的结果没有好坏高低之分，重要的是充分的体验到生命的所有悲喜，经历过一点一滴的成长和成熟。

而心智的成熟，自我的成长，是需要学习来实现的。有这样一则幽默的历史故事：

恺撒领军出征，每每获胜必以酒肉金银犒赏三军。随行的亲兵仗着酒胆，问恺撒："这些年来，我跟着您出生入死，征战沙场，历经战役无数。同期入伍的兄弟，升官的升官，任将的任将，为什么直到现在我还是小兵一个呢？"

恺撒指着身边一头驴，说："这些年来，这头驴也跟着我出生入死，征战沙场，历经战役无数。为什么直到现在它还是一头驴呢？"

可见，没有学习的精神，那么生命会陷入停滞的状态，生活在青春期的我们，如果体验不到生命如初生朝阳般冉冉升起，力量逐渐壮大的话，又怎么才能体验到内心的喜悦呢？

《礼记·大学》中有段话："苟日新，日日新，又日新。"老子在《道德经》中说："合抱之木，生于毫末。九层之台，起于累土。千里之行，始于足下。"这些古老的中国经典文化都说明一个道理：量变积累到一定程度就会发生质变。一个人，只要坚持每天进步一点点，终有到达成熟和飞跃的那一天。

所以，不一定要功利主义地为自己设下一个成功的定义，只要有一种坚持"今天一定比昨天更好"的信念和勇气，并为之付诸行动，每天进步一点点，它具有无穷的威力。

学习正是进步过程中必须进行的一种活动，如同呼吸一样，它的真正期限是：终生。呼吸让身体获得氧气和活力，学习则使精神更为充实和健全。

从降尘到归根，儿童、青少年、中年、老年期的整个生命阶段，都蕴藏着不同的学习契机；每个人都担任着不同的角色，如单身、已婚、为人父母、为人祖父母、为员工、为老板，以及引导工作、参与社会，等等。在这样的发展过程中，我们都讲体会到学习带来的成长和愉悦。

学习是一生一世的事情，就像成长永远没有止境一样。早在远古时代，这一思想就散发着耀眼的光芒。两千年前中国的孔子就萌发并实践了"学而时习之，不亦乐乎"的信条。一千五百年前，伊斯兰教创始人穆罕默德也认为"人生应当自摇篮学习到墓穴"。

所以，为了生命的充实和喜悦，要求自己每天进步一点点，让自己在漫长人生旅途中，今天要比昨天强，今天的事情今天做，每天都在为成长进步做着永不懈怠的努力！为此，要始终保持一份平静、从容的心态，步履稳健地走好人生的每一步，用"自胜者强"来勉励、监督和强迫自己，克服浮躁，战胜动摇。不是做给别人看，所以不能懈怠，更不能糊弄自己，而是要用严于律己的人生态度和自强不息、每天进步一点点的可贵精神，走一条不断进取的光明大道。

学习力比学习本身更重要

有不少青少年认为，在学校里学到的知识是十分有限的，所学的知识在工作和生活中根本无从实践。在有这些想法的青少年的眼中，最有力的论据莫过于不少成功人士也没有接受过完整的教育，但是这不妨碍他们获得成功。

的确，有不少成功人士没有接受完整的教育，李嘉诚就是一个例子，但是少年失学后他并没有忘记平时的学习，当年在学校里学会的学习方法和技巧在他的自学生涯中发挥了莫大的作用，这一点，也正是被许多"学校知识无用论"者所忽视的关键。

也许学校里的学到的知识在以后的工作和生活中用到的很少，但是在学校里我们可以学到学习的方法和技巧，这些都可以让我们终身受用，并且会让我们能感觉到学习的快乐。

古人曰："授人以鱼不如授人以渔。"意思是说，学习捕鱼的方法比向别人要几条鱼好得多。捕鱼如此，学习亦然。从某种意义上说，学会学习比学会知识更重要。

李嘉诚在告诉青少年朋友们要学会学习时，打了一个生动的比喻。一个猎人到森林里去打猎，要准备猎枪和干粮。如果一个学生在学校里只知道积蓄知识，而不懂得与此同时掌握获得知识的方法和技巧，那么，等他以后走上工作岗位就像猎人打猎时只带了干粮没带猎枪一样。没有猎枪，干粮袋得再多，也有吃完的一天。但是如果有一支猎枪，并能运用自如，

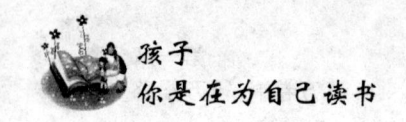

那么从此不仅能够

生存下去，而且能够实现可持续发展！所以学习能力才是真正的成功之母。

学习的内容纷繁复杂，然而最根本最重要的只有一项——学会学习。学会了学习，一切都会招之而来。毫不夸张地说，学习能力是"元能力"，是一切能力之母；学习成功是"元成功"，是一切成功之母。

有人说："失败是成功之母。"也有不少人说："成功是成功之母。"这两种说法都有各自的道理。从失败中，可以获得宝贵的经验教训，从而获得成功。恩格斯说："无论从哪方面学习都不如从自己所犯错误的后果中学习来得快。"失败最有助于学习，从而最能促进成功。所以说，"失败是成功之母。"在成功中，同样可以学到如何成功的经验，还能从成功中获得自信，受到激励，多方面地有助于成功。所以马尔兹说："成功孕育着成功"。由这一论述可见，"成功是成功之母"也不错。

然而，现实中的许多事例表明，这两种说法并不总是能成立。只有那些从失败中吸取教训、学到教训的人，才能使失败成为成功之母；同样，只有那些从成功中学习到成功的经验的人，才能使成功成为成功之母。所以，无论失败成为成功之母，还是成功成为成功之母，要想实现哪一方面，都必须以学习为基础。因此，说"失败是成功之母"、"成功是成功之母"，归根结底，是说"学习是成功之母"。只有学习能力才是真正的成功之母、永恒的成功之母。如果不具备学习能力，那么失败可以成为失败之母，成功也可以成为失败之母。

成功，并不是战胜别人，而在于战胜自己。你唯一能够改变的就是自己，你不可能也不可以去阻止别人的进步。而改变自己的唯一途径就是努力地学习，通过学习可以改造内在的品性与能力，从而改变外在的处境与地位。只有战胜自己的人，才是最伟大的胜利者、成功者。"欲胜人者必先自胜。"一个对知识和技能马马虎虎，不把功夫放在自己身上的人，失败是必然的。那么怎样才能学习知识与技能，怎样才能战胜自我呢？答案很简单，那就是充分运用你的学习能力。汤之盘铭曰："苟日新，日日新，又日新"。只有不断运用学习能力，才能达到持续更新、持续发展的高境界。

我们也可以用三段论来推导出我们的结论：

成功，取决于人的学识与经验——大前提；

学识与经验，取决于人的学习能力——小前提；

归根到底，成功取决于学习能力——结论。

所以，学习能力是真正的成功之母。

在知识经济时代，竞争日趋激烈，信息瞬息万变，盛衰可能只是一夜的事情。在激烈竞争中，只有不断学习、善于学习的人，才能具有高能力、高素质，才能不断获得新信息、新机遇，才能够获得成功。如果不能不断提高素质，跟不上时代发展的步伐，个人将会被淘汰，企业将会被淘汰。那么怎样才能避免不被淘汰呢？毫无疑问，答案是不断学习、善于学习。

富兰克林说过："花钱求学问，是一本万利的投资，如果有谁能把所有的钱都装进脑袋中，那就绝对没有人能把它拿走了！"

无论是个人、集体、国家或民族，只有学习，才能永远立于不败之地；只有充分运用学习能力，才能无往而不胜。总之，学习是最根本最通用的成功大法，学习能力是最根本的成功之母。

校园，是人生经过的最美的地方

著名的畅销书《爱的教育》的作者亚米契斯曾说：

学校是母亲……永远不要把她忘记！……即使你成了大人，周游了全世界，见过了大世面，她那质朴的白色房屋，关闭的百叶窗，和小小的园子——那时你的知识之花最初萌芽的地方，将永远保留在你的记忆之中，正如你的母亲永远会记着你呱呱坠地的房屋一样。

学校是我们离开父母怀抱，走向社会的一条通道。在这条通道上，我们开始遇见一些陌生人，并且绝大部分时间和他们待在一起。我们一起成长，渐渐熟悉起来，有了自己的朋友和自己生活的小圈子。我们一起交谈、一起歌唱、一起分享学习中的喜忧。老师不仅教我们读书识字，更重要的是指导我们怎样去看待这个世界。我们，在接触这个社会中慢慢形成了自己的思想。

校园是一个让你放飞思想的地方，它的精彩就在于各种思想因碰撞而迸发出的火花。那里有那么多智慧的源泉，有的深沉，有的清澈。每一位老师的谆谆教导，都是指引你飞翔的明灯，每一本书，都是一个乐园，蕴藏着许许多多前人的宝贵经验。还有与你同龄的朋友们，你们分享着每天的得与失。书上的知识，是经过时间的洗礼留下来的精华，让你站在一个更高的高度去看待社会中的纷纷扰扰。老师的教诲，结合了自己的经验，有老师做表率，你能更深切地体会到怎样立身处世，当你的思想出了差错的时候，老师是最先发觉并督促你改正的。而同学们，和你一起学习，每个人在同一个知识点上又有自己的见解，相互交流，相互补充，才能够学到更多的东西。

在学校，你可以从课本上学习，向老师学习，和同学学习，但是最为关键的是要靠自己去学习。你的思想就像那放飞的风筝，只有你自己牵引着那根细细的线，而依托风筝飞翔的风，也要靠你自己去驾驭。当开始思想的时候，就是一个独立而自由的人了。

毛主席有一首词《沁园春·长沙》，其中的年少风发，正是你的思想在蓬勃生长。

独立寒秋，湘江北去，橘子洲头。看万山红遍，层林尽染；漫江碧透，百舸争流。鹰击长空，鱼翔浅底，万类霜天竞自由。怅寥廓，问苍茫大地，谁主沉浮？

携来百侣曾游。忆往昔峥嵘岁月稠。恰同学少年，风华正茂；书生意气，挥斥方遒，指点江山，激扬文字，粪土当年万户侯。曾记否，到中流击水，浪遏飞舟？

校园的可贵，就是你从中可以积累到许多的知识，听取很多人的思想，在那里，你不用害怕犯错误，因为有老师的指点，因为你还不成熟，因为你还来得及去改正。学习的过程，就像我国著名的数学家华罗庚教授说的那样，由薄到厚，又由厚到薄。由厚到薄是知识的慢慢沉淀，积累下来就变得很多了。这个时候虽然也有思考，但主要是学习；由厚到薄，就是你能够熟练地掌握和运用那些知识了，你的思想在这时才能自由地飞翔，达到举重若轻的境界。

那样美好的年龄，那样美好的同学老师，那么美好的课本知识，这一切，我们不该心存感激吗？有了他们，我们的思想才能飞得更高，把我们带向更为美好的未来！

第二章　熟读精思子自知
——养成读书好习惯

兴趣是最好的老师

兴趣是一个人求知的起点，是探寻真理的原动力，它可以使人产生无穷的力量，可以使人集中精力去获取知识，展开创造性的工作。

大科学家爱因斯坦曾说过："兴趣是最好的老师。"对学习产生了浓厚的兴趣，才会积极主动地去探求知识。如果对学习没有兴趣，把学习看成是一种负担、一件苦差事，自然就不会有好的学习效果。只有不断地发现兴趣、培养兴趣、创造兴趣，才会越学越有趣，越学越优秀。

哈佛教授、著名的哲学家诺齐克中学的时候就对哲学产生了十分浓厚的兴趣，从此便痴迷于哲学的学习，他将主流的哲学分析方法运用于探讨自由社会的重大理论和问题，极其成功地实现了学术探讨与政治关怀的有机结合，最终成为20世纪最杰出的哲学家和思想家。

英国戏剧大师莎士比亚天生迷恋戏剧，对演戏充满浓厚的兴趣，在很短的时间里，他就掌握了丰富的戏剧知识。有一次，一位演员病了，剧院的老板就让他去替补，莎士比亚乐坏了，因为有强烈的兴趣，他只用了不到半天的时间，就把台词全背了下来，演得比之前的演员还好。演了一段时间的戏，莎士比亚便开始尝试写剧本，这些剧本上演后非常受观众欢迎，他也从此开始了戏剧文学的创作生涯，终于成为文艺复兴时期最伟大的戏剧作家。

兴趣能够使我们加深记忆，好记忆又会提高学习的兴趣，形成良性循环；反之，如果对某个学科厌烦，必定降低记忆力，以致学习受挫，形成恶性循环。所以，善于学习的人，一定也是善于培养兴趣的人。

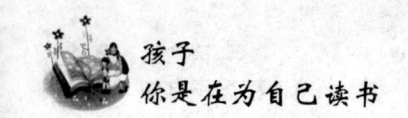

缺少兴趣的同学，学习往往缺乏积极性和主动性。哈佛心理学专家调查发现，学生如果对某一门功课不感兴趣，那他这门课的成绩一般都不会很好。不仅如此，缺乏兴趣的同学，往往也缺乏持之以恒的动力和坚持不懈的毅力。只有那些拥有强烈学习兴趣的人，才会产生对知识的渴求，并不断地探索，最终走向成功。

兴趣使诺齐克一生中大部分时间都在思考着哲学问题；使罗蒙诺索夫以白干40生活的代价换一本算术书；使舍勒去亲自品尝氢氰酸；使列文虎克为发明显微镜而整整磨了10年的玻璃片；使发明柯达照相机的伊斯曼全心扑在研究上而忘记与女朋友约会，后来终身未娶……从这些人物身上，我们不难看出兴趣的巨大魅力。

学习有浓厚的兴趣，能够让人们产生强烈的学习欲望，如饥似渴、勤勤恳恳地去读书学习，全身心地投入，聚精会神地钻研，时时刻刻去思考。如此，才能不断地进步，不断地取得成功；即使遇到困难、挫折，也能以顽强的毅力去克服，相反，如果对任何事物都不感兴趣，那么自己也必将成为一个庸人。

1976年诺贝尔物理学奖得主丁肇中用6年时间读完了别人需要10年才能完成的课程，最后终于发现了"J粒子"，是第一位获得诺贝尔奖的华人。有人问他："你如此刻苦读书，不觉得很苦很累吗？"他回答："不，不，不，一点儿也不，没有任何人强迫我这样做，正相反，我觉得很快活。因为有兴趣，我急于要探索物质世界的奥秘，比如搞物理实验；因为有兴趣，我可以两天两夜，甚至三天三夜待在实验室里，守在仪器旁。我急切地希望发现我要探索的东西。"

青少年只有对学习感兴趣，才能把精力集中在学习上，使注意力集中，观察细致，记忆持久而准确，思维敏捷而丰富，激发和强化学习的内在动力，从而调动学习的积极性。

有趣的学习才是有效的学习

林语堂曾表示"苦学"二字是骗人的。头悬梁锥刺股的故事是荒谬绝伦的。他说："我把有味或有兴趣认为是一切读书的钥匙。"他坚持读书是一种乐趣，是一种享受，是一种值得尊重和令人妒忌的享受。他认为读书不是为了某种义务，而是"意兴来时便拿起一本书来读，要读得有完全的

第二章 熟读精思子自知

乐趣",“读书必须十分自然"才能做到"开茅塞,除鄙见,得新知,增学问,广识见,养性灵",才能有"读书人之议论风采"。

有趣的学习等于有效的学习

没有兴趣的学习将会是十分枯燥乏味的,兴趣不仅是成功的基石,更是促使人们不断前进的动力。学习者失去了兴趣,就如同鸟儿失去了翅膀,再也无法体会飞翔的乐趣,而只能在泥泞中蹒跚前行。

要想提高我们学习的效率,必须培养对学习的兴趣,用兴趣推动自己有效地学习。

毕业于哈佛的著名汉学家史华兹对有趣地学习做了更广义的解释,他认为有趣的学习是一种享受,学到新知识是一件十分有趣的事,读书、上课、完成作业、复习功课、与同学交往、向老师提问题等,也都是很有趣的学习,而且他更提到"有效的学习,才是有趣的学习"的说法。

不少学生问过史华兹:"什么是有效的学习?"他总是不厌其烦地告诉学生:"自己觉得有趣的学习才是有效的学习。"学生们听完后只是笑笑,并不觉得教授在认真回答他们的问题。但史华兹认为,有趣的学习就是可以使自己的身心愉悦、学有所用的学习。

难道学习真的有趣吗?史华兹说,在小孩子的眼里,他们对学校充满向往、好奇,他们相信学习一定比他们现在玩的游戏更有意思。可是当他们步入学校不久,便会发现原来学习是那样的枯燥乏味,没有什么乐趣可言。这种心理会一直伴随着他们读完大学,在这个过程中,他们可能体会不到一丝学习的乐趣。

学生虽然掌握了许多知识,但是在他们的深层意识中,并没有把学习当作一件有趣的事情,因为在他们看来,学习应该是一件严肃、认真的事,任何有悖于此的行为,都会被视为不良的学习习惯。而他们最终的目的就是要用分数来说明一切,即使得高分的人是个呆头呆脑、不通人情世故的学生。所以,史华兹强烈地建议:"应该把学习当作一件有趣的事。"

当代许多教育心理学家都十分重视对学习兴趣的培养。他们认为,当一个学生对于所要学习和记忆的内容有浓厚兴趣的时候,大脑皮层会产生兴奋优势中心,学习和记忆就会更加主动积极,不但不会感到学习是一种负担,相反会饶有趣味,效率很高。理论和实践都证实,兴趣是学习的挚

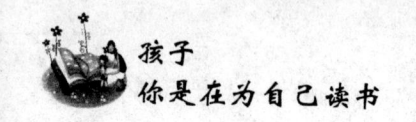

友，是发展记忆力、观察力、创造力等多方面能力的动力。

如果你满怀兴趣地去学习，那么你会在知识的天空中快乐自由地翱翔，你的学习效率也会大幅度地提高。

对新奇事物保持一种开放心态

一位学者指出："人们只有在好奇心的引导下，才会去探索被表现所遮盖的事物的本来面貌。"好奇是铸就成功和杰出的最重要的因素。因为只有好奇心才能产生兴趣，只有感兴趣才能产生探索的欲望和动力。很多成功者成功的秘诀都在于永远保持一种好奇心。

贝时璋是我国著名细胞生物学及生物物理学的奠基者、教育家、科学活动家、中国科学院生物物理研究所名誉所长、中国科学院资深院士。他之所以能取得如此令人瞩目的成就，就是因为他一直都在为自己感兴趣的事业而努力奋斗，就是因为他永远都对未知的领域感到好奇。

贝时璋出生在农村，人很老实，很少出门，但是他对周围的事物充满了好奇心。他3岁时，被爸爸带到祠堂里去祭拜祖宗。祠堂门口石狮子嘴里的圆球引起了他强烈的好奇心：这圆球既能滚动，又不掉出来，这是怎么回事呢？他开始用好奇的眼光看待周围的一切，经常琢磨着这些"奇异的事情"。

后来，他爸爸带着他到上海。一路上，贝时璋看到了以前从未看过的"新奇"。他看见了拉纤人，看见了船老大把橹摇得飞快，看到了乡下从未有过的轮船，还有船舱里的灯居然没有灯油……贝时璋百思不得其解，一连串的"为什么"使得他对这些东西更加好奇。

到了上海后，贝时璋对看到的一些事情更感"稀奇古怪"了：上海的黄包车是人在前面拉，而家乡的独木车却是人在后面推；上海商店橱窗里有自己会转动的"洋模特"，家乡的那些玩具既简陋又不会自己转动；上海的灯按一下"扳头"就会亮，而家乡的灯不仅要加煤油，还要用火点着才能亮……

短短的上海之行，使得贝时璋大开眼界，同时，也引发了贝时璋心中无限的遐想，勾起了他琢磨这些奇异现象的冲动。

贝时璋上学后，变得更加有好奇心起来，他非常勤奋地学习各种新鲜有趣的知识，把看到和想到的，统统记下来，然后利用学到的知识解释自己以前感兴趣、但又没有搞清楚的问题。虽然，当时主要学习的是传统的文史知识，古诗词比较多，但是，好奇的贝时璋仍然能够从中找到学习的乐趣。

凭着好奇心和求知欲，他不仅学到了不少天文、物理、化学、数学、动植物学方面的知识，还对蛋白质的生命意义有了初步的认识，开启了他研究生物的大门，为以后取得辉煌的成就奠定了良好的基础。

好奇是创造的基础和动力。只要有强烈的好奇心，持之以恒地钻研下去，任何一个普通人都有创造发明的机会。

心理研究表明，当一个人对某些事物产生好奇时，他就会充满兴趣地去研究。他就会变得愉快，精神放松，使大脑高度兴奋。他的创造性就会得到高度发挥。我们越来越意识到，在自己不感兴趣的领域里，要取得优异成绩是很难的。是否具有强烈的好奇心和浓厚的兴趣，将在很大程度上决定着参与未来社会竞争的成败。

在我们的现实生活中，许多同学一直是被动地接受知识，一直缺乏积极主动探索世界的好奇心，再加上父母对我们的好奇心的管制和干预，使得我们很多人都技能单一、反应迟钝，遇到了能力范围之外的事情就手足无措。

所以，我们要永葆好奇心，有了好奇心才能不断去寻找想知道的答案，才能学到更多的知识，从而不断进步。

趣味记忆不烦恼

很多人一提到背诵就两腿发抖，"记不住"成了学生们学习时很难跨越的一个障碍。的确，面对着堆积如山的书本练习题就已经头脑发胀了，这时再去背诵和记忆，大概谁都没有心情了吧！何况，枯燥的课文，排着队的公式，那么多怎么记得下来？想快速有效地记就更难了！

其实，只要稍稍动动脑筋，这个大难题就可以解决了。

比如地理课就有很多"地理知识记忆法"：

1. 歌谣记忆。在《中国地理》中，许多知识都可编成歌谣来记忆。例如，中国政区首字歌：两湖两广两河山，五江二宁青陕甘，云贵西四北上天，内蒙台海福吉安。再如中国沿海的14个开放港口城市，从北到南的顺序可记为：

大、秦、天、烟、青；
连云、南、上、宁；
温、福、广、湛、北。

分别代表：大连、秦皇岛、天津、烟台、青岛；连云港、南通、上海、宁波；温州、福州、广州、湛江、北海。人口在400万以上的9个少数民族可记为：满、回、苗、彝、藏、土家、蒙、维、壮。中国的山和河流，也都可编成歌谣来加强记忆。

2. 趣味记忆。地理知识都与学生的生活有紧密的联系。如把《中国地理》的有关内容与旅游结合起来，有极大的兴趣。在《中国铁路》一节中，可用游戏来完成这一兴趣记忆。把每一组定为一个旅游团，完成一条旅游路线。试举一组同学的路线：

甲：我乘火车呼市发，要去北京天安门；
乙：北京站，我上车，去参观济南趵突泉；
丙：济南站，我出发，来到上海外滩上；
丁：上海站，我出发，要到杭州钱塘江；
……

有游戏中，自己选择去向，后边的同学跟着延续下去，做接力旅游。这种记忆形式我们可在闲暇时间随便玩，是一种良好的记忆方法。

3. 模仿记忆。地理知识中有许多内容要求具有丰富的想象力来认识地理事物的空间、时间。单靠想象理解和记忆较为困难。模仿后再记则容易得多。如《地球的运动》一节中，辅导学生做"三球运动"的演示。你可以与你的好朋友分别充当太阳、地球、月球做旋转运动，其他同学在旁观察、分析各球的运动轨迹与有关现象。在这个模仿中，"地球"要记住自己绕太阳转一圈用了365日5小时48分46秒，自己自转一圈即360°，需时间23小时56分4秒，"月球"要记住自己绕地球一圈用29天半。这样，较为抽象的概念和枯燥的数字就会被清楚地记下来。

4. 谐音记忆。将记忆内容编制成另一句与之发音相似的话来帮助记忆，其特点是将枯燥无味的内容变的诙谐幽默，记忆深刻。例如在美洲的物产时，我们想象："中美洲各国都有咖啡馆，服务员一律是男士，都围着一条沙质地的领带，人们称他们'围、沙、哥'。"其实是记忆取了3个咖啡生产国家的名称谐音，即代表危地马拉、萨尔瓦多、哥斯达黎加。这样，就非常容易地记住了，又可以想像：中美洲有一种鸟，红红的嘴，每天吃香蕉，会学说话，像内蒙古的八哥鸟。人称"红、八、哥"。其实是洪都拉斯、巴拿马、哥斯达黎加是产香蕉国。

是不是觉得很有趣？事实证明，这样的记忆轻松而高效，而且不光是地理，其他功课也可以采取这些记忆方法。事实证明，如果能够掌握一套正确的记忆方法，就能够提高记忆力，使你轻轻松松地记住你想要记住的一切知识。所以，不要让记忆继续成为自己的烦恼，与其埋怨自己的记忆力差，不如认真地去总结一套记忆方法。

能充分利用上课时间的学生最轻松

如果在课堂上实行"打假"活动，一定会有很多收获。只要你留心仔细观察，你会发现每节课都会出现一些"身在课堂心在旁"的同学：有的人撑着下巴，眼皮竭力分开，可最后还是抵挡不了阵阵袭来的困意，于是终于进入了梦境，直到被同桌推醒；有的人一本正经地听课，不时地看会老师，不时地瞄一下课本，原来，这本包了封皮的课本其实是一本小说；还有的人眼睛瞪得圆圆的，耳朵也竖起来，仿佛一幅专心听讲的样子，但其实他的心早就飞到球场上去了，只要一提问，准保是什么都不知道。除此之外，还有的人课上只顾着埋头记笔记，老师讲课的内容却左耳听右耳冒，还有的人一边认真听讲，一边不时地低头记上一笔，他们积极地跟着老师的思路走，积极地回答问题，向老师提出疑问……

课堂上情景不同，课下同样丰富多彩：有人拼命学习，抓紧每分每秒，可不管是平时的练习还是大小考试，这些貌似认真学习的人都无法取得好成绩；而有的人课下轻轻松松，却毫不费力地取得好成绩，他们的区别就在于课堂上的不同。

事实证明，课上开小差，或不懂得如何运用课堂时间学习的人即使课下付出再多，成绩仍然比不上那些课堂上认真听讲的人。

因为，课堂是知识最集中的场所，每一节课都是经过老师精心准备的，都是精华。如果课堂上你不认真听讲，那就意味着你错过了知识的最精华部分。而课堂也是一个解决问题的场所，在课堂上不通过提问解决，那么问题很可能就一直搁置，最后也得不到解决。

我们都知道课堂学习占据着我们大部分的学习时间，这就更加要求我

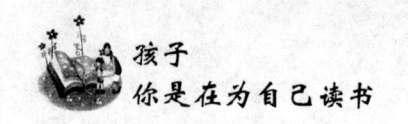

们每一个人都要善于抓住课堂上的每分每秒，专心听讲，这样才能确保高效学习，只有笨拙的人才会舍弃课堂，而费劲心力把时间花在课堂之外。

所以，要想取得好成绩，充分利用课堂时间就显得十分重要了，那么该如何做呢？我们不妨从以下几个方面着手：

1. 课前准备。课前准备一定要做好，比如课前预习和文具的准备等，课前预习，能够保证对知识脉络的掌握，这样就可以轻松地跟着老师的思维走，另外，预习中产生的疑问会迫使你更加专心听讲，最终使问题得到解决。而文具的准备是为了避免上课分心，以便提高听课效率。

2. 专心听讲，听老师讲课、听同学发言，并积极思考，这样可以使自己一直集中注意力。

3. 善于观察并发现问题。这样有助于集中注意力。

4. 大胆提问，增加课堂上的互动，促使自己加深对知识的理解和掌握，其实这也是提高听课效率的一种有效途径。

5. 认真做课堂上老师布置的习题，以检测自己对知识的掌握程度。

6. 善于记课堂笔记。不能因为要记笔记，就错过了老师的讲解，这样得不偿失，记笔记要记书本上没有的，可以趁老师板书的时候记，听始终是关键！

玩游戏也不耽误

在你的记忆中，你的童年是什么颜色的？是在蓝天白云下、草地上、树林间尽情玩耍，还是待在房子里学这学那？

在你的生活、学习中，你时时感到好玩了吗？

有一个不到5岁的小女孩伤心地说："我真累呀！妈妈一会儿让我学钢琴，一会儿让我学英语，一会儿又让我学画画，一会儿也不让我玩。听说上小学会更苦更累，我想还不如死了好呢！"

听到这句话，假如你是城市里的孩子，肯定不会感到陌生，说不定你也经受过这样的对待呢，你也不会觉得有什么不正常。

但是生长在广大农村的孩子就会大吃一惊了。他们甚至读不到你手上的这本书。在他们5岁的时候，这个小女孩学的东西，只能存在于他们的想象中。

中国的城市只是乡村海洋中的一个个孤岛，绝大多数的孩子出生在乡村里。与你们不同的是,他们有一个在大自然中的童年。特别是南方的孩子,他们在花草树木间尽情奔跑、自由欢笑。天空是那么高远,大地是那么广阔,星星在头顶闪亮,他们在呼吸宇宙的气息。

对他们来说,玩游戏是那么自然的一件事情。他们不需要去幼儿园了解宇宙跟大自然的美,他们亲身接触一花一木、一虫一鱼,在嬉戏中,在风雨里,春夏秋冬的季节变换、晨昏交替的岁月更迭,清楚地烙印在他们的记忆版图中。

游戏是孩子的第二生命,没有游戏的童年是可怜的童年,没有接触自然的童年是残缺的童年。游戏是我们在做孩子时的正当权利。

你可能会问,游戏果真就这么重要吗?游戏不耽误学习么?

你还会告诉我,城市里的孩子接触知识早,是农村的孩子没法比的,虽然农村的孩子有足够的游戏,但对他们的智力开发不利啊。

人是要随顺自然天性的,不然就会不健康了。那些视孩子为"学习的机器",剥夺孩子游戏的权利,期望孩子比别人的孩子更早学会写字计数的家长们,不知不觉中酿成了孩子从小视学习为畏途的后果。

而时常体会游戏的轻松与有趣的孩子,不但不会耽误学习,反而在游戏中体验益智的快乐,增长了不少见识。

不会游戏的孩子,同样也不能在学习中游刃有余,灵性也是大打折扣的。家长们应该晓得,对孩子来说,游戏就是学习,游戏就是工作,游戏是他们获取经验、了解生活并领悟生命意义的途径。能够放松在游戏中的孩子,身心都能健康发展,游戏借以探索外在世界奥秘的重要手段,也是一扇为他们打开美妙世界的大门。

有益的游戏能够开阔你视野,张开你想象翅膀,增强你创造力的游戏。这样的游戏能强健你的身心。

学习之余,不妨抛开书本上的框框,放下想不清的问题,冲到户外,寻找一个安静的地方,最好是有花有草有树有水,还有广阔的天空,尽情与伙伴们游玩吧。在那样一个伊甸园,你的思想将会获得极大的释放。

或者,与要好的同学们下下棋、打打球,运动运动,你会感到摆脱分数后身心的舒坦。这样的游玩只会让你更加深刻地领悟到学习的意义和乐趣,让你恢复体力,获得宽广的心境,重新上路,一直朝前行。

回归游戏吧,正当的游戏是丝毫不耽误学习的,在这样一种轻松的活

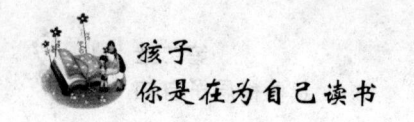

动中，没有了压力和负担，你将会感到莫大的满足、自信和成功的喜悦，如此，何愁学习不好呢？

让你的身体永远保持最佳状态

新学期开始了，冬冬在卧室的墙上贴着这么一张学习计划表：

周一——周五的学习时间表：18：00——19：00 语文

19：00——20：00 数学

20：00——21：00 英语

21：00——21：40 画画

洗漱，10 点前休息

周六周日的学习时间表：8：00——10：00 语文

10：00——12：00 数学

午休

14：00——16：00 英语

16：00——17：00 画画

冬冬的学习计划坚持了两个月，非但成绩没有提高，后来竟慢慢地发现，他头一次在心里开始抵触起学习来了，虽然计划可以一直坚持着完成，但冬冬总是觉得很累很累。

细心的同学会注意到，从周一到周五，冬冬每天对每门功课的学习时间都定为 1 小时，而且中间没有间歇，周日因为时间比较充裕，冬冬的学习时间翻了倍，而且中间还是没有休息时间。

这样的情况比比皆是。很多人大概都存在着这样的心理：学习就一定要专心，而如果能够长时间学习那就意味着进入状态了，相反，总是学着学着就不是听课就是出去玩的，岂不是没有一点学习样吗？所以，很多人激昂地发表宣言："我要学两个小时！"

但是，这样学习并不科学。

学习是一种高级的精神活动，视觉神经在接收到外界的信号刺激以后，把信号传到大脑，引起大脑皮质响应区域的兴奋，信号刺激强度和持续时间与这种区域兴奋成正比例关系，即强度越大，时间越长，兴奋就越高。大脑在这种兴奋状态下进行分析综合，判断推理，记忆理解等。一旦学习的时间超过大脑兴奋的极限，大脑皮质的该区域便由于工作过度，而逐渐失去兴奋的能力，开始由兴奋过程向抑制过程转化，于是疲劳就产生了。

如果你发觉自己反复读一段文字仍然不能吸收，那就表明，你已经达到了一天学习量的最高峰，应该立即停止学习。科学家调查表明：大多数人认为，他们一天学习最适合的时间长度是五个小时。如果你是精力旺盛的人，学习的时间会延长些。

大脑是学习的机器，它的工作状态直接影响着学习的效率。学习作为脑力劳动，和体力劳动一样都会产生疲劳。当体力劳动产生疲劳之后，立刻休息片刻就可以恢复。但是，脑力劳动的恢复就不同了。即使停止学习，大脑兴奋也很难在短时间内平静下来，因此，对于大脑的保护就是休息和放松。

爱因斯坦疲劳后，就拿起他的小提琴拉上几首喜欢的曲子，使自己从那些符号中解脱出来。当有人问他的业余爱好时，他毫不犹豫地说："小提琴。"

马克思在研究中一旦感觉到疲劳，就找出一张草纸，画一些图，借助这种方法转移大脑的兴奋区域。

聪明的学习者，善于在自己的大脑产生疲劳前，及时转换学习的内容，或通过休息和运动转移兴奋热点。

所以，你明白了吗，时刻让我们的身体和大脑保持最佳的状态，你才能够高效学习，不妨在学习累了的时候及时地让大脑解放出来，可以做一些简单的运动，或者是听听音乐，做做操，跑跑步等。

快乐学习是随时随地的

在很多人看来，学习嘛，就要找一间明亮的教室或者是安静的图书馆，规规矩矩地端坐着，拿起书本，备好纸笔，然后静心看书做笔记。

其实对于孜孜不倦的求学者来说，学习是不分任何地点的，我们可以随时随地、随心所欲的学习，只要我们愿意。

观察一下小孩子，他们探着头听父母、周围的人和电视里的人说话，小脸上充满了好奇，他们挥舞着小手咿咿呀呀，于是就熟悉了自己的母语。

漂亮的图片最能抓住孩子们的眼球，爸爸妈妈为了让孩子认识更多，

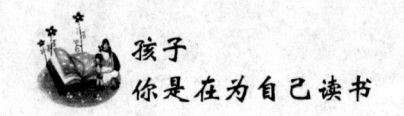

于是买来动物、植物的图片,还有各种类型的故事书给孩子看,念给孩子听,孩子的眼睛紧紧地听着这些图片,迅速地就记住了这些内容,渐渐地,不但掌握了丰富的词汇,脑袋里也迅速的储存了更多的信息。

这样充满趣味性的学习深受孩子欢迎,他们随时随地地快乐学习。

当然,孩子们不会满足于此,他们渐渐地会产生疑问,为了了解这个新奇的世界,他们把伸出小手小脚,不断地触摸着这个世界,他们会提各种各样的问题,他们会有各种各样的思考,有时,为了解开一个疑问,甚至会翻出各种东西,把家里搞得一团糟。他们喜欢这样学习。

每个人都会经历这样一个成长的过程,为了解各种新事物而伸出自己的触角做着点点滴滴的尝试和努力,所以现在,我们不但可以毫无障碍地使用自己的母语,还发现了更多,这个神秘的世界也值得我们更加深入地探索,在探索中,我们才能更丰富,更快乐。

可是,我们被学习给束缚住了。

就像蒙上了一层厚厚灰尘的镜子,不知曾几何时,学习在我们的眼里成了"一板一眼地看书做作业",学习还是一件"辛苦"的事情。

其实,只要拂去那一层灰尘,你就会明白,学习的真正妙处,学习无疑是快乐的,随时随地都可以。

比如说学英语,每个人规定你必须念着英文课本,你完全可以跟着电视机里的人一起说,你没有必要紧紧地盯着书本上的单词来背诵,你完全可以拿起一本书,念着"book",拿起一个苹果念着"apple",或者对早上起来的妈妈说:"Good morning!"走在路边,你看到用英语写的广告牌,你就可以大声读出来。不必计较别人的目光。

学习语文时,当你觉得春风吹着很美,柳树轻柔地甩起长辫子,你完全可以全部写进日记或作文里,你完全可以行走在河边时大声念着诗中的句子。

学习历史知识时,你也许觉得书上的文字很枯燥,电视里的历史连续剧才更加吸引你,那你就一边看电视、一边学习吧。

另外,你会发现博物馆里的介绍、漫画书里的内容,都比课本知识更容易掌握。

你也许一直不明白为什么很多人像个小博士仿佛无所不知一样,其实他们正是知道随时随地学习,才会有现在的积累,而只要你愿意,你也完全可以做到！

所以，不要再束缚自己，将学习定位于机械、简单的概念上去，快乐地学习，随时随地的！

遵循个性，最高效学习

在学习中，每个人的个性各有其优势，不必羡慕别人，别人的方法未必适合你。丰富而自由的个性也是一个社会之所以具有丰富创造力的根本原因，没有个性的存在，没有个性表现的自由，就不会有创造力。所以，学习也要适合自己的个性，不能强求一致

奥地利著名物理学家泡利出生于维也纳一位医学博士的家庭里。从童年时代他就受到科学的熏陶，在中学时就自修物理学。关于不相容原理的发现，泡利在他获得诺贝尔奖后的演说中讲到，不相容原理发现的历史可以追溯到他在慕尼黑的学生时代。在维也纳读中学时，他就掌握了经典物理学和相对论的知识。

由此可见，泡利是一个智力非常发达，并且有天才的气质和个性的人，他能够运用最适合自己的学习方法，把聪明才智充分发挥出来。因此，他很难按部就班地学习。

1918年中学毕业后，带着父亲的介绍信，泡利来到了慕尼黑大学访问著名物理学家索末菲，要求不上大学而直接做索末菲的研究生。索末菲没有拒绝，但还是有些不放心，但不久就发现泡利的才能果然不凡，于是泡利就成为慕尼黑大学最年轻的研究生。

很快，泡利便初露锋芒。他发表了第一篇论文，是关于引力场中能量分量的问题。1919年，泡利在两篇论文中指出韦耳引力理论中的一个错误，并以批判的角度评论韦耳的理论。其立论之明确、思考之成熟，令人惊讶，很难相信这是出自一个不满20岁的青年之手。

从此他一举成名。

我们可以看出，泡利的求学之路是跳跃式的，而这与他与生俱来的天赋和个性化地学习息息相关。

个性是一个人创新精神的基础，个性化学习能使学习者"见人所未曾见"，"道人所未曾道"，个性化学习有助于学习者在学习中不断推陈出新。

要知道，当今社会不需要生搬硬套、按部就班的人才，也不需要学习

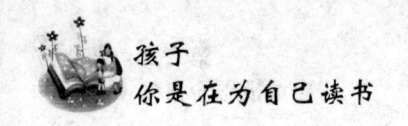

的奴隶，需要的是有自信、有理想、有创新、有个性的高素质人才。

而仔细地思考过后，你会发现最高效的学习既要符合学习对象的特征，又要符合学习者的个性特征，巧妙地将两者结合才能有效地提高学习效率和学习能力。因此，学习者就需要努力释放自己的个性。而且，在这个信息化代人才成长的目标模式中，个性化学习这个新概念已经引起世界各国越来越广泛的重视，而且将会成为评价人才综合素质的一项重要指标。

读书要充满激情

自动自发比天才更重要

你的学习是快乐多，还是烦恼多？你思考过自己不能充满激情地主动学习的原因吗？

不错，现在的中学教育确实存在很大的问题，虽然现在老是提倡素质教育，可是"分数唯上"还是教育的主流。

评价一个学生，不论是老师、家长还是学生自己，都把标准放在考分上，结果大都学生也养成了为分数而学习的不良习惯。大家都盯着名次，争得不可开交。

其实，仅为分数而学习的学生是很难得到高分的，即使暂时得到高分，但以后也是不会有什么成就的，因为这是为老师、为家长学、为应付考试而学，而不是为自己学。这样的学习很难激发真正的学习兴趣，被动学习的效果，绝对没有主动学习好。

晚清的曾国藩虽然是科举出身，但是对科举也很反感。他在给弟弟曾国荃的信中就说：幸亏我年轻时就中了进士，不然大好年华就浪费在无用的八股文之中，绝没有闲暇可以容他读有用之书，储备知识，以备他日后救国家于危难。

大名鼎鼎的人物都这样表态了，你或许会有这样的疑问：既然这样，那我们为什么还要忍受考试的折磨呢？为什么不能像西方国家那样多给我们一点时间娱乐呢？为什么要剥夺我们的快乐呢？像韩寒那样自由写作不是很好吗？为什么要被动接受填鸭式误人子弟的教育呢？

其实，生长在中国特色的社会，接受的教育是生存教育，而不是快乐教育，因为只有进了大学，接受了很好的教育，才能更好地在未来的社会中生存。而没有生存，哪里谈得上快乐呢？这是一个残酷的现实。

人生就是这么无可奈何！所以抱怨考试是没有用的，目前的教育制度有其存在的合理性，在短期内是绝对不会改变的。你确实需要进入大学深造，接受大学氛围的熏陶，成为有用的人才。而前提是，你必须经受中考和高考的磨炼。

所以你首先要树立一个主动学习的观念：不要为分数而学习，而要主动为寻找自己的幸福快乐而学习。如果你只是把眼光锁定在分数上，你怎么能体会学习的快乐呢？

所谓主动学习，是追求真知，在有滋有味的学习中收获快乐。你学习的中心从为升学而学转移到为完善自己、提高自己的修养而学，不是别人在推着你，而是自己掌握自己的方向盘。

当你主动去寻求知识的时候，则时时刻刻都有你学习的场所和机会。你在大自然中时会对不了解的动植物感到新奇，你仰望星空时会去思考宇宙的奥妙……

不管你走到哪里，都是你自由驰骋的疆场，这就是主动学习带来的喜悦。你若想尝试这样的快乐，其实很简单。

人人都是读书的好材料

"首先要有自信，然后全力以赴——假如有这种信念，任何事情十有八九都会成功。"这是一句从来自于生活实践的名言。

著名心理学家罗森塔尔到一所普通的学校听课，班主任问他："先生，您能不能挑出班上最有前途的学生？""当然可以。"罗森塔尔爽快地答应了。然后，他毫不迟疑地指着一个学生说："就是你！"被点到的孩子眼睛一亮，兴奋之情溢于言表，飞奔回家告诉父母："爸爸，妈妈，好消息，心理学家说我是最有前途的孩子！"母亲听完孩子的话后，欣喜若狂，仿佛孩子一下子变成了天才。从此，这个孩子不断受到同学的羡慕、老师的关怀、家长的夸奖，他找到了天才的感觉，成绩不断提高，智力水平也飞速地向前发展。一年后，罗森塔尔再次访问该校，问："那个孩子的情况怎样?"班主任回答:"好极了!"接着她又向罗森塔尔请教:"先生,我感到很惊讶,您来之前他只是一个普普通通的学生,可经你一说,马上就变了。请问您的眼力为什么这么厉害,能够判断得如此准确?"罗森塔尔微笑着说:"因为每一个孩子都是天才,他们缺少的只是自信而已!"有人说,除了人格以外,人生最大的损失莫过于丧失自信心、失去自信。一旦如此,所有的事情都将不会再有成功的希望和可能,正如一个没有脊梁骨的人永远不可能挺起腰来一样。

记住:我们每一个人都是天才,我们每一个人都要树立自信心,要相信自己、信任自己。要确信自己是聪明的、是有能力的,相信自己能干好任何事情,对生活、学习中遇到的困难和挫折要有坚定的信心,在心中告诉自己:"我就是天才,我可以战胜一切困难和挫折。"

(1) 相信自己的长处

"尺有所短,寸有所长",要客观地进行自我分析,充分地认识自己的能力、素质和心理特点。找出自己的长处和短处,以己之长,比人之短,激发自己的自信心。

马克思发现自己并不是缪斯的宠儿时,便毅然与诗神告别,焚毁了自己的诗稿。当时,马克思感慨地说:"看了最近写的这些诗,才突然像叫魔杖打了一下似的……一个真正的诗歌王国像遥远的仙宫一样在我面前闪现了一下,而我所创造的一切全部化为灰烬了。"于是,马克思转向研究社会科学,最终同恩格斯一道创立了马克思主义学说,为人类开辟了认识真理的新纪元,做出了跨时代的巨大贡献。

拿破仑小时候很愚笨,学习成绩非常差。在小学和中学的时候,成绩常常是班级后几名,只有数学比较好。据说他终生不能用任何一种外语准确地说或写。更有趣的是,在滑铁卢打败拿破仑的威灵顿公爵,小时候也是一名被称为"笨蛋"的孩子。在学校时,他的学习成绩很糟,甚至连他的母亲也说他是一个"笨蛋"。但是他们都有身体健壮,痴迷军事的优点,如果让他们从事科学研究,可能一事无成,可他们却成为伟大的军事家。

一旦你正确地了解了自己,自信的太阳就会在你心中升起,你就会发现,在自信的阳光下,没有什么是你做不了的。

(2) 对自己充满100%的信心

台湾有位大学教授在演讲时提出了这样一个问题:"各位,对自己充满信心的请举手!"结果,举手的不到10%。

教授经过调查,发现这些人不自信的原因,是从小到大很少受到肯定。不断地发现自己的优点并加以肯定,有助于自信心的形成和培养。

有一位名叫丽娜的演员去好莱坞应聘一部电影的女主角,很多影星也来应聘。她站在著名的导演面前,论长相她长得实在普通,论才华一时也看不出来。导演问她:"你凭什么来应聘主角?"

"凭我的自信。"丽娜回答得非常干脆利索。

导演吃了一惊,"自信?你能向我们当场表演你的自信吗?"

"没有问题。"她向导演鞠躬后,一转身,她大步走到门口,把门推开,外面坐满了面试后等待结果的人,她放开嗓门大声地对她们说:"各位,你们都回去吧,结果已经出来了,我已经被导演录取了。"事实正是如此,名导演录取了她。

美国有一个叫帝尼·博格斯的篮球明星。他的身高仅1.60米,是NBA中最矮的球员。他从小就喜欢篮球,可是因为个子不高,伙伴们都不喜欢他。有一天他伤心地问妈妈:"妈妈,我还能长高吗?"他妈妈鼓励他说:"孩子,你能长高,长得很高很高,成为人人都知道的大明星。"从此,博格斯心中充满了长高的信念。

"业余球员"的生涯即将结束,他面临着严峻的考验:只有1.60米的身高,能打好职业篮球吗?博格斯很自信,他说:"别人说我矮,反而成了我的动力。我偏要证明矮个子也能做大事。"于是在各个赛场上,人们看到博格斯简直就像个"滚地虎",从下方来的球90%都被他收走了。他个子越矮,越是能飞速地运球过人。

博格斯始终牢记母亲鼓励他的话,虽然他没有长得很高很高,但他已经成为人人都知道的大球星了。

博格斯告诉人们的是:"要相信自己。只有相信自己,才能成功。"

俄罗斯有一句古老的谚语:"把你的帽子扔进围墙里。"意思是说,当你想翻过一堵很难攀越的围墙时,就把帽子先扔过去,这样你就会想尽办法翻越围墙,一定要把帽子拿回来。人往往就是这样,自信不够的时候,总是给自己一条后退的路,一个逃避的借口。正因为如此,我们常常错过了许多可以"跨越栅栏"的机会。而"把帽子扔过去",就斩断了那似有

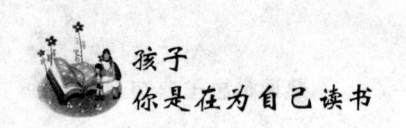

似无的退路和借口，你只能用自信来鼓励自己，去"背水一战"。

所以，我要你每天都大声对自己说"我能行，一定行！"要你不论成绩好不好时，都对自己说"我能行，一定行！"

改变你既有的读书习惯

注意这一个词，在我们日常生活中经常用到，对于它我们并不陌生。

"请注意，火车马上要进站，下车的乘客请做好准备"，在旅行时，我们总会听到列车员亲切的关照声。

"请大家注意，现在开始考试"，在教室里，教师总会这样提醒我们。

在汽车驾驶员的座位旁，总有一张醒目的标志："请不要和驾驶员说话"。

"铃……"一阵自行车铃响从身后传来，我们总会很警觉地向后一望，很小心地避开驶来的车子……

显然，在这所有的活动中，我们都在频繁地运用和涉及着"注意"这一个概念。

注意到底是什么意思呢？

你的周围有各种各样的事物在存在着、运动着，而你往往只对许多繁杂的事物中的一片段或一部分有清楚的印象，而对另一些事物，你只能模糊地感到它们的存在，或者根本就没感觉。

为什么会出现这种情况呢？

这是因为你往往只把眼光盯在一些事物上，而这些事物往往有与众不同的特征和性质，像这样的心理活动现象，就叫注意。

严格地讲，注意是心理活动对外界一定事物的指向和集中。

所谓指向，就是说我们总在一堆事物中选择出我们所要注意的对象，如你听讲时，你的注意力不是指向教室里的一切事物，而是把老师所讲过的内容从许多事物中挑选出来，并且在相当长的时间内将心思投入到老师的讲述上。

而注意的集中，则是指注意不仅是对讲课的内容这个主意的对象进行了选择，而且对有碍于听课的其他内容，如周围的谈笑声、画册等诱惑进行了抑制，这样就使老师讲课的内容在头脑中留下更加清晰、更加鲜明的印象。

注意力的高度集中是读书必不可少的条件，大凡在读书生涯中有所建树的人，都非常重视注意力。

数学家华罗庚在杂货铺做学徒时，常常会全神贯注地沉浸在数学公式的推理演算中。

一次，有一位顾客进来向他询问货价，他正在计算一个数据，便随口把香烟盒上的数字说了出来："8356723"，把这位顾客吓了一跳。从此，他的故乡金坛便传开了"罗呆子"这件趣事。

注意的形成总是有引起注意的目的，根据引起注意的目的是否明确，可以将注意划分为两类：无意注意和有意注意。

无意注意又称不随意注意，指那些没有预定的目的，只是由于某些新奇的、强烈的、变化着的刺激而引起的注意。这种注意往往是不由自主的。

例如在路上，突然发生了一场车祸，会使你不由自主地去看一看究竟是怎么回事儿。

篮球场上，一个运动员被撞倒在地上摔成重伤，你的注意往往会从紧张的比赛中一下子转向对这个运动员的救护上。

其他像强烈的光线、鲜艳的色彩、巨大的声响、奇异的气味，这些很有特点的外界刺激，都会使无意注意发生。

鲁迅先生曾经说过"随便翻翻"的读书方法，它实际上是一种无目的无计划读书方法，是受书中内容对读书者兴趣的吸引力所支配的，其实这也是一种无意注意。

就是在这种随便翻翻中，你可以轻松愉快地获得某些有用的知识，当然，这样得到的知识往往零零散散，不成体系，人们要想获得丰富的系统的知识，还主要靠有意注意。有意注意又称随意注意，它是有预定目的的注意，必需时还要为之付出一定的代价。

例如老师布置了作业，为了完成它，你就必须花费一定的时间和精力在做作业上。

交通警察为了保障正常的交通秩序，必须一动不动地高度注意车辆来往的情况。

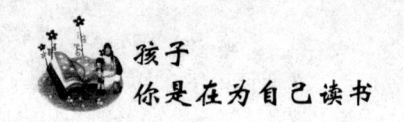

射击比赛中的运动员为了射中目标，一定要目不转睛地盯住靶心。

这些都是有意注意。

在你平时的生活中，起着重要作用的是有意注意，没有这种注意，就不可能对事物进行进一步的分析。

古语讲得好："心不在焉，视而不见，听而不闻，食而不知其味"，如果你不能全身心地去注意某个事物，即使它们就在你的身旁，你也会不见不闻，甚至吃在嘴里，也不知道它的味道。

伟大的物理学家爱因斯坦，在他25岁生日那天，他的朋友给他买了点鱼子作礼物，爱因斯坦一边吃，一边与朋友兴致勃勃地谈论问题。

当他把鱼子都吃完时，朋友问他："你知道你吃的是什么吗？"

爱因斯坦一时语塞，他只是全神贯注地与朋友讨论有趣的问题，竟然忘记了自己一勺勺送到嘴里的是什么食物。可见，注意特别是有意注意是多么重要。

革除不良读书习惯主要是为了强化读书的注意力。要达到强化读书注意力的目的，只有进行学习。因为读书习惯原本是在学习中不断养成的，所以读书习惯必须由学习而改变。

改变既有读书习惯的方法有以下四种。

一、惩戒法

这种方法是一种强迫性的制止法，只要你出现习惯性的反应，即对你施以惩罚。

惩罚的方法有别人实施和自己执行两种，别人实施的惩罚如上课打瞌睡被罚站，自己执行的惩罚如古人的头悬梁锥刺股。

但是，惩戒法不是一个革除不良读书习惯的好方法。

因为惩戒时常伴随着痛苦情绪的产生，所以即使对旧习惯暂时制止了，但你可能因痛苦情绪的反应和惩罚时的刺激形成新的不良习惯。

二、耗尽法

耗尽法是一种训练动物时常用的方法，此法是一种不仁慈的方法。

譬如说驯服野马时，由于野马骑上去并不受你指使。所以善骑者跃上马背，任其跳跃，鞭策有加，使之不得休息，其体力耗尽后，最终会向人俯首帖耳。

有时学校的训导人员也会采取此法，纠正你的一些恶习。譬如说，强迫吸烟的学子连续吸大量的烟，直到其吸得恶心为止。这种方法对改变习惯不易产生持久的效果，难免产生不良作用。

三、代替法

这种方法是以良好的读书习惯代替不良的读书习惯，此种方法最适当。

此法根据一心不能二用的原理，在引发旧读书习惯的情景下，引起另一种新的读书习惯，使旧的读书习惯受到压抑而没有出现的机会。

在进行多次练习后，旧的读书习惯就会因没有机会出现而逐渐淡化，新的读书习惯也会慢慢增多而增强，最终使新的读书习惯代替旧的读书习惯。

此种方法就像看电视一样，每次只能看一个节目，要想消除看固定节目的旧习惯，只有改选另一个新节目代替。如想使代替法行之有效，必须符合两个原则：

1. 在原刺激下不容旧的读书习惯出现。
2. 强化新的读书习惯与原刺激之间的连结。

譬如说，你习惯读书听音乐，但是一心不得二用，音乐会对书本的注意产生干扰。这时就要采用代替法，让音响设备离开读书现场，使你不能听到音乐，这时不妨许下一点心愿，例如只要自己读书达到某种程度，就可以欣赏音乐。将爱好的东西作为改变旧的读书习惯的报酬，就会在无形中对于新的读书习惯的建立予以强化。

四、改变环境法

改变环境法是人们最常用的方法。此种方法对于姿势不良、边读边吃等读书瓶颈非常有效。例如，因为有了躺卧读书的地方，才会边卧边读的。

因此，把环境改变，把原因消除，习惯性的反应也就不会出现了。觉得自己毅力不够的学子，最好在图书馆里读书。因为在图书馆里读书，不但可以避免不良的读书习惯，还可以得到两种副产品：

一种是，因大家都在读书的气氛会让你觉得你不能不读书。因为周围的人都在读书，唯有你没读书，就会显得与大家格格不入。

另一种是，由于处在成千上万本书的气氛中，使你觉得不能不读书，因为，你感觉到了自己的渺小，而好书当前又不去读它，就显得有些辜负

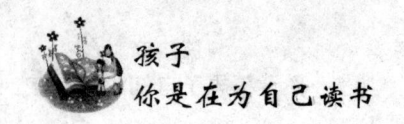

这些好书。

不过，读书习惯的改变是件知易行难的事。如想采用的方法行之有效，就必须遵守以下三个原则：

原则一，每次只选一个习惯改变。

当一个读书习惯改变成功后，再改第二个、第三个。这样，实施起来比较容易成功，而且也能增加自信心。

原则二，先改变最容易改变的。

对于那些不容易改变的读书习惯，改变时常常虎头蛇尾，难竟全功。与其劳而无功，还不如暂时留置，等有了经验和信心时，再来改之也不迟。

原则三，了解欲速则不达的道理。

革除不良读书习惯时，应采取渐进的策略。因为，读书习惯不是一朝一夕养成的，所以，也不可能一日就将其改进。只要你觉得革除旧的读书习惯的方法行之有效，你就要继续进行，你应如滴水穿石，切忌一曝十寒。

如何选择一本好书

选择读物的具体方法很多，主要有以下几种：

一、接受推荐选书

学生在校学习期间，教师、学校以及有关组织有时向学生推荐阅读书目，参加工作以后，有关部门和组织有时也推介一些读物，读者就可以根据条件认真选读。例如，有的教师在教课文《拳打镇关西》时，向同学们推荐阅读《水浒》，在上作文课时向同学们推荐《中学生作文选》。同学们读了"古典名著"后，为里面生动、形象的描写而赞叹不已；读了"作文选"以后，为同龄人思维的活跃、语言的得体而敬佩，他们把这些体验又贯穿到自己的语文学习中，语文成绩有了明显的提高。

二、根据评介选书

报刊或有关书上有时对一些作品发表评介，这可以作为读者选书的参考。例如可以通过查阅文学史上的评述来选文学作品，通过翻阅文艺报刊上的评介文章来挑选当前的优秀作品。

三、凭借书目选书

图书馆的书目、陆续出版的《全国总书目》、《全国新书目》，以及新华书店的《新书征订目录》等，都可以作为选书的参考。

四、通过浏览选书

如果碰到几本类似的书，不知道哪一本值得花精力去认真钻研，就可以迅速浏览一下书中的目录和重要内容，然后从比较中选择。

五、依靠选本选书

鲁迅先生曾说过："倘要看看文艺作品呢，则先看看几种名家的选本，从中觉得谁的作品自己最爱看，然后再看一个作者的专集。"因为选本已由编者遴选一次，一般说来，入选的文章较有代表性。读完选本，可根据自己的需要再选读有关的书籍。

读书要有"钻书"精神

我们提倡读书要钻进去，是因为读书只有钻进去，才能取得蕴藏其里的知识火种，燃亮我们的智慧。

许多人爱把知识比作黄金，把获取知识的过程喻为采金。英国散文家约翰·罗斯金写过一本论述怎样读书的书，其中一节的题目就叫《求知如采金》。这样比喻，一方面固然说明知识的宝贵，更重要的恐怕则是告诫人们获取知识的不易。据说，挖矿采金，首先是一种自信力、意志力和坚持力的竞赛，没有坚忍不拔、锲而不舍的"钻劲"，是没有成功可以企望的。世界上多少采金者由于"钻劲"不足而半途而废，一无所获，只好将灼灼金库拱手送给意志坚强的采金人。请看：20世纪30年代，雅克布逊和罗勃在南非一个地方挖金，当钻到四百零六英尺仍没有发现金矿脉时，他俩就灰心而停钻了。哪知，仅隔十几年，另外的采金者在此下钻继续深挖，终于找到了"兰德"金矿脉。现在，这座著名的金矿，已在世界黄金生产中占有举足轻重的地位。对雅克布逊和罗勃来说，这也成为他们挖金史上后悔莫及的憾事，读书也是同理，没有顽强踏实的钻研精神，也会"掘井几仞，而不及泉"，毁于一旦。

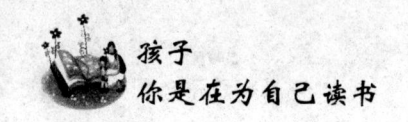

"钻书"是一种精力高度集中的思想境界。"钻进去"的境界，是静心绝虑、统统忘掉书外一切的境界，是像久旱的禾苗遇春雨那样，张开全身的毛孔吸收知识的甘露的境界。人们的注意力只有像聚光镜那样集光束于一点，才能避开种种干扰，比较容易地钻进书中去。

"钻书"是一种由表及里、由浅入深的理解和创造过程。读书"钻进去"，如剥蕉叶，如解连环，一层一层、一环一扣地深入，"去尽皮，方见肉；去尽肉，方见骨；去尽骨，方见髓"，渐渐向里寻到精英处，常能发前人所未发，获得新的创见。读书要靠自己"钻进去"，领会书的主旨和精髓，同时又要靠自己"跳出来"，有所前进和创新。我们正处在信息化飞跃发展的"知识爆炸的时代"，每个人要想跟上历史的脚步，就需要掌握这种既能"钻进去"——迅速汲取前人已总结的知识，又能"跳出来"——迅速超越和创造新的知识的学习方法。

"钻书"是一种勤勉不懈、顽强探求的精神。正如德国音乐家舒曼说的："勤勉而顽强的钻研，永远可以使你百尺竿头更进一步。"读书也是这样，钻得愈深，其进愈难，收获愈大，钻劲也愈增。所以，夏衍在谈到读书体验时说："一是钻，二是恒。"就是说要把"钻"和"恒"结合起来，读书不仅要"钻进去"，而且要持之以恒，永不懈怠！

第三章　腹有诗书气自华
——读书改变人生格局

相信自己是读书的料

我们很多人肯定听说过：某某不是读书的料。其实，一个人是不是读书的料，不是别人说的，而是在于你自己。福特汽车创始人亨利·福特说："你认为自己行也好，不行也罢，你都是对的。你自己认为自己是读书的'料'，那么，你就是读书的'料'。"

一个人的成就，绝不会比他自信能达到的更高。自信心是所有伟人发明创造的伟大动力，有了自信，才会勇敢、坚强、敢于创新，没有自信，就没有独创，就难以成功。

自信心对一个人一生的发展，无论在智力上，还是体力上，或者是处事能力上，都有基础性的支持作用。所以，我们就要从小养成坚定的自信，使自己始终都拥有一颗跃动的、积极进取的心灵，在成长的旅途中，不畏艰难，执着进取。在青少年时代，培养自己的自信心对我们未来的人生有着巨大的作用。

我们来看看英国著名作家夏洛蒂的故事：

夏洛蒂的自信不仅帮助自己圆了作家梦，而且促成了两个妹妹的成功。她用自信创造了属于自己的美好生活。

她14岁时进入露海德学校。那时，她的爱尔兰口音很重，衣着寒酸，长得不漂亮，严重近视（看书时鼻子几乎碰到书本，在户外活动中接不住别人抛过来的球），这些事引起了同学们的讥笑。但是在课堂上、在集体活动中，她不失时机地表现了自己的优势，同学们很快就发现，这个瘦骨伶仃的穷丫头，她的学识、想象力和聪明才智是所有人都望尘莫及的。她

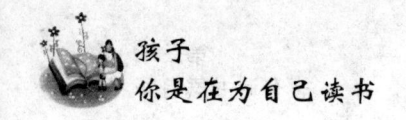

以优异的成绩连续三个学期获得校方颁发的银奖,并获得一次法语学习奖。渐渐地,她得到了同学们的尊重,还交了几个好朋友。

她的妹妹艾米莉则无法适应学校的生活,她入学时17岁,比别的同学大得多,个子也比别的同学高,除此以外,她遇到的问题和夏洛蒂当初遇到的一样。她被孤立、被嘲笑。日日夜夜与这些人生活在一起,成了她的噩梦,并使她感到耻辱。她打心眼里瞧不起这些奚落自己的人,知道他们是一些平庸的人,不如自己聪明,但她不会像夏洛蒂那样主动证明自己。

她根本不和同学们来往,又怎能展示自己的才华呢。她连一个朋友也没有。在学校熬了三个月后,她就回家了。

夏洛蒂的弟弟布兰威尔的情况更糟,他被送到伦敦皇家美术学院学习,在这里,他连起码的自信都丧失了,因为比他域得好的同学多得是。在家里,他以为自己是世界上最有才华的,现在,他怀疑自己根本没有绘画的天赋。他在伦敦的酒馆里花光了生活费,灰溜溜地回家了。情绪好转以后他又拾起了画笔,但是每当他看到别人的作品比自己的好,就把自己全盘否定,在沮丧心情的笼罩下重新考虑前途。他一会儿画画、一会儿写小说,但是一件事也没干成。

而夏洛蒂正在自己的人生道路上坚韧地跋涉。毕业以后,她成了母校的老师,她发现自己根本不喜欢这个职业,也懒得应付那些调皮捣蛋的孩子,于是,她笃定了从事文学创作的志向——要靠写作挣钱、挣脱命运的桎梏。当她向父亲透露这一想法时,父亲却说:写作这条路太难走了,你还是安心教书吧。她给当时的桂冠诗人罗伯特·索塞写信,两个多月后,她日日夜夜期待的回信这样说:文学领域有很大的风险,你那习惯性的遐想,可能会让你思绪混乱,这个职业对你并不合适。但是夏洛蒂对自己在文学方面的才华太自信了,不管有多少人在文坛上挣扎,她坚信自己会脱颖而出。她忙里偷闲地从事创作,现在她不像小时候那样纯粹为自娱而写作,她要让作品出版。这期间,两个妹妹仍然在自己笔下的幻想王国中自得其乐,既没想到出版也没想到发表,艾米莉的诗被夏洛蒂偷看以后,还生了半天的闷气。那个弟弟曾经梦想当画家,却有一颗善于自我打击的脆弱而敏感的心,一次次自寻烦恼之后失去了自信,并堕落为一个酒鬼、鸦片烟鬼。

在夏洛蒂的鼓动下,姐妹三人自费合出了一本诗集。据说这诗集只卖了两本。夏洛蒂没有气馁，她先后写出长篇小说《教师》、《简·爱》，而且打定主意不再自费出版，因为她相信自己的小说是值得出版商掏钱的。

与此同时，艾米莉写出了《呼啸山庄》，安妮写出了《阿格尼斯·格雷》，这些书的价值，现在已经很清楚了。如果没有夏洛蒂的自信心和不懈的努力，她们或许会自得其乐地写一辈子而不为人知。她的成功向我们印证了这样一个道理：自信是美好生活的源头。

很多人不成功，不是因为自身实力不够，也不是因为没有机会，而是因为他根本不相信自己会成功。而在很多青少年中间，很多人成绩不好，并不是因为我们的智商比别人低，而是缺乏自信，根本不相信自己能够读好书，能够取得好成绩。其实，每个人的智力都是相差不远的，真正的差别在于自信心的不同。

美国有一位著名的儿童脑神经外科专家，从小就得了一种学习障碍症，小学三年级以前，数学老师从来也没有在她的作业本上打过对号。每次看到满本的错号，她的头都胀得很大，可无论她怎样努力，还是做不对。时间长了，她认为自己确实是个不可救药的笨学生，她对自己彻底绝望了，对数学一点兴趣也没有了。四年级时，他们班换了一位数学老师，这位老师教会了她什么叫"自信"。自信改变了她的命运。

一次，这位新老师拿起她打满错号的作业本，亲切地说："这样的题你不可能做不对的，你真是太大意了。咱们再做一遍，好吗？你要自信一点！"第二遍她也没有做对，老师没有在她的本子上打错号，而是写了几个字："你的字写得真棒！再写一遍好吗？你应该相信自己能做到！"在重做第三遍作业的时候，她开始变得有自信起来，她相信自己只要努力一定会做对的。虽然，最后她还是没有做对，这位老师却在她的本子上打了几个对号，并告诉她："你真棒，这次做的比上一次好了这么多。"老师简短的话语，竟然让她激动得几个晚上睡不着觉，她觉得浑身充满了一股力量，那是自信带来的力量。她对自己学好数学又充满了信心。后来在老师的帮助下，她不但克服了自卑心理，而且竟然迷上了数学。

美国作家爱默生说："自信是成功的第一秘诀。"又说："自信是英雄主义的本质。"人们常常把自信比作"发挥主观能动性的闸门，启动聪明才智的马达"，这是很有道理的。自信使你成功，自信使你的潜能得以充分发挥。

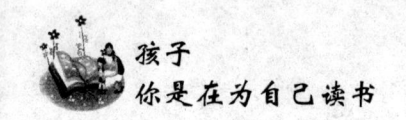

自信在我们读书的过程中同样非常重要。相信自己，那么，一切困难都将不会是苦难。因为自信心是一种积极的心理品质，是促使人向上奋进的内部动力，是一个人取得成功而必备的、重要的心理素质。只有拥有了自信，才可能使人在艰难的事业中有必胜的信念，才可能攀登上科学的高峰；人，只有拥有了自信，才不会在浅滩搁浅，才有可能托起成功的巨轮！正如莎士比亚所说："自信是走向成功的第一步，缺乏自信即是其失败的原因。"

充满自信，战胜读书路上的挫折

读书很苦，读书很累。在读书的路上，我们会遇到各种各样的挫折和障碍。只要拥有足够的自信心，就能战胜一切困难。

河流是永远不会高出其源头的。人生事业之成功，亦必有其源头，而这个源头，就是自信。不管你的才华如何之好，能力如何之大，教育程度如何之深，你在事业上的成就，总不会高过你的自信心。

据传说，只要拿破仑一上战场，士兵的力量可以增加一倍。军队的战斗力大半来自士兵对于其将帅的信仰。将帅显露出疑惧张惶，则全军必会陷于混乱、动摇；而将帅的自信，可以增强他部下健儿的勇气。

一个人如果有坚强的自信，往往可以成就伟大的事业，成就那些虽天分高、能力强却疑虑与胆小的人所不敢尝试的事业。

拿破仑如果没有翻过阿尔卑斯山的自信，他的军队绝不会爬过阿尔卑斯山。假使拿破仑以为此事太难的话，那他的军队只能对山感叹了。同样，假使你对于自己的能力存在着严重的怀疑和不信任，你一生中就决不能成就伟大的事业。成功的先决条件就是自信。

有一次，一个兵士从前线归来，将战报递呈给拿破仑。由于路上赶得太急促，他的坐骑还没有到达拿破仑那里，就倒地气绝了。拿破仑立刻下一手谕，交给这位兵士，叫他骑上自己的坐骑火速赶回前线。

这位兵士看看那匹雄壮的坐骑及它宏丽的马鞍，不觉脱口说："不，将军，对于我一个平常的士兵，这坐骑太高贵、太好了。"

拿破仑回答说："对于一个法国的兵士，没有一件东西可以称为太高贵、太好！"

在这世界上，有许多人，他们总以为别人所拥有的种种幸福是不可企及的，以为他们是不配有的，以为他们不能与那些命运特佳的人相提并论。然而他们不明白，这样的自卑自抑、自我抹杀，将会大大减弱自己的生命，也同样会大大减少自己成功的机会。

有许多人往往这样认为：世界上种种最好的东西，与自己是没有关系的；人生中种种善的、美的东西，只是那些幸运宠儿所独享的，对于自己则是一种禁果。他们沉迷于妄自菲薄的信念中，所以他们的一生，自然以卑微殁世；除非他们一朝醒悟，敢于抬头要求"优越"。世间有不少人可以成就大事，但结果却老死牖下、默默度过其渺小的一生，就因为他们缺乏自信，因为对于自己的期待、要求太小。

假使我们去研究、分析一般"自造机会"的人们的伟大成就，就一定可以看出，他们在出发奋斗时，一定是先有一个充分信任自己能力的坚强心理。他们的心理、志趣坚定到可以踢开一切可能阻挠、吓倒自己的怀疑和恐惧，使得他们勇往直前。

美国心理学家科雷利说："假使我们把自己视为泥块，则我们将真的成为被人践踏的泥块。"

我们应该觉悟到"天生我材必有用"，觉悟到自己的诞生必有一个大目的、大意志寄放在自己的生命中；如果万一自己不能充分表现自己的生命于至善之境地、至高之程度，对于世界将会是一种损失。有了这种自信意识，就一定可以使我们生出力量和勇气来，就一定有一番成功的事业。

俄国学者做过一个形象的比喻：一个正常人如果发挥了自身潜力的一半，那么他将掌握40多种外语，学完几十所大学的课程，可以将叠起来几人厚的世界百科全书背得滚瓜烂熟。既然每个人都有如此巨大的潜力，那我们为什么不能相信自己必将有所作为呢？

彼得是个在路易州长大的年轻黑人，他曾居住过14个不同的寄养家庭。当时的教会还在露天电影院聚会，心理医生彼德·克利就辅导他去面对那些大场面。但彼得有强烈的自卑感，一天，他突然对克利说道："你要知道我是个黑人，我们是比人次一等的，我们是奴隶的后代。"

克利答道："你错了！其实你有胜人一筹的遗传呢！"

"这话是什么意思？"他问。

克利回答说:"你和每一个在美国的黑人都可以追溯你们的祖籍到非洲。你应该以你的根为荣,因为你是幸存者的后代。那些弱者还未离开森林已没命了,其他或许死在船上,尸体被抛进海里。那些活命的大致可分为三类:一是智商比人高,可以生存;二是身体比人优胜,有过人的韧力;三是意志力比别人坚定——他们不会放弃,直至死亡。每一个在美国的黑人,他们的早几代都是最坚强、最优秀的。而你的血液里就流着这些优良的特质。"

几年后的彼得成了医生,他取得了医学硕士学位。他成功了,他首先抛弃了自我贬低的阴暗心理,他发挥了自己的潜质。

或许在我们的人生里有无数的困难、障碍,是必然存在而不容忽视的阻力,千万不可自我贬低,只要你拥有真正的自信,你就能够勇敢地、愉快地面对困难。与无限的潜能建立密切的关系,便能使你拥有更深刻、坚定、永恒的自信,而得以突破人生的转折点。

遇到挫折时,凡人和斗士最基本的差别在于:斗士把挫折当成挑战,而凡人把挫折当成诅咒。相信吧,除了你自己以外,世界上没有什么力量能够妨碍你进步、阻挡你成功。

读书是真正的幸福之本

在青少年时代,我们一定要扪心自问:"将来以什么作为自己的安身之本和立命之本呢?"——以自己年轻清秀的容貌吗?人总有老去的一天呀!以自己优越的家庭条件吗?可是"富不过三代"呢!只有做一个社会不可或缺、自己有本领的人才能够快乐幸福一生,一个没有知识和技能的人,只有痛苦和悔恨的泪水陪伴终生。

要知道,只有你自己独特的个人资源,刻苦努力读书所获得的回报,才是你滚滚不尽的个人财富,谁都无法代替,这才是自己真正的幸福之本!明白了人生道理,重要的就是去努力读书。在认真读书学习中,去发现人生的乐趣,挖掘生命的潜力。

可以说,在青少年时代,世上或许没有别的东西,能够像读书那样有巨大的力量。有智者说:"读书能够使穷人摆脱贫困,能够使不幸者脱离悲惨的处境，能够使肩负重担者忘掉负担，能够使病人忘掉痛苦，能够使伤心者不再忧伤，能够使受压迫者忘掉屈辱。"从这个意义上来说，读书还不仅仅是通向事业的坦途，更能让人获得心灵的幸福与安宁。

读书是一件幸福的事，它往往决定着一个人未来的命运以及生活道路。对每一个人来说，努力既是为了今天也是为了将来，而读书学习则是为了明天。知识本身没有什么力量，唯有化为自己的行动，才能产生巨大的力量。要想一生拥有幸福和快乐，那么现在就得不断地去刻苦学习，别让无知无能的烦恼和痛苦在以后不断地光临。

一个人在应该学习的时候，不刻苦学习，而天天玩乐或者混日子，那么将来肯定是要后悔的。依靠父母是一时的，没有父母的保护，自己又没有任何知识和谋生的本领，那么这一生肯定是非常悲惨的。没有今天的刻苦努力，哪里有明天美好的生活？

让我们来看一个故事：

张涛和苏雷初中时是一个班的同学，张涛来自农村，家里非常穷，因此，读书非常刻苦，成绩常常是年级前几名。

苏雷就不一样了，他的父母是生意人，家里非常有钱，因此，苏雷就常常有一种优越感，觉得自己家里条件好，努力读书和不努力读书一个样，迟早自己会成为家里事业的继承人。于是常常玩游戏，上网，初中毕业就不再上学了。

而张涛则不一样，他勤奋学习，最终考上了首都的一所重点大学。大学毕业后，他成为一家软件公司的工程师，参加工作的第二年，他就自主创业成立了自己的软件公司，成为一名年轻的企业家。

而辍学后的苏雷整日在社会上游荡，有一次因为打架，把别人打伤，最后被判处有期徒刑8年，成为一名监狱中的犯罪少年，对自己当初的行为后悔不已。

可见，在青少年时代，如果不好好读书，很容易走上不正之道，最终会毁掉自己一生的幸福。

因此，我们一定要记住一句话：读书不会让人越读越傻，而是越读越聪明。读书不是使人越读越贫困，而是越读越富裕。不读书，就没有机会获得知识。没有知识，就会产生愚昧，甚至走向衰弱，就不能更好地生存，更谈不上去欣赏生活。学识浅薄的人求生存是极其困难的，因为没有

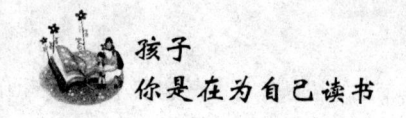

知识，就会进入人生的死胡同。不知自己的无知，更是可悲的。缺乏知识的灵魂，只能算是僵死的灵魂。

读书能改变你的命运

读书能够影响人的一生，甚至彻底改变一个人的命运。读书能够激发和鞭策我们不断奋进，从而获得幸福的生活。读书能够照亮和指明我们前进的方向，使我们从此走上一条事业成功的道路。读书是最好的、最简单的一种改变人生命运的方法，没有其他东西比读书更有魅力、更有力量了。

著名的电影导演张艺谋曾经在农村插过队、当过国棉厂工人，1978年进入北京电影学院摄影系。1982年毕业，他和陈凯歌、田壮壮等一起成为"中国第五代电影人"。从1984年担任《一个和八个》、《黄土地》的摄影，到1987年出任导演，张艺谋推出的《红高粱》、《大红灯笼高高挂》、《秋菊打官司》等影片让中国电影走向了世界。这位被美国《娱乐周刊》评选为当代世界20位大导演之一的中国人，一直都是中国电影的一面旗帜。

张艺谋是天才吗？这个二十多岁才开始摸相机的人，是如何成为电影导演的？让我们来看看他自己是怎么说的：

我21岁时，因为有一些文体特长才被破例从农村招进陕西国棉八厂，因为我的出身不好，能进厂已经很不容易了。我在厂里当辅助工，主要从事清扫、搬运一类的工作，还要经常"掏地洞"，清理堆积的棉花杂质，出来后，三层口罩里面的脸仍是黑的，工作很脏很累，却没什么技术。

业余的时候我喜欢看书，逮着什么看什么，喜欢中国古典小说，那时候能找到的书也少，《三国演义》、《水浒传》、《西游记》、《说唐演义全传》都一遍遍地看，到现在对里面的人物也特别熟悉，它们对我的影响是潜移默化的，在我导演歌剧《图兰朵》时，想到古典艺术、民族特色，心里涌起的很多，都是这些小说给我的感觉。

我学摄影是在1974年，因为工作之外的无聊，又不愿虚度青春，就想学点什么，后来觉得摄影不错，就买了照相机，又看了不少摄影方面的书、吴印咸的、薛子江的、人像摄影、灯光摄影等等，凡是有关摄影的，都找来看，一些借来的书因为要还，就整本整本地抄，记得当时一本两寸来厚的《暗室技巧》，我抄了大半本。

那时候对知识的理解没有现在这么明确，不愿混日子，觉得学摄影是个事儿，一个人在浑浑噩噩的氛围中把这当成了一种寄托。那时候最大的想法，就是能到厂工会或宣传科当个"以工代干"的宣传干事。

因为努力，又有兴趣，我的照相技术在厂里开始小有名气，厂里有人结婚，常常会找个休息日把我叫到公园的花前柳下，留个剪影一类的"艺术照"，之后放大镶框摆在新房里，当时在我们厂，谁结婚能挂这么一张照片，就是很有品位了。加上我会打球，又能画毛主席像，便有幸成为当时我们厂里的"四大才子"之一。

如果不恢复高考，我可能真的会成为厂里写写画画的宣传干事，那时候年轻人想出路和现在不一样，除了入党、提干走政治这条路外，几乎没有别的选择，我因为家庭出身的原因，上面这条路想都没有想过，我是车间里唯一没有写入团入党申请书的，那时棉纺厂停电时就组织党团员和积极分子学习，每到此时，几百人的车间里退场的只有我一个。

1977 年高考在我还没来得及想时就溜过去了，等一揭榜，厂里一下子也考走了好几个，我不可能不受到触动，1978 年再不考我就超龄了，直觉告诉我必须抓住这次改变命运的机会。我当时只有初中二年级的水平，学的那点东西又在"文化大革命"中早忘光了，复习得再辛苦也没把握，于是往偏处想：报体育学院？自己个子矮，喜欢运动却又都是野路子，不行；美术学院？绘画基础不足。正在琢磨时，别人向我推荐了北京电影学院摄影系。说："课都与摄影有关，你的片子拍得好，一定行。"就这样，经过一番努力我如愿以偿拿到了北京电影学院的录取通知书，那一刻，我知道自己的命运将随着新的知识、新的朋友和新的体制环境而改变。

在电影学院，我跟其他同学最不同的有两点，一是年龄大，我差不多是我们这一级里最大的，系里别的同学一般都比我小十来岁；二是因为我的入学不是特别正规，因而总有一种沉沉的"编外感"。这两点不同，使我感到压力。

按照当时的行业氛围，我们从摄影系毕业后分到电影厂，还要做若干年的摄影助理，然后才能做掌机摄影师。我想想自己毕业就32岁，再干几

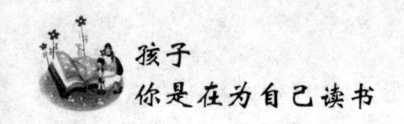

年助理，三十七八快四十了才能独立摄影，就觉得不行，于是给自己设计了两条路，一是走出电影圈做摄影记者，尽快独立工作；二是转行干导演。

我是一个比较务实的人，很少幻想什么，当时我已经着手联系陕西画报社；同时，我从大三开始便自己偷偷看一些导演方面的书。导演班的人年龄和我差不多，陈凯歌、田壮壮……甚至可能有人比我还大，这也是我想转入导演的重要原因，大家同时起步，感觉可能会好一些。

记得当时我是请导演系的才子林大庆帮着开的书目，一共20多本，之后是很长一段时间的苦读，这期间还试着写了个剧本，请导演系的白虹评点……正是有这一段时间的积累，才使我以后能很自然地由摄像向导演过渡，而无论是考电影学院还是转导演，开始的动机都是为了寻找出路，谈不上对电影或导演的"热爱"，而一旦选择了，我就想把它干好。

而且，一个人更重要的是要有不断学习的精神。每次我去看父亲，他跟我说得最多的一句话就是"你要学习"。父亲生前常对我不满意，他在家看我的一些访谈，总觉得我文采不够，口才不好，总说"你看人家陈凯歌……"

在"不断学习"这一点上我与父亲非常认同，我总觉得我们电影人其实生活的圈子非常窄小，并不开放，而我们从事的工作又特别需要不断地补充给养、积累知识，因而我们必须做生活中的有心人，善于从点滴生活中感悟和表达。对我们电影人来说，这样的学习可能比纯粹的书本上的学习更重要。你必须在与各种人、各种事的接触中，敏锐地感受，清晰地体悟，准确地表达，而做到这一点，必须有不断学习的精神、坚定的毅力和勤奋的态度，否则便会走进死胡同，拍不出什么好的影片。

1978年考上电影学院，是我一生最大的命运改变。现在，我常常会在好的影片前落泪，特别是一些纪实类电影。生活中很多东西让我们感动，我希望在自己剩下的生命里，能尽可能多地记录下这些感动我们的人和事，拍更好的影片。

正如张艺谋自己所言："考上电影学院，是我一生最大的命运改变。"如果没有考上电影学院，那么，张艺谋也许还是工厂里的一个工人。可以说，正是读书改变了他的命运。

张艺谋的故事告诉我们：知识能够改变命运。读书能够改变自己的命运。美好的青春年华正是学习知识和技能的大好时光。

联合国教科文组织曾经提出："谁掌握了知识和技能，谁就拥有了走向人生的通行证。"人们通过教育得到一定的知识，从而改变其认知、做事、生活以及生存和处世的能力。

知识是一个人综合素质的基础，没有知识，也就无所谓高素质。假如你想彻底改变自己的命运，那么最好先去掌握存在的知识。青少年时期一定要认识到，读书能够彻底改变一个人的命运。

人生需要智慧，智慧来自读书

培根说过一段精彩的话："读史使人明智，读诗使人聪慧，演算使人精密，哲理使人深刻，伦理学使人有修养，逻辑修辞使人善辩。"从中我们可以看到，每一学科的知识都能相应地提升我们的某种能力，启迪我们的智慧。

智慧能够决定好的命运，它是获得快乐和成功的源泉。人生如果没有智慧，就会活得窝囊和贫困。

古语云："开卷有益。"小时候，我们的头脑如一张白纸，学什么就成什么。少年时期，看一些优秀的课外读物，参加一些有益身心的课外活动和简单的劳动，对全面挖掘我们的潜能是大有裨益的。

课余时间，我们可以看看百科全书、科普读物、名人传记以及其他古今中外的优秀图书，也可以参观一些科普展，如航天展等。

课外学习能够弥补学校教育时空的限制，对于丰富我们的知识，滋养我们的心灵，激发我们的学习动力将是十分有益的。

周恩来上小学时，进步教员高戈看到他是个聪明、勤奋、求上进的学生，便经常找他谈心，介绍各种进步书刊给他看，如陈天华的《警世钟》、《猛回头》等。受这些书刊的影响和启发，周恩来立下了"为中华之崛起而读书"的远大志向。

希腊哲学家苏格拉底说过："真正高明的人，就是能够借助别人的智慧，来使自己不受别人蒙蔽的人。"一个人，获得智慧，感悟人生，决不能只靠个人的经历和实践，而须利用前人已积累的经验。而要学习前人的

孩子
你是在为自己读书

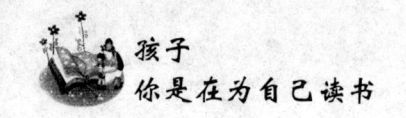

经验，最好的方法莫过于读书。

古人云："书中自有黄金屋，书中自有颜如玉。"可见，古人对读书情有独钟。其实，对于任何人而言，读书最大的好处在于：它让求知的人从中获知，让无知的人变得有知。

我们的时代，是信息时代，一切都飞速地发展着。倘若一个人在这信息时代中不读书，不学习，脑子中只保留那仅有的一点小聪明，我想，即使这个人天资聪明，很快也会被人们所抛弃，被社会所淘汰，被时代所遗弃。

明朝的许仲琳说过："井底之蛙，所见不大，萤火之光，其亮不远。"不读书，不知道当今世界的发展形式，不知道国家的政事，岂不是"萤火之光，其亮不远"？

古人云："读书学礼。"读书的另一个好处呢，就是为了培养人们品德高尚，知书达礼。培根曾说："书籍是在时代的波涛中航行的思想之船，它小心翼翼把珍贵的货物送给一代又一代。"古代名人们的优良传统思想，如敬老爱幼、珍惜时间、不耻下问等，都被后人记载在书中，自然，读了它，领悟其中的道理，能应用，就将成为一个道德高尚的人。不管是中国还是外国，都出过不少名人，而这些名人的故事，他们的勤奋、刻苦，读一读，多少也对自己有所影响，让我们能够成为一个高尚的人。

虽说读书的好处数不完，但再好，世上不爱读书的人还有很多。如我身边的某些人，自幼厌学，如今到了工作年龄，却由于书读得很少，四处碰壁，找不到工作，后悔也来不及了。真是"书到用是方恨少，事非经过不知难"。

第四章　立志读尽人间书
——读书先立志　志当存高远

拥抱理想，读书是一条捷径

林语堂先生说："人生不能无梦，世界上做大事业的人，都是由梦得来，无梦则无望，无望则无成，生活也就没有兴趣。"这里的"梦"，即是"理想"。拥抱理想，读书是一条捷径。

很多人都知道世界首富比尔·盖茨大学没毕业就中途辍学去创业，但很少有人知道，比尔·盖茨其实也是一个饱读诗书的人，甚至在年仅9岁的时候，就已经读完了大部分的百科全书。甚至在天文、地理、历史等众多领域都达到了精通的程度。而从事计算机软件行业数十年，比尔·盖茨所读的各类书籍更是不计其数。

同样，曾经在排行榜上当过两天世界首富，拥有300亿美元位居亚洲首富的互联网天才孙正义也是一个学富五车的人，他除了财富还有另一项令世人瞩目的成就，那就是在23岁患肝病期间，利用短短两年时间，在病榻上阅读了4000本书籍，并根据从书中领会到的精髓加上自己的感悟撰写了从事40种行业的可行性方案，并从书中总结出一条真正适合自己的创业模式。而由此展开了一场长达数十年的，利用计算机互联网征服世界的伟大创举，同时成为唯一一位能与世界首富比尔·盖茨抗衡的亚洲富豪。

读书是一个人成才的最好途径。让我们再来看看科学家爱因斯坦的故事。

1895年初，大地回春，万物复苏，可爱因斯坦忧心忡忡，眼前的美景丝毫不能引起他的兴趣。他已经16岁了。根据当时的法律，男孩只有在17岁以前离开德国才可以不必回来服兵役。爱因斯坦猛然意识到他必须离开德国。可是，他中学还没毕业。半途退学，将来拿不到文凭怎么办呢？一向忠厚、单纯的爱因斯坦，情急之中竟想出一个自以为不错的点子。他请数学老师给他开了张证明，说他数学成绩优异，早已达到大学水平。他又从一个熟悉的医生那里弄来一张病假证明，说他神经衰弱，需要回家静养。爱因斯坦以为有这两份证明，就可以逃出这厌恶的地方。谁知，他还没提出申请，训导主任却把他叫了去，以败坏班风、不守校纪为由勒令他退学。

爱因斯坦脸红了，但不管出于什么原因，只要能离开这所中学，他都心甘情愿，也顾不得什么了。那一年，他告别生活了14年的慕尼黑，踏上了开往意大利的列车。

1895年春日里的一天，一列火车喷着白气停靠在意大利米兰。斜靠在窗边的那个少年猛然从沉思中惊醒。啊！这就是米兰，这里有自己的家人，有自己向往的自由，青山绿水、白云飘飘，想起自己总算如愿以偿地逃出了德国那个牢笼，他禁不住长长地舒了一口气。

一路上，爱因斯坦透过火车车窗浏览着意大利的风光。只见一群群行人衣衫褴褛，却精神饱满地不知走向何方，他们大多都牵着毛驴，驴背上是他们的全部家当。

"他们这是去哪儿啊？"爱因斯坦好奇地问旁边一位乘客。

"到海外去寻找幸福啊。"那人说。

"真有意思。"爱因斯坦心里暗自思忖，"他们去海外找幸福，而我却到他们这里来。到底什么地方才是真正的幸福所在呢？"

那时的美国正处在大发展的时期，有大片的原野等待人们去开垦，飞速发展的工业也需要大批的工人。欧洲的很多人就是在那个时候到美国去实现自己的梦想的。

幸福的确不是爱因斯坦想象的那么简单，一下火车，迎接他的是父亲那张忧郁的脸。原来他不能在当地上学，那里的德语学校只收13岁以下的学生。而没有中学毕业文凭是不能进大学的。爱因斯坦毕竟还是个孩子，对他来说，这些忧虑还比不上这片新鲜土地给他的惊喜。意大利的确是一个迷人的地方。历史悠久，文化繁荣。古希腊、罗马的庙堂、博物馆、绘画陈列馆、宫殿和风景如画的农合……人们愉快好客，举止无拘无束，他们干活或闲逛，他们高兴或吵架，都同样的感情奔放、手舞足蹈。到处都可以听到音乐、歌声和生机勃勃的悦耳的歌声。爱因斯坦终于能游离在学校大门之外，尽情地享受着这里和煦的阳光和绚丽的色彩，精神自由的感觉让爱因斯坦变成了一个活力四射的皮球，充满生命的弹性。

然而这毕竟不是长久之计，父亲的生意每况愈下，他已经拿不出更多的钱供儿子读书。爱因斯坦必须对自己的未来做出规划了，他喜欢数学和物理学，可如何进入大学却是个难题。这时他得到一个消息：瑞士的苏黎世联邦工业大学，不要求学生必须有中学毕业文凭。这年10月，他登上开往苏黎世的列车，去参加联邦工业大学的入学考试。结果除数学和物理十分出色外，其他科目都不理想。他只好接受校方建议，到附近的一座小镇上去补习中学课程。

小镇依山傍水，风景秀丽，这里的中学也与德国不同，他们尊重学生，努力向学生展示知识和科学的魅力，让他们的智力自由地发展，激起他们的求知欲望。

爱因斯坦有生以来第一次喜爱学校了。老师这样亲切，学生可以自由地提问、研究问题。爱因斯坦变了：慕尼黑那个怯生生、不多说话的少年，现在变成了一个笑声爽朗、步伐坚定、情绪激昂的年轻人。在《我未来的计划》一文中，他满怀热情地表达了自己对未来的期望，为自己的未来描绘了一幅美好的蓝图。为了实现自己心中的梦想，爱因斯坦从不愿意学习变成了一个主动学习、渴求知识的人，正是这一变化，使他领略到了在知识海洋里遨游的巨大乐趣，并从此走上一条伟大的科学研究发明的大道，最终成为一代科学巨匠。

今天的时代虽然不同了，但拥抱理想依然至关重要。有理想，有抱负的人，不管你是在学校还是走入社会，不管你的生存环境多么糟糕，不管你的学习条件如何不好，只要你想改变自己，你就一定能实现自己的梦想。

让梦想为我们的人生导航

青少年时期是我们人生的关键时期！我们必须谨记一个重要的理念：我们是自己生命的建筑师，现在设定的梦想和蓝图决定了我们未来的形

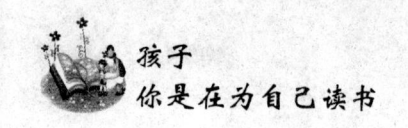

象！我们未来的前途和命运都掌握在我们自己的手中！

今天买到去哪里的车票，决定了明天你将到达哪里！

人生犹如夜航的船，没有灯塔的指引，将失去航向。

很多人都看过《大长今》这部电视剧，剧中的女主角长今为什么可以不断战胜自我，不断战胜环境？7岁的长今为什么可以进宫？8岁的长今为什么可以手捧水盆熬过通宵的惩罚而获得考试资格？在多栽轩那让人绝望的地方，为什么长今能被破例召回宫中？在崔氏家族的多次迫害之下，为什么长今仍能振作精神？

这要感谢长今的母亲，这位伟大的母亲在离开人世前，送给女儿一个最大的理想，一个超值的礼物，那就是给长今树立了一个伟大的梦想——当最高的尚宫娘娘。

有了这个梦想，当种种磨难来临时，长今只要一想起自己的梦想就全身充满了力量，这个梦想给了长今战胜自我、战胜环境的勇气。

但是，有很多人却因为年轻的时候没有梦想，而给自己的人生留下了遗憾。

有两兄弟出游回来，他们住在一幢大厦的80层，发现大楼停电。爬到20层时，不堪重负的两兄弟把旅行包放下了，决定等电梯有电了再下来取。爬到40层时，两兄弟争吵要不要继续爬。等爬到60层，哥哥一脸茫然，弟弟表情麻木。事已至此，只好继续爬。好不容易爬到80层，两兄弟愣在了房门口：钥匙落在20层的旅行包里。

少年时期虽然青涩，却往往是梦想的诞生地；40岁练达，但经常成为埋葬梦想的坟墓。到了80岁，人之将去，仔细回味，好像还有什么没有完成，发现梦想都留在了20岁的青春岁月里。

美国黑人马丁·路德·金之所以伟大，是因为他梦想黑人与白人一样平等、自由；孙中山之所以伟大，是因为他毕生都在实践推翻禁锢中国人民几千年的封建帝制的梦想；邓小平之所以伟大，是因为他亲手设计的强国梦真的让十几亿中国人强大起来。

人，因梦想而伟大！无论我们从事任何一种行业，最主要的是要心存梦想，保持积极的心态，我们就可以步入成功。

有梦想才会成功，天上永远不会掉馅饼，只有自己奋斗，才能得到又大又香的馅饼。

有人认为成功是一种幸运，他们整天无所事事，等着成功的大馅饼砸到自己头上。不错，有的歌星、影星确实看似一夜走红，但他们都有一段不为人知的奋斗历程，他们将无数的汗水与泪水洒在了他们通往成功的路上。他们付出了比常人更多的辛勤，他们怀着梦想，努力拼搏，才能获得成功。

出生在亚拉巴马伯明翰种族隔离区的赖斯，因为是黑人，所以从小受到白人的歧视。但她牢记着母亲的话："要改变自己低下的社会地位，只有比别人做得好、更好，你才会有机会。"从此，她怀着梦想，努力学习，因为她坚信只有教育才能让自己获得知识，做得比别人更好；教育不仅是她自身完善的手段，还是她捍卫自尊和超越平凡的武器！最终，她通过自己的拼搏，成为美国国务卿，荣登《福布斯》杂志"2004年全世界最有权势女人"的宝座。

赖斯的成功正如其母亲所言，只要你有梦想，并为之奋斗，你就可能做成任何大事！

请以梦想做指路明灯，带上一份自信，背上拼搏与奋斗的背包，迎着灿烂的阳光就此启程，踏上一条寻找成功的路吧！有梦想才会成功！为了梦想，努力拼搏吧！爱拼才会赢。请相信，成功终将属于你！

做一个志向远大的人

一个杰出的青少年，应该是一个有着远大志向的人。因为，一个人追求的目标越高，他自身的潜能就越能得到充分的发挥，他的才能就发展得越快。人之伟大或渺小都决定于志向和理想。伟大的毅力只为伟大的目标而产生。

美国著名畅销书作家斯宾塞·约翰逊认为，理想如果是笃诚而又持之以恒的话，必将极大地激发蕴藏在你的体内的巨大潜能，这将使你冲破一切艰难险阻，达到成功的目标。

理想是以现实为根据的一种理性想象，是人们对自己、对社会发展的设想与追求。崇高的理想必然会产生巨大的力量。一个具有远大理想的人，一般同时具有坚定不移的决心、信心和毅力，在困难面前不动摇、不

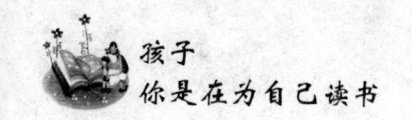

退缩、不迷失方向。理想远大的学生一般都有较强的成就动机，其积极性、自觉性、主动性、意志力都较强，因此，学习成绩就优异。相反，不考虑自己将来做什么工作，没有想过将来做什么样的人，没有明确目标的学生，表现在学习上是消极被动、敷衍应付的，成绩也多不理想。

因此，要树立远大的理想，就要不断地、反复地问自己：

我为什么要学？

我将来要为这个社会做些什么？

我将来准备成为一个什么样的人？

把你思考的答案，工工整整地写下来，贴在客厅墙上或床前、写字台前，使自己经常看到，以便自我激励。

我国杰出的生物学家童第周，在学生时代，就确立了"中国人不是笨人，应该拿出东西来，为我们民族争光"的学习目的，使自己的学习热情越来越高。他在比利时研究实验胚胎学时，同宿合住着一个研究经济学的俄国人，他很瞧不起中国人，嘲笑中国人是"东亚病夫"。童第周愤怒地对他说："不许你侮辱我的祖国，这样好不好，你代表你的祖国，我代表我的祖国，从明天起，我不去实验室，和你一起研究经济学，看谁先取得学位。"那个俄国人不敢应战，赶紧溜掉了。经过4年努力，童第周以优异的成绩取得了博士学位，他尤其擅长于在显微镜下做当时外国人还不能做得精细手术，得到了欧洲生物界的赞扬，受到世界许多专家的瞩目。

年轻的数学家肖刚，上小学时就确立了攀登科学文化高峰、为祖国富强做贡献的学习目的。他只读到初二就到农村劳动，他凭着顽强的自学，达到了大学水平，1977年10月被破格录取为中国科技大学研究生。肖刚于1984年获法国博士学位，回国后仅两年就被聘为教授，同年被国务院学位委员会批准为博士生导师，成为我国最年轻的博士生导师之一。

革命家李大钊说过："青年啊，你们临开始活动以前，应该定定方向。比如航海远行的人，必先定个目的地。中途的指针，总是指着这个方向走，才能有达到那目的地的一天。"

目的不明确的学生，如同没有方向的航船，只是随波逐流，不可能到达理想的彼岸。有时候，一句话就会使你产生一个梦想。知心姐姐卢勤在他的书中讲了这样一个故事：

有一男一女两个中学生认识了一位生物学家。生物学家告诉他们，中国有一种叫白头叶猴的濒危动物，仅在我国广西有 200 只。现在人们要去了解它们的生活习性以保护这些野生动物，结果这两个孩子就有了一个梦想。他们从 2003 年开始，利用寒暑假去跟踪调查白头叶猴。

调查的环境非常艰苦，茫茫的原始森林是野兽和虫子的天堂。每天睡觉之前都得先抖抖被子看里头有没有蛇，早晨起来先抖落抖落脚上的鞋看看有没有蝎子。这种猴是很难看到的，有一些老猎人一辈子都没看到过，所以他们的追踪很辛苦。有一天，他们太累了，那个叫董月的女孩儿，一屁股坐在地上，她突然觉得腿刷刷地有东西在爬，原来她坐在了蚂蚁窝上……这种事他们遇到了许许多多，但是他们只有一个梦想，一定要研究出白头叶猴的生活习性，一定要保护我们国家仅有的这 200 只白头叶猴。三年的寒暑假，他们都是在大森林里度过的。

最近，这两个孩子的论文在美国纽约的世界少年科学家大会上获得了一等奖。今年，男孩儿进了清华大学，女孩儿进了北京大学。

亲爱的朋友，你有什么样的远大的梦想呢？如果没有，你一定要为自己设立一个远大的梦想。同时，你要实现你的梦想，第一步就是要好好读书。在读书的过程中，梦想会给你带来强大的动力！因此，你的人生不能没有梦想。

正如著名的教育家徐特立所说：一个人有了远大的理想，就是在最苦难的时候，也会感到幸福。

你自己就是最大的宝藏

励志大师康威尔在他的《钻石宝地》一书中讲述了这样一个令人深思的故事：

古时候，有一个波斯人住在离印度河不远的地方，他叫阿里·哈菲德。阿里有一个很大的农场，有果园、田地和花园，他还借钱给人收取利息，他因富裕而知足，也因知足而富裕。

一天，一个僧侣拜访了阿里，这僧侣是一位来自东方的智者。他在火边坐下后，便给阿里讲述我们的世界是怎样形成的。

他说，当初这个世界不过是一团雾，万能的神将一个手指插进这里慢慢向外搅动，越搅越快，直到最后把这团雾搅成一个结实的火球。然后，火球在太空中滚动，燃烧着滚过其他的一团团雾，火球四周的水汽凝结起来，直到大雨滂沱，降落在高温表面，使得外层的壳冷却。后来，里面的火球冲破了外壳，耸起了山脉、丘陵，形成了山谷、草场，这才有了我们这个美丽的世界。

熔融的物质从火球里冲出来，迅速冷却的就变成了花岗岩，随后冷却而成的是铜，然后是银，接下来是金，金之后，钻石形成了。

僧侣说："一块钻石就是一粒凝固的阳光。"现在看来，这种说法在科学上也是正确的，因为钻石其实是来自太阳的碳沉淀而成。僧侣告诉阿里，如果他有拇指大的一块钻石，他就能买下这个国家；如果他有一个钻石矿，他就能凭巨大的财力让他的孩子们登上王位。

阿里·哈菲德听了钻石的故事，知道它们价值连城之后，当晚睡觉的时候，就感觉自己已经是个穷人。他并没有丢失任何东西，却因为感到不满足而觉得贫穷。他暗暗发誓："我想要一个钻石矿！"这夜，他失眠了。第二天清早，阿里将僧侣从梦乡中摇醒，对他说："请你告诉我哪里能找到钻石？""钻石？你要钻石干什么？""当然是想非常非常富有！"

"那么，好，去找钻石吧。你该做的就是：去找它们，然后你就会拥有它们。"

"但是我不知道到哪儿去找！"

"嗯，如果你找到了一条河，河水从白色的沙子上流过，两边是高山，你就能在这些白沙子里找到钻石。"

"我不相信有这样一条河。"

"有的，这样的河很多。你该做的就是去寻找它们，然后你就会拥有钻石。"

阿里说："好，我去！"

于是，他卖了农场，索回了贷款，将家人托给一个邻居照管，在一个迷蒙的清晨就上路去寻找钻石了。我想，他肯定是在月亮山开始找的。然后他来到巴勒斯坦，接着辗转进入欧洲，最后，他分文未剩，衣衫褴褛，困苦不堪。一天，他站在西班牙巴塞罗那海湾的岸边，一个大浪向他打来，这个可怜的人饱经苦难，抵抗不住这种可怕的境况，便跳进了迎面而来的潮水中，淹没在白沫翻滚的浪涛下，再也没有站起来。

第四章
立志读尽人间书

在阿里死后不久,买了阿里农场的人牵着骆驼到花园里饮水,园里的小溪很浅,当骆驼将鼻子伸到水里的时候,阿里的后继人发现小溪底部的白沙子里有一道奇异的光芒。顺着这道光芒,他挖出了一块黑色石头,只见它熠熠发光,如彩虹般绚烂。他把这个石头拿进屋里,放在中央的壁炉架上,随后就把它忘了。

几天后,那位僧侣来拜访阿里的后继人,一开客厅的门,就看见了壁炉架上的那道闪光,他冲过去,喊道:"这是钻石!是阿里·哈菲德回来了吗?"

"啊,没有,阿里·哈菲德没有回来,那也不是钻石,不过是块石头,就在我们家的花园里找到的。"

"但是,"僧人说,"我告诉你,我认识钻石,我可以肯定它就是钻石。"

然后,他们一块冲到花园里,用手将白沙子挖起来,天啊!他们发现了一块更美丽、更有价值的宝石。

戈尔康达钻石矿就是这样发现的,这是人类历史上价值最大的钻石矿,胜过金伯利。俄罗斯沙皇皇冠上的奥尔洛夫钻石——世界上最大的钻石,就是从这个钻石矿挖掘出来的。

看完这个故事,你可曾想过,也许你自己也是一个钻石矿,只是没有花时间看清自己。人们往往不断地欣赏别人身上美好的东西,却忽略了自己,也许自己身上有比他们更好的东西!

让我们再来看看另一个故事:

古希腊的大哲学家苏格拉底在临终前有一个不小的遗憾——他多年的得力助手,居然在半年多的时间里没能给他寻找到一个最优秀的关门弟子。

事情是这样的:苏格拉底在风烛残年之际,知道自己时日不多了,就想考验和点化一下他的那位平时看来很不错的助手。他把助手叫到床前说:"我的蜡所剩不多了,得找另一根蜡接着点下去,你明白我的意思吗?"

"明白,"那位助手赶忙说,"您的思想光辉是得很好地传承下去……"

"可是,"苏格拉底慢悠悠地说,"我需要一位最优秀的传承者,他不但要有相当的智慧,还必须有充分的信心和非凡的勇气……这样的人选直

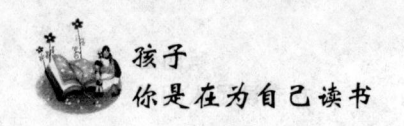

到目前我还未见到,你帮我寻找和发掘一位好吗?"

"好的,好的。"助手很温顺、很尊重地说,"我一定竭尽全力地去寻找,以不辜负您的栽培和信任。"

苏格拉底笑了笑,没再说什么。

那位忠诚而勤奋的助手,不辞辛劳地通过各种渠道开始四处寻找老师的继承者。可他领来一位又一位,总被苏格拉底一一婉言谢绝了。有一次,当那位助手再次无功而返地回到苏格拉底病床前时,病入膏肓的苏格拉底硬撑着坐起来,抚着那位助手的肩膀说:"真是辛苦你了,不过,你找来的那些人,其实还不如你……"

"我一定加倍努力,"助手言辞恳切地说,"找遍城乡各地、找遍五湖四海,我也要把最优秀的人选挖掘出来,举荐给您。"

苏格拉底笑笑,不再说话。

半年之后,苏格拉底眼看就要告别人世,最优秀的人选还是没有眉目。助手非常惭愧,泪流满面地坐在病床边,语气沉重地说:"我真对不起您,让您失望了!"

"失望的是我,对不起的却是你自己。"苏格拉底说到这里,很失意地闭上眼睛,停顿了许久,才又不无哀怨地说,"本来,最优秀的就是你自己,只是你不敢相信自己,才把自己给忽略、给耽误、给丢失了……其实,每个人都是最优秀的,差别就在于如何认识自己、如何发掘和重用自己……"

话没说完,一代哲人就永远离开了他曾经深切关注着的这个世界。

亲爱的青少年朋友,读了这两个故事你有什么感想呢?其实,只要你从小立志成为最优秀的人,你就能成为最优秀的人,人生成就的大小,和青少年时代的梦想有着非常密切的关系。你为自己的人生设计了一个什么样的梦呢?

第五章　书山有路勤为径
——勤奋出天才

读书一定要勤奋

　　一个人取得成就一定要勤奋，如果不勤奋，即使有天资也未必能有成就。但前提是我们首先要有一个正确的目标、正确的方向。现在有很多人也很勤奋，他每天废寝忘食，但是在干什么呢？在玩电子游戏，在看电视剧。我们不能说他不勤奋不努力，但是他勤奋的方向反了。

　　有个人讲过一句话，努力很重要，但是选择比努力更重要。人生最重要的不是努力，最重要的是选择。你选择哪个方向你的人生就不一样。选择这个方向之后，就要努力。所以，我们前面讲了很多就是要教我们明白人生应该如何过。要发起志在圣贤这样的志向，真正像古人讲的"读书志在圣贤，为官心存君国"。你有了这样一个志向，这个愿望要如何实现，就要靠勤奋、靠努力。

　　中国古人教导我们要勤奋，要努力奋斗。《易经》里面就讲道，"天行健，君子以自强不息。"教我们学习天道，"天行"就是指天体的运行，"健"就是运行不息。天体的运行没有一天停止。太阳升起又落下，24小时都在运动，这个运动没有止息这叫健。君子看到天体的这种运行要懂得向天学习，学习天道的精神，要"自强不息"。

　　"自强不息"是什么？自己勉励自己，不断努力，从来没有停下来的时候。自强不息这个意思一般我们认为就是要努力奋斗。但是圣人说这话的意思其实是很深的，我们自强不息是要怎么样呢？就是要效法这个天道。不是说我们每天努力玩电子游戏，努力上网，努力追求自己的名利。这个自强不息是教我们念念想到为天下服务，包括我们读书，每天很勤

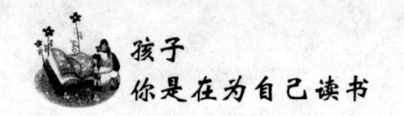

奋，天天在那里用功，但是不是为自己？要想到我学这些知识，学这些本领，是将来为天下人服务的，不是为自己的自私自利。

首先我们要明白，我们勤奋不是说天天努力求自己的名和利。要想到为天下、为国家、为世界，真正像古人讲的"为天地立心，为生民立命，为往圣继绝学，为万世开太平"。你立了这个志向，你才会真正勤奋不息。否则有的人偶尔努力一下，不能长期坚持，那就不叫真正的勤奋了。真正的勤奋就是《易经》里讲的自强不息，像天道一样，你看这个天每天运行，没有说哪天它不运行了，它停下来了。

你要有这样的一种自强不息的精神，那就必须要有远大的志向。你有远大的志向才能激励自己如此的勤奋不懈。这就告诉我们，一定要立圣贤之志。

天道酬勤，勤能补拙

中国有一句古话叫"天道酬勤"，就是上天会酬报那些勤奋的人。你能勤奋，上天会来帮助你。在古代有很多本身资质一般，但是由于勤奋最终成就功名，取得大的成就的人。

比如，我们知道有一部书叫作《资治通鉴》，这部书的作者司马光曾经是宋朝的一位大臣。司马光小时候记忆力特别差，别人背一篇文章背三四遍就可以背会了，但是他不行，他最少也要读十遍，甚至一篇文章他要读几十遍才能背下来。所以为了背文章，司马光常常读到深夜，他白天看书，晚上也看书，所以到晚上就困得不行，眼睛都睁不开了，迷迷糊糊睡着了。但是他特别勤奋，为了对治这个问题，他就拿一个圆木头当枕头，到半夜这个圆木头滚走了，头掉下来，马上就醒来了，醒来之后他立即继续看书，所以他把这个圆木头叫作警枕，就是提醒自己每天早点起来读书。

不仅司马光是如此，在清朝还有一位大臣叫曾国藩，他也是如此。曾国藩一生取得很大的成就，他官做到四省总督，而且被称为儒家最后一位圣人，很有学问。但是他这样一个取得如此巨大成就的人，年轻的时候也不聪明。有一天晚上他在背一篇文章，一遍一遍地读诵，就是背不出来。

结果这一天晚上他们家来了一个小偷,想等他睡觉之后偷他的东西,但是左等右等就是不见他睡觉。后来这个小偷就忍不住跳出来,他说你这么笨还读什么书,你那个文章翻来覆去念了这么多遍,我都会背了。然后小偷就把这篇文章很流畅地背了一遍,扬长而去。

我们看这个小故事中那个小偷很有天赋,但是最终没什么成就,只是被作为一种谈资。曾国藩不聪明,但是却成了一个流芳千古的人。两者的差别在哪里呢?就是两个人的志向不一样,这个小偷没有想到自己要做圣做贤,曾国藩从小就立定志向要做一个圣贤,所以他最后有这样的成就。

曾国藩在年轻的时候给自己列了十二条功课:

第一是主敬,就是要有恭敬心。他自己讲要"整齐严肃,清明在躬,如日之升"。就是在生活当中,时时刻刻保持恭敬,时时刻刻保持这种整齐严肃。

第二条是静坐,古人讲静以修身,每天静坐可以修养我们的身心。曾国藩规定自己"每日不拘何时,静坐四刻,正位凝命,如鼎之镇"。每天不管什么时候一定要静坐四刻钟,古时候一刻是半个小时,现在一刻是15分钟,等于是静坐两个小时。你看现在人都好动,心都静不下来,心静不下来,学习也就不会有成就。

第三条是早起,"黎明即起,醒后勿沾恋"。曾国藩是要求自己每天寅时起床,就是早上3点到5点这个时候就要起床。一醒来之后不能贪睡。现在年轻人特别贪睡。如果每天不能早起,一天的时间有限,早上把大好的时光浪费了,一生怎么能够有成就?

第四条是"读书不二,一书未完,不看他书"。我们现在的人读书往往是博而杂,一下看看这一下看看那,他要求自己一本书没看完不要看其他的书,要一门深入,把精力集中在一处。

第五条是读史,他要求自己"念二十三史,每日圈点十页,虽有事不间断"。在当时是二十三史,我们现在是二十四史、二十五史。他要求自己每天读史书要读十页,即使有事也不能间断。因为古人讲,读史使人明智,每天读这些历史,能学习古人的经验教训,把古人作为我们的榜样。现在我们已经不行了,现在读文言文已经读不懂,所以现在要想读古书,首先要学好文言文。

第六条是谨言,"刻刻留心,第一工夫"。就是说话要谨慎,要知道口

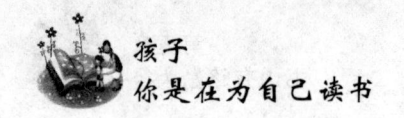

为祸福之门，乱说话往往就会给自己带来灾祸。甚至给人带来烦恼，所以时时刻刻要留心自己。

第七条是养气，"气藏丹田，无不可对人言之事"。这个养气最重要的是养我们的浩然之气。做任何事一定要不能做这种不敢对人言的事情，不敢跟人说的事情就不能做。

第八条是保身，"节劳、节欲、节饮食"。就是保养我们的身体，首先要节制自己的欲望节制饮食，不能贪食不能贪玩，各种贪念都要节制。

第九条是"日知其所无"，他讲到每日读书，记录心得语。"有求深意是徇人"。就是每天读书要把自己的心得记下来，日日都要有所收获。

第十条"月无忘其所能，每月作诗文数首，以验积理的多寡，养气之盛否。不可一味耽着，最易溺心丧志"。就是要求自己每个月要写一些文章，写文章的目的是培养自己的浩然之气。

第十一条是做字，"饭后写字半时。凡笔墨应酬，当作自己课程。凡事不待明日，聚积愈难清"。他要求自己每天练书法，写字要写半个小时。如果遇到有人请他写字，都要把它当作自己的事情，要认真恭敬，任何事情不要拖到明天，越拖事情越多。最后这个事就办不完。

最后一条是"夜不出门。旷功疲神，切戒切戒"。晚上不出门，现在我们年轻人最喜欢晚上出去玩儿，这耗费我们的精神。而且晚上出门往往做的是一些见不得人的事情，不是去玩游戏，就是到一些不良的场所。这个要特别警戒，这是讲我们要努力勤奋，即使我们天资不好，但是只要我们努力一定能有成就，"勤能补拙，天道酬勤"。

勤奋要从珍惜时间开始

勤奋首先要从珍惜时间开始。可能我们读书的时候都读过《劝学诗》，这是唐朝著名的书法家颜真卿写的。他讲道："三更灯火五更鸡，正是男儿读书时。"三更是晚上的11点到凌晨1点。意思是晚上要点灯熬夜读书。五更是3点到5点，鸡在五更的时候就已经打鸣了，意思是要早起。真正勤奋的人他深更半夜还在读书，"正是男儿读书时"，这时候正是我们读书的好时候。而且这个时候，非常清静，努力读书不会有干扰，所以效率就

第五章
书山有路勤为径

会特别高。

我们这里讲一个"陶侃惜阴"的故事。在晋朝有一个叫陶侃的人。他是晋朝著名诗人陶渊明的曾祖父，这个人特别珍惜时间。他曾经在广州做官，没事的时候一大早把一百多块砖搬到书房的外面，到晚上又把这个砖搬到书房里，别人问他为什么这么做，他就告诉人家，他说我这是怕自己过分悠闲不能担当大事，所以让自己辛劳一些。这是培养自己勤劳的精神，不能懈怠。而且他这个人特别珍惜时间，他常常跟人讲："大禹圣者，乃惜寸阴，至于众人，当惜分阴，岂可耽逸游荒醉，生无益于时，死无闻于后，是自弃也！"他讲大禹是一位圣人，大禹他都特别珍惜时间，对我们这些普通人来讲更要懂得珍惜时间，怎么能过这种安逸游玩的生活呢？你活着的时候不能对国家有什么益处，死了之后也没有事迹留传给后人，这等于是自暴自弃。你看古人特别珍惜时间，陶侃能如此珍惜时间，懂得积善，而且懂得为国家服务，"积善之家，必有余庆"，所以他的后代出了一个著名的诗人陶渊明。而陶渊明也特别懂得珍惜时光。他曾经写过一首《惜阴诗》，这首诗是这样写的："盛年不重来，一日难再晨。及时当勉励，岁月不待人。"盛年是年轻的时光，年轻的时候我们精力很旺盛，但是这样的时光不会重来，到老了之后我们身体衰弱了，想要努力，体力也不行了。"一日难再晨"，一天当中早晨只有一次，而且早晨是我们人精力最旺盛的时候，这个时候我们不能贪睡要懂得学习。"及时当勉励"，就是我们要懂得珍惜时间，勉励自己。"岁月不待人"，岁月不会等待我们。时间一天天就过去了，不管我们一天怎么过，这24小时它不会等待我们。你在游玩当中、休闲当中时间就这样白白浪费了。所以古人劝我们一定要珍惜时间。

明朝的时候有一位读书人，叫钱鹤滩，他曾经写过一首《明日歌》。可能我们都很熟悉，这首歌里面讲："明日复明日，明日何其多。我生待明日，万事成蹉跎。世人苦被明日累，春去秋来老将至。朝看水东流，暮看日西坠。百年明日能几何？请君听我《明日歌》"。我们很多时候都把事情拖到明天，这个明天是很多很多，我们一生当中如果在这种等待当中度过，等待明天的话就会虚度光阴，一事无成。世间人什么事都推到明天，结果年复一年，时间过去了，不知不觉人就变老了。早上看河水东流，晚上看夕阳西下，一天当中无所事事，一生当中又有多少个明日呢？所以大

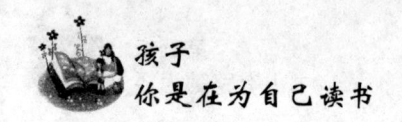

家都听我这首《明日歌》。这都是劝诫我们要珍惜时间,时间是有限的,我们要把有限的时间用到学习圣贤经典上,用到为社会大众服务上,这样的话我们的一生才会有成就。

刻苦学习,改变命运

我们要坚信勤奋出天才,刻苦读书可以改变自己的命运。千万不能拿贫困的出身作借口不去读书,自卑自怜,自己瞧不起自己,是世界上最可悲的事情了。

《西京杂记》中记载了一个"凿壁偷光"的感人故事,说的是一个叫匡衡的人出生于一个贫农家庭,小时候家里穷得连灯油也买不起。到了晚上,家人都早早地就睡觉了。可他不甘心永远生活在那种恶劣的、贫困的生活环境中,于是,他偷偷地在自家的墙壁上凿了一个小洞洞,通过"偷"隔壁人家的灯光来看书,他很清楚只有通过读书才能改变自己的贫苦命运。经过锲而不舍的努力,匡衡最后成为一个大学问家,并且官至丞相。

《晋书·车胤传》中也记载着一个"囊萤照读"刻苦读书的故事。车胤小时候非常喜欢读书,却因为家中贫困,学习时无灯火可照明。于是,他捉来数十只萤火虫,放在编织好的网囊中,以晚上读书照明时用。由于他不断勤学苦读,后终因拥有渊博的学识而被重用。车胤虽出身低微,却没有自暴自弃,反而勤奋好学,不仅得到了社会的承认,而且美名远扬。

人世间,无论是思想家、科学家还是艺术家、作家,大凡有成就的人都是勤劳的人。他们付出的努力也总是比常人多上千万倍,所以,他们能够成为对人类有所贡献的人。

勤劳是做人的根本,是读书的根本。聪明而勤奋的学生,会变得更聪明,更热爱学习,更有责任感,将来也一定能成为一个正直守信的人。不太聪明但勤奋好学的学生,即使考不上理想的大学,将来走出校园参加工作,凭借自己的勤奋也能站稳脚跟,有所发展。聪明而不勤奋,或过去勤奋后来又变懒惰的学生,最终会变得自私、贪婪,从而出现作弊、蒙骗老师和同学的恶习,产生不劳而获的愚蠢想法。这是对自己和他人极不负责

第五章 书山有路勤为径

的表现，这样的人怎么能有美好的将来呢？

中国科技大学有个少年班，班里的学生个个都是全国顶尖的聪明孩子，按理说应该人人都有大好前途才对，但也有个别人不久后就荒废了学业，什么原因呢？其实就是因为进了大学后的"神童"没以前那样勤奋好学了。当然，绝大部分少年班的学生取得了出色的成绩，他们自己和他们的老师总结成功经验时都觉得，最重要的一条，是因为他们付出了比一般少年更多的努力和心血。

爱迪生说："有些人以为我所以在许多事情上有成就，是因为我有什么'天才'，这是不正确的。无论哪个头脑清楚的人，都能像我一样有成就，如果他肯拼命钻研。"他又说："天才，就是百分之一的灵感加上百分之九十九的血汗。"事实确实如此，勤奋才能出天才。

科技大学第七期少年班有个陈冰青同学，因为其貌不扬，土里土气，同学们给他取些个形象的绰号——"老饼"。刚进大学时，"老饼"的入学成绩就像他的土气绰号一样很不起眼。然而，"老饼"在少年班3年学习时的主课平均成绩高达94分。他不但获得了科大最高荣誉奖——郭沫若奖学金，并提前两年参加中美联合招收赴美物理学研究生考试，以全国第二名的佳绩被美国第一流大学——普林斯顿大学录取。

"老饼"学习成功的秘诀便是勤奋。他每天背着一个鼓鼓囊囊的书包，奔走于校园的"三点一线"上，风雨无阻。有一次，他因英语摸底考试不理想，就自制许多词汇卡，挂在床前床后。每晚的美国 VOA 教英语节目一到，他就抱着收音机到校园的草坪上收听，即使是阴冷难耐的冬日也一如既往。他最后成了少年班里公认的"英语活字典"。

"吃得苦中苦，方为人上人"，这是离我们很近的勤奋苦读成才的典范。天资如此聪颖的孩子尚且能够勤学苦读，我们这些资质平平的学生要想成才，是不是应该付出更多的努力才对呢？

《三字经》里有这样一句话："玉不琢，不成器；人不学，不知义。"天才就像一块美玉一样，虽说天生就是块好材料，可是不去雕琢它，它就不会成为价值连城的宝器。学校里学习最好的同学不一定是最聪明的，但却是最勤奋，最刻苦的。

发现了万有引力的剑桥奇才、伟大的科学家牛顿小时候是学校出了名的"笨蛋"，学习成绩始终是班里的倒数几名。不过后来他在父母老师的

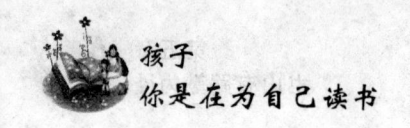

鼓励下开始发奋学习，进入剑桥大学后，他一待就是30年。在这30年中，他常常每天坚持工作十六七个小时之久，把所有的精力都奉献给了科学实验和物理学研究事业。

牛顿之所以成为了闻名世界的人物是因为他是天才吗？不是的。正所谓"天才在于勤奋，聪明在于积累"。牛顿的成功是因为他的勤奋学习。

富兰克林说："礼拜日是我的读书日。"

达尔文说："我相信，我没有偷过半小时的懒。"

托尔斯泰说："天才的十分之一是灵感，十分之九是血汗。"

华罗庚说："我不否认人有天资的差别，但是根本的问题是勤奋的问题。我小时候念书时，家里人说我笨，老师说我没有学数学的特别才能。这对我来说，不是坏事，反而是好事。我知道自己不行，就会更加努力。经常反问自己：我努力得够不够？"

这些时代的巨人们之所以给世人留下了举世瞩目的成就，都应归功于他们勤奋治学的态度。他们是和懒惰无缘的，他们只知道执着于自己的创造，为人类的进步贡献力量。我们要做他们一样勤奋的人。

没有人只依靠天分成功

上帝给予人天分，勤奋将天分变为天才。曾国藩是中国历史上最有影响的人物之一，然而他小时候的天赋却不高。有一天在家读书，对一篇文章重复不知道多少遍了，还在朗读，因为，他还没有背下来。这时候他家来了一个贼，潜伏在他的屋檐下，希望等读书人睡觉之后捞点好处。可是等啊等，就是不见他睡觉，还是翻来覆去地读那篇文章。贼人大怒，跳出来说，"这种水平读什么书？"然后将那文章背诵一遍，扬长而去！

贼人是很聪明，至少比曾先生要聪明，但是他只能成为贼，而曾先生却成为毛泽东主席都钦佩的人："近代最有大本夫源的人。"

"勤能补拙是良训，一分辛苦一分才。"那贼的记忆力真好，听过几遍的文章都能背下来，而且很勇敢，见别人不睡觉居然可以跳出来"大怒"，教训曾先生之后，还要背书，扬长而去。但是遗憾的是，他名不见经传，曾先生后来启用了一大批人才，按说这位贼人与曾先生有一面之交，大可去施展一二，可惜，他的天赋没有加上勤奋，变得不知所终。

　　伟大的成功和辛勤的劳动是成正比的，有一分劳动就有一分收获，日积月累，从少到多，奇迹就可以创造出来。

　　曾国藩在其家书中也不断地教育其弟弟如何读书，他说：读书，第一要有志气；第二要有见识；第三要有恒心。有志气就决不甘居下游；有见识就明白学无止境，不敢以一得自满自足，如河伯观海、井蛙窥天，都是无知；有恒心就绝没有不成功的事。这三个方面，缺一不可。

　　我们很多人都知道"悬梁刺股"这个成语，这个成语由两个故事组成。

　　东汉时候，有个人名叫孙敬，是著名的政治家。他年轻时勤奋好学，经常关起门，独自一人不停地读书。每天从早到晚读书，常常是废寝忘食。读书时间长，劳累了，还不休息。时间久了，疲倦得直打瞌睡。他怕影响自己的读书学习，就想出了一个特别的办法。古时候，男子的头发很长。他就找一根绳子，一头牢牢地绑在房梁上。当他读书疲劳时打盹了，头一低，绳子就会牵住头发，这样会把头皮扯痛了，马上就清醒了，再继续读书学习。这就是孙敬悬梁的故事。

　　战国时期，有一个人名叫苏秦，也是出名的政治家。在年轻时，由于学问不多不深，曾到好多地方做事，都不受重视。回家后，家人对他也很冷淡，瞧不起他。这对他的刺激很大。所以，他下定决心，发奋读书。他常常读书到深夜，很疲倦，常打盹，直想睡觉。他也想出了一个方法，准备一把锥子，一打瞌睡，就用锥子往自己的大腿上刺一下。这样，猛然间感到疼痛，使自己清醒起来，再坚持读书。这就是苏秦"刺股"的故事。

　　从孙敬和苏秦两个人读书的故事引申出"悬梁刺股"这句成语，用来比喻发奋读书，刻苦学习的精神。他们这种努力学习的精神是好的，但是他们这种发奋学习的方式方法不必效仿。

　　晋代的祖逖是个胸怀坦荡、具有远大抱负的人。可他小时候却是个不爱读书的淘气孩子。进入青年时代，他意识到自己知识的贫乏，深感不读书无以报效国家，于是就发奋读起书来。他广泛阅读书籍，认真学习历史，从中汲取了丰富的知识，学问大有长进。他曾几次进出京都洛阳，接触过他的人都说，祖逖是个能辅佐帝王治理国家的人才。祖逖24岁的时候，曾有人推荐他去做官，他没有答应，仍然不懈地努力读书。

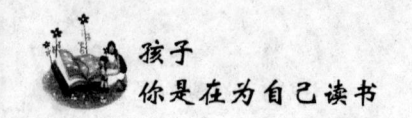

后来，祖逖和幼时的好友刘琨一起担任司州主簿。他与刘琨感情深厚，不仅常常同床而卧，同被而眠，而且还有着共同的远大理想：建功立业，复兴晋国，成为国家的栋梁之材。

一次，半夜里祖逖在睡梦中听到公鸡的鸣叫声，他一脚把刘琨踢醒，对他说："别人都认为半夜听见鸡叫不吉利，我偏不这样想，咱们干脆以后听见鸡叫就起床练剑如何？"刘琨欣然同意。于是他们每天鸡叫后就起床练剑，剑光飞舞，剑声铿锵。冬去春来，寒来暑往，从不间断。工夫不负有心人，经过长期的刻苦学习和训练，他们终于成为能文能武的全才，既能写得一手好文章，又能带兵打胜仗。祖逖被封为镇西将军，实现了他报效国家的愿望；刘琨做了都督，兼管并、冀、幽三州的军事，也充分发挥了他的文才武略。

后来，有一个成语叫"闻鸡起舞"，说的就是祖逖与刘琨的故事，意在形容发奋有为，也比喻有志之士，及时振作。

宋代的苏洵也和祖逖有过类似的经历。

宋代的苏洵少时贪玩不爱读书，认为自己可以这样玩耍真是幸福，一点也没有意识到读书的重要性，如此一直到25岁方才醒悟。他觉得过去自己是多么愚笨，于是，他坚决地谢绝过去的玩友，闭门潜心读书学习，后来名扬天下。这是一个很好的"明白人生道理，于是奋发读书"的典型例子。

后来，苏洵和他的两个儿子苏轼、苏辙合称"三苏"，成为宋代著名的学者，"三苏"一起被誉为中国古代文学史上著名的"唐宋八大家"中的三位。

少壮不努力，老大徒伤悲。这些故事，都说明一个道理，只要勤奋，就不会晚，只要努力，就有希望。也许你已经错过了一些时光，但是，从现在起，只要你努力，同样还来得及。

青春有期限，时间莫浪费

用力地浪费，再用力地后悔？

古今中外，凡事业有成者，都是十分珍惜和善于驾驭时间的人。并且他们很多利用时间的方法，借鉴过来用在我们今天的学习上，仍然很有效果。

1904年，正当年轻的爱因斯坦潜心于研究的时候，他的儿子出生了。于是，在家里，他常常左手抱儿子，右手做运算；在街上，他也是一边推着婴儿车，一边思考着他的研究课题；妻儿熟睡了，他还到屋外点灯撰写论文。爱因斯坦就是这样充分利用零碎时间，日积月累，一年中完成了四篇重要的论文，引起了物理学领域的一场革命。

著名美国作家杰克·伦敦的房间，有一种独一无二的装饰品，那就是窗帘上、衣架上、柜橱上到处贴满了各色各样的小纸条。杰克·伦敦非常偏爱这些纸条，几乎和它们形影不离。这些小纸条上面写满各种各样的文字：有美妙的词汇，有生动的比喻，有五花八门的资料，等等。

杰克·伦敦从来都不愿让时间白白地从他眼皮底下溜过去，睡觉前，他默念着贴在床头的小纸条；第二天早晨一觉醒来，他一边穿衣，一边读着墙上的小纸条；刮脸时，镜子上的小纸条为他提供了方便；在踱步、休息时，他可以到处找到启发创作灵感的语汇和资料。不仅在家里是这样，外出的时候，杰克·伦敦也不轻易放过闲暇的一分一秒。出门前，他早已把小纸条装在衣袋里，以便随时都可以掏出来看一看、想一想。

鲁迅先生说过："我把别人喝咖啡的时间都用到读书和学习上。"他几十年如一日，从不浪费一分一秒，为后人留下了700多万字的著作。就在重病缠身的日子里，他还抓紧时间工作和学习，在逝世的前一天，还写了他最后的一篇作品《因太炎先生而想起的二三事》，真是惜时到了生命的最后一息。

看了这几则故事，是不是很有感触呢？时间有时是那么漫长，有时却又那样短暂，一分一秒的时间收集起来也能做成大事。

时间本是个常数，然而对于那些时间的开发者来说，它又是个变数，用"分"计算时间的人，比用"时"来计算时间的人，时间多六十倍。作为学生，目前我们的主要任务就是学习，要是能把课后的一部分闲暇时间也很好地利用起来，成绩提高得自然也就更快了。其实，我们身边有很多同学已经开始这样做了，他们把英语单词、数学公式记在小本子上，随身携带，等公交车的时候、排队买饭的时候都能看上几眼，这样日积月累，他们的成绩自然越来越好。

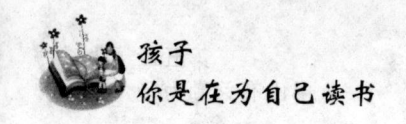

时间对每个人来说都是平等的,珍惜时间的人就会得到无穷无尽的财富,而浪费时间的人将一无所有。

善用零散时间,让生命延长

生命是以时间为单位的,时间就是生命。学习是要用时间来完成的,浪费自己的时间等于慢性自杀。只有利用好自己身边的零散时间,才能不断地超越自我,实现学习上的飞跃。

哈佛心理学教授、美国发展心理学家杰罗姆·凯根说过:"时间是在分秒之中积成的,善于利用每一分钟的人,才会做出更大的成绩。"

争取时间、善于利用时间才是我们高效学习的保证。所谓零碎时间,主要是说学习的间歇、用餐时间、上学或放学路上的时间,等等。在零碎时间里,基本上无法完成什么重要的事情。但我们如果将这些零散时间白白地浪费掉,那将是十分可惜的,而如果我们将零散的时间合理地运用到学习上,就可以节约很多学习的时间。

我们节约了时间,也就是延长了我们学习的生命,也就能掌握更多的知识。

在学习阶段,大部分的时间是在课堂和自习中度过的,能自由支配的时间很少,在这种情况下,更应学会利用零散时间。

比如,从家到学校10分钟的路程,记住一个英语单词绰绰有余。更重要的还不是背会了英语单词,而是养成了节约时间的良好习惯。只有懂得珍惜零散时间的人,才会真正珍惜大段时间。浪费时间跟浪费钱财一样,都是从小数目开始的。

善于利用零散时间的人,可用的时间就比别人多。除了"挤"时间,还要善于节省时间,比如一天当中,一定要办最重要的事情;用大部分时间去处理最难、影响最大的事,等等。"挤"时间与省时间的另一个方法是科学利用业余时间。

我们可以将自己每天的活动时间都详细地记录下来,从中发现哪些是被浪费掉的零散时间,然后选择适合的学习活动来配合。假设你每天都要坐半小时的公车去上学,就可以在路上进行英语听力练习,日积月累,英语听力肯定会大有长进。或者,每天在你上学或放学走路的时间里,背两三个英语单词、一首小诗或一个公式,一学期下来,你也会为自己的收获而惊讶。

另外，利用零散时间的时候，要有一种积极的心态，不要心想"只有5分钟，什么也做不成"，而要告诉自己"还有5分钟，要充分利用它"。

大发明家爱迪生在79岁时，曾经对朋友说他已经是135岁的老人了，因为他经常一天做两天的工作。当然，这并不是说我们要将一切的零散时间都用来学习，事实上休息、娱乐也应该成为充分利用时间的一部分。

优秀的秘诀在于利用好每一分钟

学习是一个积累的过程，也是一个利用时间的过程，善于利用身边的每一分钟，我们的学习也会在不知不觉中得到提高。

关于时间，著名作家伏尔泰在其小说中有这样一段经典话语："最长的莫过于时间，因为它无穷无尽；最短的也莫过于时间，因为瞬间即逝；在等待的人看来，时间是最慢的；在玩乐的人看来，时间是最快的；它可以无穷地扩展，也可以无限地分割；当时谁都不加重视，过后都表示惋惜；没有它，什么事都做不成。"

法国科幻作家凡尔纳在航海旅途中完成了著名幻想小说《海底两万里》。奥地利的大音乐家莫扎特，连理发时也在考虑创作乐曲，常常一理完发，就赶快把构思出的新乐曲记录下来。他常说："谁同我一样善于利用时间，谁就会同我一样成功。"

曾经有一位出色的演讲家，酷爱音乐，尤其喜欢小提琴。但是，由于成天忙于演讲，没时间到专门的学校进行专业培训，于是就只有自己苦练。这位演讲家非常善于利用每一分钟，他不论到什么地方去演讲，都把小提琴带在身边。不管是在等飞机的时候，还是在演讲结束后，只要有时间，就会拿出小提琴练习，最后这位演讲家在音乐方面也取得了巨大的成就。

这位演讲家善于利用每一分钟时间的做法给我们树立了榜样，同学们如果能像这位演讲家那样利用好每一分钟时间，那么学习成绩一定会十分优异。

在一次哈佛校友访谈中，北京大学的张俊妮博士、联合国开发计划署的李劲和来自美国、现任职于某国际咨询公司的叶文斌三位哈佛校友，谈到了他们在哈佛大学学习、生活的体验和感受。

在紧张的课业之外，他们的课余生活也相当丰富。张俊妮"把时间分成一段一段的"，学习之外，郊游、滑雪、打保龄球，还组织论坛，跟人聊天，看电影，看话剧，参加"北桥诗社"；李劲则到附近学校去做志愿者，教海地难民的孩子们数学课，留下了"在其他地方难以获得的体验"；叶文斌读本科的时候，一天是"1/4 上课，1/4 自习，1/4 课外活动，1/4 睡觉"，他参加了很多和音乐有关的活动。看来哈佛人全都是合理利用时间的好手。

时间一去不复返，如果想让有限的生命富有意义，那么就充分地利用好每一分钟的时间吧！只要我们善于用脑去想，一切时间都可以利用来学习。利用好我们的每一分钟时间，我们的学习效率将会大为提高，我们也不会再为学习时间不够而苦恼。

规划时间就能节省时间

进入中学阶段以后，学习一下子变得繁重起来。

首先是作业变多了，除了各科老师课堂布置的不少作业，还要应付平时大大小小的考试，还有那么多越帮越忙的课辅书，还有家庭教师布置的课外习题等。很多人每天忙得焦头烂额，却还有不少重要的事情被遗漏掉，这都是不懂合理安排时间的缘故。

时间很公平，每天给每个人的都是 24 个小时。但同样是 24 个小时，不同的人会有不同的效率，甚至差别很大。比如有的同学善于科学安排自己的学习时间，学习、娱乐、休息安排得井井有条不说，学习效果也很好；而有的同学整天忙作一团，因为学习影响了休息不说，学习效率也不高。

怎么样才能科学合理地安排时间呢？

凡事预则立，不预则废，最重要的一点是首先要给自己定一份时间表，也就是学习计划表，在表上填上那些非花不可的时间，如吃饭、睡觉、上课、娱乐等。安排这些时间之后，选定合适的、固定的时间用于学习，还要留出足够的时间来完成正常的阅读和课后作业。值得注意的是，学习不应该占据作息时间表上全部的空闲时间，而要适当安排一些休息和娱乐，比如收看精彩的电视节目的时间、锻炼身体的时间等。一些心理学家的研究结果表明：智力相同的两个学生有无学习计划，直接影响他们的学习效果。计划性差是学习成绩不理想的主要原因。

时间表的拟定要根据自己的习惯和特点。比如有的同学习惯早睡早起，早晨背东西记得牢，理解力也好，这样晚上的睡觉时间就要适当提前，以保证充足的休息。反之，则可以适当晚睡晚起。

同时，在计划中，自学时间集中使用不如分散使用效果好，尤其是前后内容连贯性不强的功课，如记英语单词，与其花40分钟集中强记，不如在睡觉前和起床后各花20分钟记，后者效果肯定好于前者。还要考虑内容相近的学科尽可能不要连续学，这样会加速大脑疲劳，影响学习效果。

为了能提高学习效率，一定要注重半小时或一小时就活动一下。要提高单位时间的利用率，有效的办法就是专心致志地学习，三心二意地学半天，还不如集中注意力学习一个小时。学就要认认真真地学，玩就要痛痛快快地玩。劳逸结合，才能学有所得，收到好的效果。有的同学从清晨学到深夜，连课间也不出教室，埋头苦学，勤奋固然是勤奋，但打的是疲劳战，大脑得不到休息，总是昏昏沉沉，最终是无效劳动，还有可能拖垮自己的身体。

其实，除了这些规规整整坐下来学习的时间之外，我们还有大把的空闲时间可以拿来利用。如上学路上、等车的时候、饭前饭后等，我们不妨用这些点滴的时间记一两个单词，看一段阅读，坚持下来效果也不错。

最忌浪费时间。我们要牢牢记住今天的事今天完成，不要总安慰自己明天一定完成，养成拖拉的习惯。

合理安排好时间，就等于预约到了成功。时间就像海绵里的水，挤挤总会有的，让我们逐步克服浪费时间的坏习惯，科学合理地让一分钟的时间产生出两分钟的效率。

有时候，你会不会有一种无力感，想要做的事又没有完成，许许多多的安排让你手忙脚乱，没有时间去从从容容地做一件事情呢？那时候，你是不是好想当一个时间大富翁，拥有好多好多的时间呢！

想一想，有一天在梦中醒来发现自己拥有了好多好多的时间，真正地成为一个时间大富翁呢？

再不用和担心作业做不完，有的安排没有完成了。这样的感觉是不是很棒。如果你想要在生活中，你首先要有的是：紧迫感！为了让自己产生紧迫感，你可以把小时感觉成分钟！半小时换成三十分钟，学习起来会有

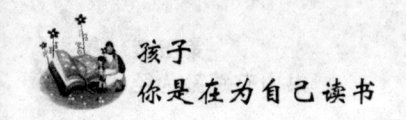

争分夺秒的感觉。

心理学家说，用分钟来计算时间的人比用小时来计算时间的人，时间多出 59 倍。

平常就养成限定时间来学习的习惯，你能赢得比别人多 59 倍的时间啊！你是个时间大富翁啦。

时间对每个人都是平等的。换个时间观念，你就能多做好多事情！养成限时做事的好习惯，你就不会在考试时担心时间不够，做不完题啦！

讲个故事给你听，有个学佛的学生向禅师学禅。几年过去了，觉得自己已经领悟了很多道理了，没什么可以再向禅师学习的了。就向禅师告别。禅师什么也不说。取了一个空碗往里面放石子。直到再也放不下一块为止，他问学生满了吗？学生说满了。禅师又抓了把沙子放进去，问学生满了吗？学生说满了。禅师又加了一些水进去，问学生满了吗？学生大悟，向禅师谢罪，不再提走的事了。

你也悟出什么道理了吗？首先，这个碗就像你的大脑，它是不容易装满的，另外，这个碗先后装入三种物质，同时占据了碗的空间。一个碗同时接纳了石子、沙子和水，就像时间。它可以同时分配给多件事情。

你洗脸、刷牙、吃早饭的时候就可以打开录音机听外语，坐公交车的时候也可以掏出要记忆的材料来背诵，甚至一边做功课一边还可以开洗衣机把自己的衣服洗干净，一边扫地一边就可以活动肩膀和腰腿……

计划一下你要做所有事情的时间顺序和时间长短，列出主次大小、严格按照计划行事，计划一次完成的事情一定要完成，不要拖延。

而且，在时间有限的情况下，记得分清主次，先解决最主要的困难，再完成其他的任务，这样时间就可以相对来说，有所更大的利用。

可以在口袋里放个定时器，这样你就不用惦记时间从而一心一意地做事了。

掌握你的时间节奏

在适当的时机做适合的事情，这就是所谓的"掌握时间节奏"，这也是很多成功人士高效学习和工作的秘密武器。

只要留心，你会发现，在我们日常的工作和生活中，除了每天能力状态的规律性波动之外，还有较长时间段里的生理规律：生理节奏。通过生理节奏管理，我们可以解读体内的"生物钟"，了解其规律，通过主动调整，使自己的能力与其自然波动相适应。

在低点周期和临界日，我们养精蓄锐，放松休息，多做重复性工作，回避不愿见的人和令人头疼的问题。与此相反，在高点周期则要大干一番！这时候适宜做出决定，重新部署工作，贯彻自己的意图。管理好自己的生理节奏，可以让我们更好地掌握自己的时间和身体，享受更轻松、更简单的工作和生活。那么，究竟什么是"生理节奏"呢？下面的小例子会让你明白。

洛克睁开了眼睛，才不过清晨五点钟，他便已精神饱满，充满干劲。另一方面，他的太太却把被盖拉高，将面孔埋在枕头底下。

洛克说："过去15年来，我们俩几乎没有同时起床过。"

像洛克夫妇这样的情况，并不少见。

事实上，我们的身体像个时钟那样复杂地操作，而且每个人的运转速度也像时钟那样彼此略有不同。洛克是个上午型的人，而他的太太则要到入夜后才精神最好。

很久以来，行为学家一直认为导致这种差别的原因是个人的怪癖或早年养成的习惯。直到20世纪50年代后期，医生兼生物学家霍尔堡提出了一项称为"时间生物学"的理论，此一见解才受到挑战。霍尔堡医生在哈佛大学实验室中发现某些血细胞的数目并非整天一样，视它们从体内抽出的时间不同而定，但这些变化是可以预测的。细胞的数目会在一天中的某个时间比较高，而在12小时之后则比较低。他还发现心脏新陈代谢率和体温等也有同样的规律。

霍尔堡解释说，我们体内的各个系统并非永远稳定而无变化地操作，而是有一个大约周期，有时会加速，有时会减慢。我们每天只有一段有限的时间是处于效率的巅峰状态。霍尔堡把这些身体节奏称为"生理节奏"。

生理节奏和我们生活的方方面面都密切相关：健康、事业、家庭生活、社会活动、闲暇时间和运动等，它的应用可以说是无限的。日本和美国的许多企业利用生理节奏原理，短时间内就把事故率减少了30%、50%，甚至接近60%。

根据自身的生理节奏来调节好自己的时间节奏，我们就可以更好掌控和利用自己的时间。下面我们来看一个叫艾丽的女职员的例子。

艾丽是5点钟俱乐部的成员。何谓5点钟俱乐部呢？下面是她的介绍：

她的公司有许多有孩子的女职员，煮早餐、准备午饭、送孩子上学是她们每天的例行公事。这么多的琐事，她们如何应付呢？艾丽说："每天早上5点钟起床——5点钟俱乐部。"在太阳升起前起床是件很难的事，但益处多多。这个时间段，没有任何干扰，气氛祥和、宁静，你会有一种幸福感，你就会努力去做你应做的事。艾丽建议她的业务员充分利用这段安静的时间制订一天的工作计划，然后一一做起。

5点钟俱乐部的成员包括许多成功人士，虽然他们未必听说过艾丽的说法。这安静的时刻，是他们做健身操、跑步、反省的最佳时光。

成功学专家拿破仑·希尔说："我只要睡5个小时就够了，早5点或5点30分起床，以便更好地利用时间，当然我不喜欢做时间的奴隶。"

试想一下，如果我们在晚上10点睡觉、早上5点起床，我们的睡眠时间仍然是7个小时；而一般人如果在午夜12点入睡，早上7点起床，他们的睡眠时间也同样是7个小时而已。所以我们在这里提倡早睡早起，只是非常有策略性地将休息和工作的时间对调了一下，将晚上10点至午夜12点这段本是用来看电视、看报纸、娱乐、应酬的时间用于睡眠，而早上5~8点这段本应用于睡眠的时间，则用来做一些更重要的事情。

目前，生理节奏理论已经成为人们追求简单生活、提高效率的好帮手。我们同样可以利用生理节奏规律来帮助自己更好地规划我们的学习。但在此之前，我们首先需要知道如何去辨认它们。霍尔堡和他的同事们已研究出以下这套方法，可以帮助你测定自己的身体规律：

早上起床之后1小时，量一量你的体温，然后每隔4小时再量一次，最后一次量度时间尽量安排在靠近上床时间。一天结束时，你应该得到5个体温度数。

每个人的变化不同而结果亦异。你的体温在什么时候开始升高？在什么时候到达最高点？什么时候降至最低点？你一旦熟悉了自己的规律，便可以利用时间学的技术来增进健康和提高学习效率。

对于我们而言，读书和学习最好是在体温正向上升的时候去做。大多数人体温上升时间是在早上8点或9点，相比之下，阅读和思考则在下午2点至4点进行比较适宜，一般人的体温在这段时间会开始下降。

把握最佳时间点，学习才会事半功倍

一个人一天究竟在什么时间学习效率最高，这就是我们要掌握的学习时间的最佳点。在学习的过程中，尽量根据个人的生理特点找出可以让自己达到最高效率的最佳学习时间点，这样才能有助于达到最佳的学习效果。

哈佛著名心理学家威廉·詹姆斯的研究认为，如果在某个固定时间内一直坚持进行学习，那么，每当在那段时间进行学习时，大脑的相关部位就会不由自主地兴奋起来，进而取得更好的学习效果。其实，大部人的生活习惯都是相似的，一般是晚上十一、二点就寝，早晨六、七点起床。然而一天之中，一定会有精神特别好与精神特别差的时段，同样用功一小时，如果精神充足，效果当然好；倘若精神萎靡不振，学习效率自然降低。经常保持旺盛的精力，学习起来当然称心如意，但一天当中最佳的学习时间点因人而异，我们必须依照自己的生物钟，尽量安排最佳的时间、地点来进行学习。

一般人的休息时间约从晚上六、七点开始，如果你长久以来都先吃饭、洗澡，然后再开始学习、记忆，结果却一直觉得这段时间的学习效果不好，建议你不妨回家后先睡觉，待到半夜再开始学习。

你可以尽量多方面地尝试，将不同的时段混合运用，如晚饭后把今天学习过的内容趁印象还清晰时回忆一遍，然后在八、九点左右上床睡觉，凌晨三、四点再起床复习一下。

我们可以在每天早上固定的时间和地点背诵英语词汇，时间一长，次数多了，便可大幅增强我们的记忆效果，学习状态也会自然而然被激发。这就好比每到吃饭时间，人的唾液和胃液会自然而然分泌得多，此时人们会觉得有些饥饿，有进食的欲望。所以，最好每天选择在自己最佳的学习时间点进行学习，并尽量保证准时完成，这样至少可以保持学习的积极性与高效性。

在学习过程中，当你感到疲劳的时候，就是从"学习的最佳点"开始转折的时候，这种信号告诉你应当立即变换花样去做另一件事，使大脑得到休息，使时间利用效率不至于低落。

确定个人学习的最佳时间点，经过长期合理地使用，便可以形成习惯

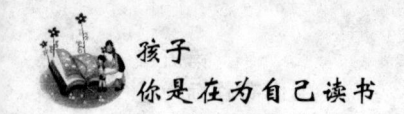

的节奏和规律。一日之中几点钟做什么，接下来做什么，有条不紊，时间长了便自成一种用时规律。在这规律的时间中，头脑最清醒的时间无疑要用来背诵、记忆、创造；其他时间则用来阅读、浏览、整理资料、观察、实验。合理地安排时间，一定会大幅度提高你的学习效率。

生理学家研究认为，一天之内有4个学习的高效期，如果你使用得当，就可以轻松自如地掌握、消化、巩固知识。

清晨起床后，大脑经过一夜的休息，消除了前一天的疲劳，脑神经处于活动状态，没有新的记忆干扰，此刻认知、记忆印象都会很清晰，学习一些难记忆而必须记忆的东西，较为适宜，如语言、定律、事件等的记忆和储存。有时即使强记不住，大声念上几遍，记熟的可能性强于其他时候，这是第一个记忆高潮。

上午八点至十点是第二个学习高效期，体内肾上腺等激素分泌旺盛，精力充沛，大脑具有严谨而周密的思考能力、认知能力和处理能力，此刻是攻克难题的大好时机，应当把握战机，充分利用大脑兴奋来攻关。

第三个学习高效期是下午六点至八点，这是用脑的最佳时刻，不少人利用这段时间来回顾、复习全天学过的东西，加深印象，分门别类，归纳整理。这也是整理笔记的黄金时机。

入睡前一小时是学习与记忆的第四个高潮期，利用这段时间来加深印象，特别对一些难以记忆的东西加以复习，则不易遗忘。

第六章　读书须尽苦功夫
——读书要持之以恒

读书人要有志、有识、有恒

清朝大臣曾国藩曾经讲过一段话："盖士人读书，第一要有志，第二要有识，第三要有恒。有志则断不甘为下流；有识则知学问无尽，不敢以一得自足，如河伯之观海，如井蛙之窥天，皆无识者也；有恒则断无不成之事。此三者缺一不可。"

这是讲我们读书要有成就，第一条是有志向，这个志向不是要做大官发大财，志向是读书志在圣贤，为官心存君国。要发起这样的志向。立志之后，你绝对不愿意做下流之人，一定是要做君子，你有这样的追求，学业才会有长进。第二个是有识，识是见识，你有见识，你就知道学问是无尽的，不会傲慢，不会自以为是，越是有学问的人，越懂得谦虚。古人讲，活到老，学到老，人越无知，就越傲慢。第三条就是要有恒心。一个人没有恒心，成就不了事情，但是如果你有恒心，你能持之以恒就没有成不了的事情。你要有这三点，你的学问才会有成就。

曾国藩的资质并不高，我们前面曾经讲过他的故事，他读书的时候，读了很久，都没有背下来，结果他们家来了一个小偷，小偷听他这么读，都背了下来，而且背了之后扬长而去，但是那个小偷后来没有成就，曾国藩却成为清朝的"中兴名臣"。最重要的就是因为他有志、有识、有恒，而且他一生都是勉励自己要有恒心，他一生做官带兵打仗，工作特别繁忙，但是他坚持写日记，写了很多日记，而且写了很多家书、信函，还写了很多文章，你看他现在留下来的文字有几千万字，这都是由于他有恒心，所以才有这些成就。

孩子
你是在为自己读书

曾国藩是一个特别有恒心的人，但是还是觉得自己恒心不够，我们凡夫最大的一个毛病，就是没有恒心。在道光二十二年，曾国藩在日记中曾写道："余病根在无恒，今日立条，明日仍散漫，无常规可循，将来莅众必不能信，做事必不成，戒之！"他讲自己的毛病习气就是没有恒心，今天立了一个规矩，立了一个志向，第二天还是散漫，不能遵循常规，前面我们讲过曾国藩有一个日课十二条，就是他给自己立的规矩，要求自己这么做，一生都没有懈怠。其实他很有恒了，但是还是这么严格要求自己。而且他对自己讲，将来你如果没有恒心，你对众人必定不能讲诚信，说的话都是这样，你做事不能有成就，让自己努力做到有恒．就县劝诫自己一定不要做事散漫。

在咸丰七年十二月十四日，四十六岁的他写信给弟弟说："我平生坐犯无恒的弊病，实在受害不小。当翰林时，应留心诗文，则好涉猎他书，以纷其志；读性理书时，则杂以诗文各集，以歧其趣。在六部时，又不甚实力讲求公事。在外带兵，又不能竭力专治军事，或读书写字以乱其志意。坐是垂老而百无一成，即水军一事，亦掘井九仞而不及泉。弟当以为鉴戒。"这是曾国藩勇于直面自己的习气毛病，实际上他是一个很有恒心的人。但是他还是能看到自己的不足，和他弟弟讲，我一生最大的毛病就是没有恒心，受害也很大，做翰林学士的时候，应该努力学习诗文，结果就喜欢看其他的书，不能一门专心，不能专精，一个人没有恒心，做事就不专精，就很难有成就。过去读的《四书》《五经》，这些圣贤的经典，也不能够专注，中间又去学各种诗文，古人的书分为经史子集，先要读经最后才读诗文。如果你不能够专精，那学业就难以有成就。这都是曾国藩反省自己，实际上他读书也是非常用心的，他教育他的子弟读书一定要专精。

下面讲他在外带兵，都是没有恒心不能专精。之前是他讲自己，劝他弟弟，希望弟弟要有恒心，让他弟弟引以为戒。曾国藩一生如此有恒心，还对自己如此的反省。我们现在可以说是毫无恒心，却不懂得反省，真的要好好地生起惭愧心。为什么古人能够成为圣贤，而我们一生都是凡夫？这么多毛病习气改不过来，就是我们没有恒心。

咸丰九年，四十八岁的他写信给儿子说："余生平坐无恒之弊，万事无成。德无成，业无成，亦可深耻矣。逮办理军事，自矢靡他，中间本志

· 80 ·

变化，尤无恒之大者，用为内耻。尔欲稍有成就，须从有恒二字下手。"曾国藩先生是谦虚，一生成就这么大的功业，道德学问事业很有成就，反而说自己德无成，业无成。我们没有任何成就，好像还很得意，和古人相差太大了。而且他教育他的儿子，你事业学业要有成就，一定要从有恒二字下手，没有恒心不可能有成就。曾国藩一生从生到死，都保持"如履薄冰，如临深渊，战战兢兢"的做人的风范、做事的态度，到了晚年他还是小心谨慎。

他对自己绝不姑息，他在同治八年（逝世前三年）八月二十日日记里讲："念平生所作为，错谬甚多，久居高位而德行学问一无可取，后世将讥议交加，愧悔无极。"他一生成就那么大的功业，到晚年还反省自己，一生有很多过失，自己处在高位，没有德行学问，真是谦虚到极点了。我们和他老人家相比，差得太远了，怎么能够有傲慢之心呢？曾国藩到了46岁以后，以前也是觉得自己恒心不够，46岁以后，一直改自己的习气毛病，他自己也曾经做过一个总结，他自己讲46岁以前做事无恒，近五年深以为诫，现在大小事就能胜任，46岁之前觉得自己做事都没有恒心。46岁以后自己做事，一定要改掉没有恒心的这个习气毛病。所以近代梁启超在盛赞曾国藩的"有恒"时说："曾文正在军中，每日必读书数页，填日记数条，习字一篇，围棋一局……终身以为常。自流俗人观之，岂不区区小节，无关大体乎？而不知制之有节，行之有恒，实为人生第一大事，善觇人者，每于此觇道力焉。"

就是曾国藩先生他在带兵打仗的时候，每天都要读书，每天写日记，而且要写字下围棋，一生都没有改变，包括写日记，我们过去自己可能都有写日记的经历，写着写着就忘记了，不能坚持，一般人可能觉得曾国藩做的都是小事，要知道这些小事，能够坚持一辈子，其实是人生第一大事，你看生活中的人，凡是能有成就的，都是有恒心的人。没有恒心不可能有成就。

持之以恒才能成就大业

我们来讲几个小故事，勉励我们大家要发起这种恒常心。

孩子
你是在为自己读书

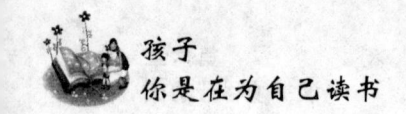

第一个是哲学家柏拉图的故事。苏格拉底是柏拉图的老师,他带了一些学生,在开学第一天,苏格拉底就跟学生讲,"今天,我们只做一件最简单也是最容易做的事儿:每个人把胳膊尽量都往前甩,然后再尽量往后甩。"说着,苏格拉底示范了一遍,"从今天开始,每天做300下,大家能做到吗?"

学生们都笑了,这么简单的事情,有什么做不到的?过了一个月,苏格拉底问学生们:"每天甩手300下,哪些同学坚持了?"有90%的同学骄傲地举起了手。又过了一个月,苏格拉底再问,这回坚持下来的同学只剩下了八成。一年过后,苏格拉底再一次问大家:"请大家告诉我,最简单的甩手运动,还有哪几位同学坚持了?"这时候,整个教室里,只有一个人举起了手。这个学生就是后来成为古希腊另一位大哲学家的柏拉图。可见,一个人做任何事,要有恒心,没有恒心不能有成就,包括老师对我们的教诲,我们可能一天能做到,一周能做到,能不能做到一生都不违背?这就不容易。你如果一生都不违背,真正把老师的教诲牢记在心,那你这一生一定有成就。

下面我们再讲一个故事。有一个少年向陶渊明求教。陶渊明带他来到田边,指着尺把高的稻禾问:"你仔细瞧瞧,它现在是否在长高呢?"少年蹲下目不转睛地盯着禾苗,看了半天,说:"没见长啊。"陶渊明反问:"真的没见长吗?那么,春天的秧苗又是怎样变成尺把高的呢?"少年不解地摇头。陶渊明开导说:"其实这禾苗每时每刻都在生长,只是我们没观察到。读书学习也是这样。知识的增长是一点一滴积累的,有时自己都觉察不到。但只要勤学不辍,持之以恒,就会由知之不多变为知之甚多。所以,有人说'勤学如春起之苗,不见其增,日有所长'。"你努力勤奋的学习,就好比春天的苗,没有看到它在增长,但是它时刻都在长进。接着,陶渊明又指着一块大磨石问:"你看那磨石,为什么会出现像马鞍一样的凹面呢?"少年答:"那是磨损的。""那你可曾见到,它是哪一天被磨损成这样的呢?"少年说:"不曾见过。"陶渊明又进一步诱导说:"这是农夫们天天在它上面磨刀、磨镰、磨锄,久而久之,磨损而成。由此可见,'辍学如磨刀之石,不见其损,日有所亏'。学习一旦间断,所学知识就会不知不觉地慢慢忘掉。"循循善诱的开导,使少年晤到了为学必须"循序渐进,持之以恒"、"勤学则进,辍学则退"的道理。所以你每天要坚持努力

· 82 ·

你才能够有成就。

下面我们再讲一个鲁班学艺的故事,这也是告诉我们要有恒心。

鲁班年轻的时候,决心要上终南山拜师学艺。他拜别了爹妈,骑上马直奔西方,越过一座座山岗,趟过一条条溪流,一连跑了30天,前面没有路了。只见一座大山,高耸入云。鲁班想,怕是终南山到了。山上弯弯曲曲的小道有千把条,该从哪一条上去呢?鲁班正在为难,看见山脚下有一所小房子,门口坐着一位老大娘在纺线。鲁班牵马上前,作了个揖,问:"老奶奶,我要上终南山拜师学艺,该从哪条道上去?"老大娘说:"这儿九百九十九条道,正中间一条就是。"鲁班连忙道谢。他左数四百九十九条,右数四百九十九条,选正中间那条小道,打马跑上山去。

鲁班到了山顶,只见树林子里露出一带屋脊,走近一看,是三间平房。他轻轻地推开门,屋子里破斧子、烂刨子摊了一地,连个插脚的地方都没有。一个鬓发皆白的老头儿,伸着两条腿,躺在床上睡大觉,打呼噜像摇鼓一般。鲁班想,这位老师傅一定就是精通木匠手艺的神仙了。他把破斧子、烂刨子收拾在木箱里,然后规规矩矩地坐在地上等老师傅醒来。

直到太阳落山,老师傅才睁着眼睛坐起来。鲁班走上前,跪在地上说:"师傅啊,您收下我这个徒弟吧。"老师傅问:"你叫什么名字?从哪儿来的?"鲁班回答:"我叫鲁班,从一万里外的鲁家湾来的。"老师傅说:"我要考考你,你答对了,我就把你收下;答错了,你怎样来还怎样回去。"鲁班不慌不忙地说:"我今天答不上,明天再答。哪天答上来了,师傅就哪天收我做徒弟。"

老师傅捋了捋胡子说:"普普通通的三间房子,几根大柁?几根二柁?多少根檩子?多少根椽子?"鲁班张口就回答:"普普通通的三间房子,四根大柁,四根二柁,大小十五根檩子,二百四十根椽子。五岁的时候我就数过,师傅看对不对?"老师傅轻轻地点了一下头。

老师傅接着问:"一件手艺,有的人三个月就能学会,有的人得三年才能学会。学三个月和学三年,有什么不同?"鲁班想了想才回答:"学三个月的,手艺扎根在眼里;学三年的,手艺扎根在心里。"老师傅又轻轻地点了一下头。

老师傅接着提出第三个问题:"两个徒弟学成了手艺下山去,师傅送给他们每人一把斧子。大徒弟用斧子挣下了一座金山,二徒弟用斧子在人

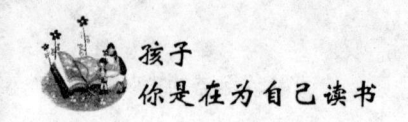

们心里刻下了一个名字。你愿意跟哪个徒弟学?"鲁班马上回答:"愿意跟第二个学。"老师傅听了哈哈大笑。

老师傅说:"好吧,你都答对了,我就得把你收下。可是向我学艺,就得使用我的家伙。可这家伙,我已经五百年没使唤了,你拿去修理修理吧。"

鲁班把木箱里的家伙拿出来一看,斧子崩了口子,刨子长满了锈,凿子又弯又秃,都该拾掇拾掇了。他挽起袖子就在磨刀石上磨起来。他白天磨,晚上磨,磨得膀子都酸了,磨得两手起了血泡,又高又厚的磨刀石,磨得像一道弯弯的月牙。一直磨了七天七夜,斧子磨快了,刨子磨光了,凿子也磨出刃来了,一件件都闪闪发亮。他一件一件送给老师傅看,老师傅看了不住地点头。

老师傅说:"试试你磨的这把斧子,你去把门前那棵大树砍倒。那棵大树已经长了五百年了。"

鲁班提着斧子走到大树下。这棵大树可真粗,几个人都抱不过来;抬头一望,快要顶到天了。他抡起斧子不停地砍,足足砍了十二个白天十二个黑夜,才把这棵大树砍倒。

鲁班提着斧子进屋去见师傅。老师傅又说:"试试你磨的这把刨子,你先用斧子把这棵大树砍成一根大柁,再用刨子把它刨光;要光得不留一根毛刺儿,圆得像十五的月亮。"

鲁班转过身,拿着斧子和刨子来到门前。他一斧又一斧地砍去了大树的枝,一刨又一刨地刨平了树干上的节疤,足足干了十二个白天十二个黑夜,才把那根大柁刨得又圆又光。

鲁班拿着斧子和刨子进屋去见师傅。老师傅又说:"试试你磨的这把凿子,你在大柁上凿两千四百个眼儿:六百个方的,六百个圆的,六百个楞的,六百个扁的。"

鲁班拿起凿子和斧子,来到大柁旁边就凿起来。他凿了一个眼儿又凿一个眼儿,只见一阵阵木屑乱飞。足足凿了十二个白天十二个黑夜,两千四百个眼都凿好了:六百个方的,六百个圆的,六百个楞的,六百个扁的。

鲁班带着凿子和斧子去见师傅。老师傅笑了,他夸奖鲁班说:"好孩子,我一定把全套手艺都教给你!"说完就把鲁班领到西屋。原来西屋里摆着好多模型，有楼有阁有桥有塔，有桌有椅有箱有柜，各式各样，精致极了，鲁班把眼睛都看花了。老师傅笑着说："你把这些模型拆下来再安上，每个模型都要拆一遍，安一遍，自己钻精学，手艺就学好了。"

老师傅说完就走出去了。鲁班拿起这一件，看看那一件，一件也舍不得放下。他把模型一件件擎在手里，翻过来掉过去地看，每一件都认真拆三遍安三遍。每天饭也顾不得吃，觉也顾不得睡。老师傅早上来看他，他在琢磨；晚上来看他，他还在琢磨。老师傅催他睡觉，他随口答应，可是不放下手里的模型。

鲁班苦学了三年，把所有的手艺都学会了。老师傅想试试他，把模型全部毁掉，让他重新造。他凭记忆，一件一件都造得跟原来的一模一样。老师傅又提出好多新模型让他造。他一边琢磨一边做，结果都按师傅说的式样做出来了。老师傅非常满意。

一天，老师傅把鲁班叫到眼前，对他说："徒弟，三年过去了，你的手艺也学成了，今天该下山了。"鲁班说："不行，我的手艺还不精，我要再学三年！"老师傅笑着说："以后你自己边做边学吧。你磨的斧子、刨子、凿子，就送给你了，你带去使吧！"

鲁班舍不得离开师傅，可是知道师傅不肯留他了。他哭着说："我给师傅留点什么东西呢？"老师傅又笑了，他说："师傅什么也用不着，只要你不丢师傅的脸，不坏师傅的名声就足够了。"这世间父母老师对子女对徒弟没有什么要求，唯一的要求就是你要做一个有德行的人。

鲁班只好拜别了师傅，含着眼泪下山了。他永远记着师傅的话，用师傅给他的斧子、刨子、凿子，给人们造了许多桥梁、机械、房屋、家具，还教了不少徒弟，留下了许多动人的故事，所以后世的人尊他为木工的祖师。

这是鲁班学艺的故事。这几个故事都告诉我们，一个人要想有成就，一定要有恒心，没有恒心就一事无成。

没有恒心，一定学无所成

这一讲我们来谈谈恒心。一个人做事一定要有恒心有毅力。我记得小时候，家里课外读物很少，唯独有一本书，是父亲买来自己看的，叫作《古文观止》，《古文观止》里面有一篇文章，是苏轼的。里面有一句话讲道："古之立大事者，不惟有超世之才，亦必有坚忍不拔之志。"这句话对小时候的我影响很大。那时候我常常把这句话抄在纸上，用来勉励自己，意思是讲古代能成就大事的人，不仅有特别突出的才能，一定有坚韧不拔的志向，有超乎常人的毅力，也就是说一定会有超乎常人的恒心意志。一个人要想有成就，一定要有恒心，要有这种锲而不舍、持之以恒的精神。否则就不可能在学业上、事业上有所成就。这种精神尤其要从小培养。

在《易经》里有一卦叫恒卦，孔老夫子在解释恒卦的时候，就讲"君子以立不易方"，就是讲君子做人做事要有志向，不要轻易改变，要能够持之以恒，要时时刻刻走在道上。在恒卦里面还讲道："不恒其德，或承之羞。"一个人如果不恒常地修德，就难免会受到羞辱，为什么会受到羞辱呢？就是讲一个人没有恒心，一生无法成就德行和事业。不管做大事还是小事，都需要恒常心，你不能成就事业，那在生活当中就被人瞧不起，自然会受到羞辱。所以无论我们想要成就学业、成就德行，还是成就事业，一定要有恒心。

在《论语》里面，孔老夫子曾经讲过，"圣人，吾不得而见之矣；得见君子者，斯可矣。"圣人我是看不到了，能看到君子就不错了，尤其是在现在这个时代，确实圣人我们看不到了，能看到君子是少之又少。夫子还讲，"善人，吾不得而见之矣；得见有恒者，斯可矣。亡而为有，虚而为盈，约而为泰，难乎有恒矣。"孔老夫子讲，别说君子，连好人我都看不到，能够见到一个人，他能始终如一，能有恒心，也就不错了，能够见到这样的人就很难得了，没有的，反而装作有，比如现在人没有道德学问，反而把自己装的好像很有德行，"虚而为盈"，空虚反而当作充实，"约而为泰"，没有钱反而装作很富有，"难乎有恒"，这样人的很难有恒心，很难恒久地修道，为什么呢？他不是用真心。

有一句话讲得很好，"君子立长志，小人常立志"，就是讲一个有德行的君子，他立了一个志向之后，不会随意改变。君子会树立长远的志向，用一生的努力去实现。小人做任何事情没有恒心，立了这个志向之后，做了两天发现不容易，立刻就改变志向，这就是没有恒常之心，树立这个志向，也不能实现。在《孟子》里有个比喻："有为者譬若掘井。掘井九仞而不及泉，犹为弃井也。"这个有为者，就是讲我们读书人、学习修道的人，学习好比挖井，必须持续不断地努力才能见效。如果挖井挖下几丈不见水就放弃，那就只能是一口废井。一定要持之以恒，持之以恒是学习意志和持久力的表现，是学习由浅入深、由表及里不断深化的过程。这样，最后你才能挖出水来。

有一年高考，有一个作文题，其中就画了一个图，一个人去挖井，他挖了几尺没有水，换个地方，又挖几尺还没水，又换了一个地方挖，每次都挖到快出水的时候就放弃，这就是不能持之以恒。

人贵有志，学贵有恒

让我们来看看历史上的一些伟人们的成就，无不是来源于勤奋：
司马迁写《史记》花了15年。
司马光写《资治通鉴》花了19年。
达尔文写《物种起源》花了20年。
李时珍写《本草纲目》花了27年。
哥白尼写《天体运行论》花了37年。
马克思写《资本论》花了40年。
歌德写《浮士德》花了60年。
看到这些历经数十年才获得的伟大成就，你有何感想呢？这些作品之所以名垂千古，是由于它们是作者长年累月呕心沥血积累而成。从中我们可以体会到中国的古训"绳锯木断，水滴石穿"的深刻内涵，可以看出小小的一根绳子，小小的一滴水的巨大的力量。

我们生活中的许多同学们缺的就是"锯木"和"滴水"的精神。有的中学生平时上课不认真听讲，只能在临考前一个礼拜抱抱佛脚，所有科目集中在这几天复习，又是写，又是算，又是记，又是背，废寝忘食、夜以继日地准备考试过关。考试确实通过了，但成绩平平，远没有平时认真学习、临考复习不慌不忙、正常饮食起居的同学。

从中我们可以看出，前一种学生的学法是一曝十寒，平时不努力，临考才着急，当然见效慢。后者则重在平时的积累，学好每一天的知识，持

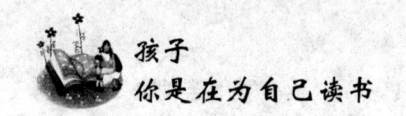

之以恒。这样犹如水滴石穿，绳锯木断般功到自然成，临考也以平常心对待，怎么会没有稳定的好成绩呢？

爱因斯坦说："智慧并不产生于学历，而是来自于对知识的终生不懈追求。"

英国科学家道尔顿，为了研究气象，从年轻时起，他每天晚上9点半开始记录当天的天气情况，夜夜如此，从不间断，坚持了57年。在他病逝的前几个小时，还进行了最后一次观测，用颤抖的手记下："今晚微雨。"

我国近代地理学的奠基人竺可桢，为了研究中国气象，仅从1936年到他病逝的36年零37天里，他天天写关于中国气象的日记达800万字，无论遇到什么困难，无一天间歇。

爱迪生发明电灯，为了找一种合适的灯丝，前后试验了1600多种材料，经过5万次实验，最后选择钨作灯丝，终于制成电灯。

有一位老教授，学问非常好，深受同学们的敬重。但是有一天，大家到他家去玩，发现教授书架上的书并不很多，就问教授："难道您只读了这些书，就能成那么大的学问吗？"

老教授笑了笑，从书架上拿下一本书说："我唯一跟你们不同的是：你们的书往往前面翻得很旧，后面却是新的。而我的书则愈到后面翻得愈破。"

这句话听来简单，意义实在是太深了。也就是说，一般学生读书往往缺乏恒心，以致虎头蛇尾，老教授却能向深处钻研，所以有丰富的收获。

人贵有志，学贵有恒。要学会持之以恒，就要目标始终如一，不能见异思迁。这就如同挖井，如果水源是在地面10米以下，你挖了七八米，还不见水，心浮气躁，换一个地方再挖；又挖了六七米还不见水，就又换个地方挖；再不见水，又换地方挖。换来换去，都是相差两三米就成功了。那么，你将永远也挖不出有水的井来。所谓"为山九仞，功亏一篑"，意思是说，本想堆成一座高山，由于只差一筐土而没有完成。见异思迁的挖井者，不断改换目标，力气也用了不少，每次都是在接近成功时，前功尽弃。现代社会的中学生尤其要做到目标始终如一，因为我们面对的是信息滔滔、红尘滚滚的现代社会，这个社会机遇多，诱惑也多，面对各种各样的诱惑，不成熟的中学生，很容易放弃自己最初的目标，而去追逐一些所谓时髦的时尚。

第六章
读书须尽苦功夫

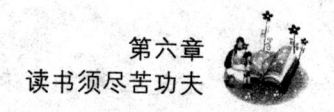

要持之以恒就要有耐心,要耐得住胜利前的寂寞,经受得住胜利前的失败。

爱迪生发明灯泡前搞了5万次实验,前4万多次都是以失败告终,没有鲜花和掌声,只有寂寞和冷淡。如果他因此而放弃,那就会前功尽弃。我们现代中学生面临的现代社会,相当多的人急功近利,心浮气躁。如果不磨炼自己的意志,耐不住寂寞,经受不住失败的考验,很容易也成为急功近利、心浮气躁的人。

我们应该懂得一个道理:读书一定要有恒心。一个人读书,如果从小学到大学,最少需要16年,读到硕士需要20年,读到博士要24年,可见,读书不是一朝一夕的事情,必须要有持之以恒的精神,才能取得最后的成就。

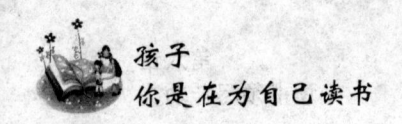

第七章 漫卷诗书喜欲狂
——读书需要好心态

名人也曾比我差

告诉你一个小秘密，有些名人在学校时，一开始并不是学习成绩特别优秀的高手，甚至有人在学习时代还好笨的，你都想不到的——

(1) 他曾经倒数第一

在某小学校的一个班里，其中有两名学生，他们的成绩都很差，是全班倒数第一、第二名。过了20多年，他们居然在某处又会面了。他们是谁？原来他们一个是维也纳国立歌剧院的院长威尔姆·罗林克，另一个是著名的化学家李比希。

李比希在高中学习期间，有一天校长到他的班级里，看到他不爱学习的样子，就谆谆教导他说："你总是这样的成绩，对你的父母也是一种不孝啊！你应该在学习上加把劲儿，做一个有出息的人。"接着又问他："你将来究竟打算干什么？"没想到，李比希理直气壮地回答说："我想当一名化学家。"他的话音刚落，校长还没来得及说话，全班的学生顿时大笑起来。由于他的成绩非常糟糕，李比希的父亲后来不得不叫他退学，到一个药剂师手下当学徒，在那里干不到十个月，又因为"没有什么用处"被解雇了。

(2) 他曾经全校最差

英国文豪司各特成名后去访问他的母校。听说文豪司各特要来，全校一阵轰动，教师们特意准备了一堂课让他观摩指导。但司各特对这些并不喜欢，而是问陪同他的老师："你们全校学习最差的是哪一位学生？"老师们感到很难为情，不得不把一个学生拉到他面前说："他是全校最差的一个。"

那个学生也被臊得面红耳赤，不敢抬头。司各特抚摸着那个学生的头，和蔼地说："你是全校最差的学生吗？你真是一个好孩子，感谢你牢牢把住了我过去的座位。"说完就从口袋里掏出一枚金币赠给了他。

司各特之所以对这位差等生如此关注，是因为他过去在这所学校学习时，也是个差等生，学习成绩倒数第一。

（3）曾经不懂诗的诗人

德国诗人海涅在学校里是一个人尽皆知的差生，他讨厌课程，反对服从。正如他所叙述的那样，上德语课时，常被搞得晕头转向，其他课程则更为糟糕。

后来他虽然能写出举世闻名的好诗，但在学生时期却弄不懂诗的韵律，他的老师常常痛苦地说："你是一个从山沟出来的野蛮人，对于诗一窍不通。"他进入大学后成绩依旧糟糕。

（4）名人的过去并不成功

美国散文作家、诗人爱默生也从未得过一次好成绩。他在中学学习时，成绩不好的消息传到小学校长的耳朵里，这位校长惦记他，常常到中学找他谈话，鼓励他好好学习，特别是在数学上要努力。然而，校长语重心长的鼓励也不起作用，他仍然是一个劣等生。

哲学家黑格尔学习成绩不好，在杜平根大学发给他的毕业证书上有这样一句话："此学生成绩中等，不擅长哲学。"

发现铀的皮埃尔·居里，在校成绩很差，经常被人们称为"笨蛋"。父亲很担心他，曾让他暂时退学，聘请家庭教师帮助他。

达尔文在学校时，成绩也是很差的。他在中学时，由于学习不努力，成绩不良，多次遭到校长的训斥。他在日记里说："不仅老师，连家长都认为我是一个平庸无奇的儿童，智力也比一般人低下。有时，父亲对我说：'你不爱学习，整天就爱玩，将来你一定会给达尔文家丢脸的。'我听了大失所望，不知怎么，总是学不好外语，最后居然一门外语也没学成。"

另外，像爱因斯坦、牛顿、拿破仑，在学校都是成绩很糟糕的学生，被老师定位为"最没有出息的学生"。但是，尽管他们是劣等生，却并不影响他们成为伟大人物，他们都取得了举世瞩目的成就，甚至改变了历史的进程。

孩子
你是在为自己读书

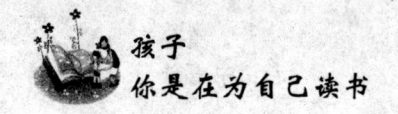

所以，没有任何一种单一的测试（包括权威的评价）能够衡量或预测一个人的智力水平和成功的概率。每个人都是独一无二、禀赋各异的个体，即使出生就有身体障碍的人，也会有特殊的才能及天赋。甚至你会发现最使你感到挫折的事，其实就是你最大的优点和才能。

只要有机会和恰当的方法，每个人都能够表现出自己的聪明才智，每个人都能够取得成功，就看你以何种方式点燃自己智慧的亮点。就像外行人难以看出一堆貌不惊人的石头有何特别之处，但眼光独到的珠宝商人一眼就能看出其中藏着价值百万的珠宝。我们要像珠宝商人认识他们的宝石一样了解我们自己。

前面提到的大文豪司各特在班级里是成绩最差的，可是他一旦离开教室就显示出自己卓越的活动能力。他的朋友都很崇拜他。他很爱读书，读的是各种小说和历史故事，他讲的故事很有趣，所以很多学生常常拿着零食，聚集到他的屋子里来听他讲故事。

达尔文虽然学习不好，但善于观察动植物，他曾写过这样一段话："我从小就喜欢研究一草一木，曾经研究过为什么树叶到秋天会变红。蚂蚁、蜂、虫之类都是我经常研究的对象。"有一次，由于他热衷于化学实验，曾遭到校长的训斥："你光搞这些东西，浪费时间，不好好学习课程，学习成绩怎么会好呢！"

说你行，你就一定行

"要是回答错了怎么办？别人会笑话我的！"
"年级前五名，这是我想都不敢想的事情！"
生活中，很多人都有着不自信的特点。
曾经有一位台湾的大学教授在演讲时提出了这样一个问题："各位，对自己充满信心的请举手！"结果，举手的不到10%。
教授经过调查，发现这些人不自信的原因，是从小到大很少受到肯定。而不断地发现自己的优点并加以肯定，有助于自信心的形成和培养。
有一位名叫丽娜的演员去好莱坞应聘一部电影的女主角，很多影星也来应聘。她站在著名的导演面前，论长相她长得实在普通，论才华一时也

第七章 漫卷诗书喜欲狂

看不出来。导演问她:"你凭什么来应聘主角?"

"凭我的自信。"丽娜回答得非常干脆利索。

导演吃了一惊,"自信?你能向我们当场表演你的自信吗?"

"没有问题。"她向导演鞠躬后,一转身,她大步走到门口,把门推开,外面坐满了面试后等待结果的人,她放开嗓门大声地对她们说:"各位,你们都回去吧,结果已经出来了,我已经被导演录取了。"正是自信让她最终被导演录取。

为什么那么多的人没有丽娜那样的自信呢?

俄罗斯有一句古老的谚语:"把你的帽子扔进围墙里。"意思是说,当你想翻过一堵很难攀越的围墙时,就把帽子先扔过去,这样你就会想尽办法翻越围墙,一定要把帽子拿回来。人往往就是这样,自信不够的时候,总是给自己一条后退的路,一个逃避的借口。正因为如此,我们常常错过了许多可以"跨越栅栏"的机会。而"把帽子扔过去",就斩断了那似有似无的退路和借口,你只能用自信来鼓励自己,去"背水一战"。

所以,我们需要做的是每天大声对自己说"我能行,一定行!"不管你成绩好坏,都对自己说"我能行,一定行!"

因为每个人都有自己的强项与弱项,有的人显现得较早,有的人显现得较迟;有的人潜藏得很深,有的人很快就表现出来;有些人的某些智能能够得到良好的开发,有些人的智能可能受到压抑,甚至一生都没有开发出来。而通过开发潜在的智能因素,会在某一方面创造奇迹。

在诗人和文豪中,很多人由于只顾埋头读书,致使学习成绩低下;在发明家、政治家和思想家中,不少人由于终日沉思,而学不好功课。

牛顿在学习时就总是思考数学问题,所以往往显出发呆的样子,连他的母亲都认为他的脑子有点迟钝,但他很会制造玩具式的机器。

宇宙中只有一个角落你肯定能完善,那就是你自己。当你能够运用自己的潜能去争取地平线上可能出现的光彩夺目的东西时,你为什么要坐在自己的角落里?你要相信:自己能行,一定行!

曾有这样一个故事:

一个人在高山之巅的鹰巢里捉到了一只幼鹰。他把幼鹰带回家,养在鸡笼里。

这只幼鹰和鸡一起啄食、散步、嬉闹和休息,它以为自己是一只鸡。

· 93 ·

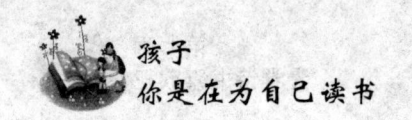

幼鹰渐渐长大了，羽翼也丰满了。

主人想把它训练成鹰，可由于终日和鸡在一起混，它已经和鸡一样，不知道自己还能飞。主人试了各种办法，都毫无效果，最后把它带到山崖顶上，一把将它扔了下去。这只鹰像块石头似的，直掉下去，慌乱之中它拼命地扑打翅膀，居然飞了起来！这时，它终于认识到自己生命的力量，展翅高飞翱翔天空，成为一只真正的鹰。

相信自己是一只鹰，你就能展翅高飞。

相信自己能行，你就一定行！

好态度也是一种本领

青少年朋友，你可曾注意到自己对待生活和学习的态度，你是否以一个认真积极的态度做着每一件事？其实，态度有着比能力更强的神奇力量，这是经过科学和实践屡次印证了的真理。从这个意义上说，好态度也是一种本领。

美国哈佛大学罗伯特博士曾做过一次令人瞩目的印证"态度"神奇力量的实验。

他首先选定了三组学生和三只完全一样的老鼠。

他对第一组学生说：这是一只世上最聪明的老鼠，你们要在六周的时间内好好训练它，以便使其能在最短的时间里冲出迷宫。为奖赏它，你们要在终点多备些可口的乳酪。

他对第二组学生说：这是一只很普通的老鼠，它智力平平，经过六周的训练它能否走出迷宫还是个未知数，你们不要抱太高的希望。终点上的乳酪随意你们给多少。

他对第三组的学生说：这是一只反应迟钝的老鼠，经过六周的训练要使它走出迷宫简直比登天还难。因此，终点上你们没必要准备乳酪。

经过六周的训练，最终的结果是：

第一只老鼠迅速准确地冲出了迷宫。第二只老鼠虽也通过了迷宫，但时间用得多些。第三只老鼠并未到达终点。

最后，博士说出了谜底：实验用的老鼠同出一窝，没有智力上的高低之分。

　　同班的同学、同窝的老鼠，实验结果何以如此迥异？关键在于博士的引导使三组学生产生了截然不同的态度。这个实验告诉我们一个深刻的道理：以不同的态度面对相同的实验客体，出现完全不同的结果也是意料之中的事情。

　　我们每个人都面临着光怪陆离的大千世界和风雨起伏的坎坷人生，其实，大自然从本质上赋予每个人的最初能力是大同小异的。然而，人与人之间存在的差异归根结底就是因为每个人人生态度、学习态度的差异性。

　　相比较而言，态度胜于能力。一个人的生活态度决定他的人生高度。

　　如果说，客观条件和智商是成功的一个条件，那么态度就是使你更快迈向成功的助推器。很明显，客观条件和智商一旦成型，很难改变，而态度则不同，态度可以靠自己把握。能不能登上成功的山峰取决于你对待这座山峰的态度。记住，你的脚永远比山还要高

　　所以每一个青少年都要以认真负责的人生态度走好每一步，只有这样才能拥有一个与众不同的人生。对待学习也是如此，如果你觉得自己智力平平，也没有优越的物质条件，那么你完全没有必要自卑，因为一个好的学习态度会为你赢得很多更高的荣誉和更大的进步，对于那些认真生活和学习的人，无论是老师还是社会上的其他人士，都会另眼相看，这也将是你将来取得更好发展的资本。

勤奋，开启知识宝库的唯一钥匙

　　中国有句俗语"一勤天下无难事"，说出了一个很深刻的道理：通向成功的路没有捷径，一切事业的成功，都需要勤奋作为基础条件，只要肯勤奋，成功大门便会敞开，就等你走进去。勤奋不仅是成功的秘诀，也是打开真理大门的钥匙。

　　王羲之是东晋时期著名的书法家。他之所以能成为大书法家，和他的勤奋息息相关。据说，王羲之为了练字，每天一早就到家门前的水塘边临池练字，日落西山才涮笔洗砚，最后染得水黑如墨了，于是，人们就给那座池塘起了个名字，叫"洗砚池"。

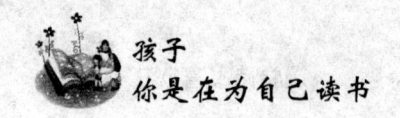

居里夫人在法国念书时，每天早晨总是第一个来到教室；每天晚上几乎都在图书室度过。图书室10点关门，回到自己的小屋后，她在煤油灯下继续读书，常常到夜里一两点钟。

德国著名音乐家——贝多芬，在他音乐生涯的最高峰时，突然因耳疾致双耳失聪，这对于一个音乐家来说是致命的打击。但他具有顽强的毅力、坚强的意志，终于做成了《英雄交响曲》、《命运交响曲》……他说过："卓越的人一大优点是，在不利与艰难的遭遇里百折不挠。"

日本的"推销之神"原一平在一次演讲中，当有人问他推销成功最重要的秘诀时，原一平当场脱掉自己的鞋袜，将提问者请上台，对他说："请您摸摸我的脚板吧。"那位提问者摸了摸，十分惊讶地说："您脚底的老茧好厚好厚哇！"原一平接过话头说："那是因为我走的路要比别人多，跑得比别人勤，所以我的脚茧长得特别厚。"原来原一平在推销中每天要访谈15位客户，平均每月就要用掉1000张名片，他一生积聚了2.8万个准客户。他之所以能够创造推销的奇迹，靠的是自己的腿勤、眼勤、嘴勤和脑子勤。

马克思写《资本论》，辛勤劳动，艰苦奋斗了40年，阅读了数量惊人的书籍和刊物，其中做过笔记的就有1500种以上；我国历史巨著《史记》的作者司马迁，从20岁起就开始漫游生活，足迹遍及黄河、长江流域，汇集了大量的社会素材和历史素材，为《史记》的创作奠定了基础；德国伟大诗人、小说家和戏剧家歌德，前后花了58年的时间，搜集了大量的材料，写出了对世界文学和思想界产生很大影响的诗剧《浮士德》；我国年轻的数学家陈景润，在攀登数学高峰的道路上，翻阅了国内外的上千本有关资料，通宵达旦地看书学习，取得了震惊世界的成就；上海女知识青年曹南薇，坚持自学十年如一日，终于考上了高能物理研究生……

无数的事实其实都是在像我们揭示同一个道理，那就是：成功来自勤奋，成功在于勤奋。智慧不是自然的恩赐，而是勤奋的结果。只有握住勤奋的钥匙，才能打开知识宝库的大门。

第七章
漫卷诗书喜欲狂

持之以恒才能让成功成为可能

"小语,喜欢吗?"美丽的老师问三岁的小语。

"嗯,喜欢!"从第一眼见到这个高高大大,看起来的很笨重的黑家伙时,小语就喜欢上了她。于是,小语不假思索地回答了老师。

以后,每次老师弹琴的时候,小语总会跑到老师的旁边,看老师美丽优雅的手指在琴键上快乐地跳舞。

终于有一天,小语告诉妈妈,她也想学钢琴。

"小语喜欢钢琴,妈妈很高兴,妈妈也很愿意让小语做喜欢做的事情。但是小语,妈妈要告诉你,学习钢琴会很辛苦,每天都要坚持练琴,而且因为练琴,你要花掉很多时间,这样,你玩的时间就会少了很多。你还愿意学吗?"

"妈妈,小语不怕吃苦。"小语坚定地说。

"小语,不管你做什么决定,妈妈都会支持你,既然你决定学习钢琴,那就要一直坚持下去,不能中途退缩,你能做到吗?"

"妈妈,我喜欢钢琴,我能做到!"只有三岁的小语向妈妈做了保证。

从此,小语开始了她学习钢琴的生活。

从起初坐凳子也要妈妈把她抱上去,小小的指头都摁不住琴键,到后来手指飞快地在琴键上舞蹈,乐曲一首首飞扬在空中,小语整整地坚持了8年。其中,她吃过的苦只有妈妈最清楚,很多次,妈妈看着小语发红的手腕都不忍心让女儿继续练下去,可是每次小语都认真地说:"妈妈,既然选择了钢琴,我就要一直坚持下去。"为了安慰妈妈,小语还说:"妈妈,你不用担心,我喜欢钢琴,所以我一点也不觉得苦,我还觉得很快乐呢。"

小语的努力终于得到了回报,在全国少儿钢琴大赛中,小语获得了银奖。

"持之以恒"无疑是小语获得优秀成绩的最大法宝。

学习是一个漫长的脑力劳动过程,这个过程也十分艰苦。只有当一个人具备了持之以恒,孜孜以求的求学态度,他的学业才会取得长久的进

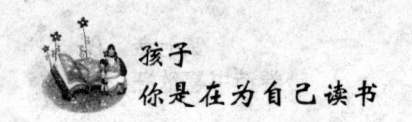

步。但如果仅凭一时热情，三天打鱼，两天晒网，好成绩是永远都不会属于你。所以，我们每一个人都要具有持之以恒的精神，这样也才能让成功成为可能。不妨采用以下的做法：

1、先制定详细的计划。包括不同的时间段你要完成的任务是什么、想达到什么目标、如何去完成学习任务，清晰的计划有助于你有秩序地进行学习。

2、做好充分的准备以减少干扰。学习前准备好笔、刀子等学习用品，让学习环境更舒适安静，并调节心情以争取达到最佳的学习状态。

3、不断地强化学习意识。今天的学习任务是什么，学习内容、学习目的和要求又是什么，让你的注意力始终集中在学习目标上，避免分神和做无用功。

4、进行积极的自我暗示。不断对自己说："坚持下去！相信自己可以！"事实证明积极的心理暗示对学习大有益处。

随时保持"不满"

"学无止境"，生有涯而知无涯，学习是没有尽头的，除非是你自己局限自己。

一名徒弟跟着一位名师学习技艺，几年之后，徒弟觉得自己的技艺达到炉火纯青的地步，足以自立门户，因此收拾好行囊，准备和大师辞别。

大师得知了这个消息之后问道："你确定你已经学成了，不需要再学习了吗？"

徒弟指了指自己的脑袋自豪地说："我这里已经装满了，再也装不下了。"

"喔，是吗？"大师随即拿出一只大碗放在桌上，命徒弟把这只碗装满石头，直到石头在碗中堆出一座小山后，大师问徒弟："你觉得这只碗装满了吗？""满了。"徒弟很快地回答。

大师于是从屋外抓起一把沙子，撒入石头的细缝里，然后再问一次："那么现在呢，满了吗？"

徒弟考虑了一会儿，恭恭敬敬地回答道："满了。"

第七章
漫卷诗书喜欲狂

大师再取了案头上的香灰，倒入那看似再也装不下的碗中，看了看徒弟，然后轻声问："你觉得它真的满了吗？""真的满了。"徒弟回答道。

大师没有再多说什么，只拿起了桌上的茶壶，慢慢地把茶水倒入碗中，而水竟然一滴也没有溢出来。

徒弟看到这里，总算明白了师父的良苦用心，赶紧跪地认错，诚心诚意地请求大师再次收自己为徒。

"学无止境"，生有涯而知无涯，学习是没有尽头的，除非是你自己限制自己。

著名的数学家华罗庚说过："人，活到老，要学到老。"是的，人生是在不断探索中得到升华，从而才会有辉煌出现，像文坛的几位巨匠：冰心、巴金、金庸……他们都是深知这个道理，才有如此大的成就，我们熟知的金庸先生更是在 80 岁高龄之际提笔修改了《射雕英雄传》，使这部经典名作再次遇热，受到众人瞩目。不止他们这样，像国外的著名人士也是在不断学习、不断积累中才创作出许多著名文献。马克思和恩格斯就是最好的"人证"。他们共同完成的《资本论》使广大读者得到启迪，他们更是耗费毕生心血才完成的，他们就是在不断地努力及探索中使他们的友谊成为世人的榜样。

学习是光明，无知是黑暗。试想，谁愿意面对黑暗不见天日？没有人。那么，只有天天做学问，时时不忘学点知识才能走向光明。使人生更亮丽。

只有在不断求知的过程中，才会使我们真正得到乐趣。波兰著名钢琴家阿瑟·鲁宾斯坦，他 3 岁时学琴，4 岁登台演奏，直到 95 岁他未曾间断过对艺术的追求。因为他深知学无止境，艺术无止境，不间断的创作会使心灵得到净化，从而也增加其本身的魅力。

意大利艺术大师达·芬奇说："微小的知识使人骄傲，丰富的知识则使人谦虚，所以空心的禾穗总是高傲地举头向天，而充实的禾穗则低头向着大地，向着它们的母亲。"

到了越高境界，越会感到自己的不足，因此，把握你生命的每分每秒，好好来弥补这些不足，趁着还小要多多学习。

人外有人，天外有天，巅峰之上，还可以再创巅峰。

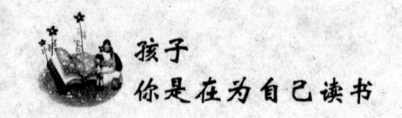

只有自己不敢面对的时候，难题才会出现

英国作家萧伯纳曾说："信心使一个人得以征服他相信可以征服的东西。"

1796年的一天，德国哥廷根大学，一个很有数学天赋的青年吃完晚饭，开始做导师单独布置给他的每天例行的三道数字题。

前两道题他在两个小时内就顺利完成了。第三道题写在另一张小纸条上：要求只用圆规和一把没有刻度的直尺，画出一个正17边形。

他感到非常吃力。时间一分一秒地过去了，第三道题竟然毫无进展。这位青年绞尽脑汁，但他发现，自己学过的所有数学知识似乎对解开这道题都没有任何帮助。

不难反而激起了他的斗志：我一定要把它做出来！他拿起圆规和直尺，一边思索一边在纸上画着，尝试着用一些超常规的思路去寻求答案。

当窗口露出曙光时，青年长舒了一口气，他终于完成了这道难题。

见到导师时，青年有些内疚和自责。他对导师说："您给我布的第三道题，我竟然做了整整一个通宵，我辜负了您对我的栽培……"

导师接过学生的作业一看，当即惊呆了。他用颤抖的声音对青年说："这是你自己做出来的吗？"

青年有些疑惑地看着导师，回答道："是我做的。但是，我花了整整一个通宵。"

导师请他坐下，取出圆规和直尺，在书桌上铺开纸，让他当着自己的面再做出一个正17边形。

青年很快做出了一个正17边形。导师激动地对他说："你知不知道？你解开了一桩有两千多年历史的数学悬案！阿基米德没有解决，牛顿也没有解决，你竟然一个晚上就解出来了。你是一个真正的天才！"，原来，导师也一直想解开这道难题。那天，他是因为失误才将写有这道题目的纸条交给了学生。

每当这位青年回忆起这一幕时，总是说："如果有人告诉我这是一道有两千多年历史的数学难题，我可能永远也没有信心把它解出来。"

这位青年就是数学王子高斯。

一些问题之所以没有解决好，也许是因为我们把它们想象得太难了，以至于不敢面对。因为在面对更多困难和挑战的时候，我们不是输给了困难本身，而是输给了自身对困难和畏惧。

当高斯不知道这是一道两千多年的数学悬案，仅仅把它当作一般的数学难题时，只用了一个晚上就解出了它。高斯的确是天才，但如果当时老师告诉他那是一道连阿基米德和牛顿都没有解开的难题，结果能就是另一番情景。事实上，任何都如高斯一样，因此，在做事前不妨先认为它并不难，相信自己，才能做得更好。

上进心与成就成正比

生活中，有的孩子整天上课情绪不好，对父母和老师的批评也无所谓，看到别人优异的成绩也不在意，就只知道玩。这是没有上进心的表现，一个人没有什么都不能没有上进心，有了上进心才能真正实现自我价值，所以上进心是影响人一生的先决条件，有了上进心你就会变得很富有。

法国一位贫困的青年，以推销装饰肖像画起家。在不到十年的时间里，迅速跃身于法国50大富翁之列。不幸，他因患上前列腺癌，1998年在医院去世。他去世后，法国的一份报纸刊登了他的一份遗嘱。在这份遗嘱里，他说："我曾经是一位富人，在以一个富人的身份跨入天堂的门槛之前，我把自己成为富人的秘诀设成了一个问题，谁若能通过回答'穷人最缺少的是什么'而猜中我成为富人的秘诀，谁就能得到我的祝贺，我留在银行私人保险箱内的100万法郎，将作为解开贫穷之谜的人的奖金，也是我在天堂给予他的欢呼与掌声。"

遗嘱刊出之后，有数万个人寄来了自己的答案。这些答案五花八门、应有尽有。绝大部分的人认为，穷人最缺少的当然是金钱了，有了钱，就不是穷人了。另有一部分人认为，穷人之所以穷，最缺少的是机会。又有一部分人认为，穷人最缺少的是技能。还有的人说，穷人最缺少的是帮助和关爱，是漂亮，是名牌衣服，是总统的职位等。

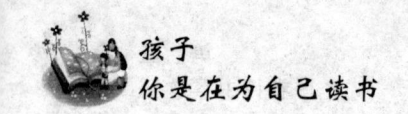

后来，公开了他致富的秘诀，他认为：穷人最缺少的是成为富人的野心。

在所有答案中，有一位年仅9岁的女孩猜对了。在接受100万法郎的颁奖之时，她说："当姐姐每次把她11岁的男朋友带回家时，总是警告我说不要有野心！不要有野心！于是我想，也许野心可以让人得到自己想得到的东西。"

谜底揭开之后，震动极大。一些新贵、富翁在谈到此话题时，均承认："野心是永恒的'治穷'特效药，是所有奇迹的出发点。穷人之所以穷，大多是因为他们有一种无可救药的弱点，就是缺少致富的野心，也就是缺少成功的最根本的因素——进取心。"

少年得志所产生的骄傲自满，对许多人来说就像鸦片，会麻醉和麻痹他们的心灵，而只有不满足和恒久的进取心才能消除这种情绪，一个随波逐流、安于现状的人，是不可能有什么成就的；不安于现状、追求完美、精益求精的人，才会成为胜利者。

永远都要坐前排

"永远都要坐前排"是一种积极的人生态度，能激发我们一往无前的勇气和争创一流的精神。

20世纪30年代，英国一个不出名的小镇里，有一个叫玛格丽特的小姑娘，自小就受到严格的家庭教育。父亲经常对她说："孩子，永远都要坐前排。"父亲极力向她灌输这样的观点：无论做什么事情都要力争一流，永远走在别人前头，而不能落后于人。"即使是坐公共汽车，你也要永远坐在前排。"父亲从来不允许她说"我不能"或者"太难了"之类的话。

对年幼的孩子来说，他的要求可能太高了，但他的教育在以后的年代里被证明是非常宝贵的。正是因为从小就受到父亲的"残酷"教育，才培养了玛格丽特积极向上的决心和信心。在以后的学习、生活或工作中，她时时牢记父亲的教导，总是抱着一往无前的精神和必胜的信念，尽自己最大努力克服一切困难，做好每一件事情，事事必争一流，以自己的行动实践着"永远坐在前排的思想"。

第七章
漫卷诗书喜欲狂

玛格丽特在学校永远是最勤恳的学生，是学生中的佼佼者之一。她以出类拔萃的成绩顺利地升入当时像她那样出身的学生绝少奢望进入的文法中学。

在玛格丽特满17岁的时候，她开始明确了自己的人生追求——从政。然而，那个时候，进入英国政坛，要有一定的党派背景。她本身出身保守党派氛围的家庭，但想从政，还必须有正式的保守党关系，而当时的牛津大学，就是保守党员最大俱乐部的所在地。由于她从小受化学老师影响很大，同时又想到，大学学习化学专业的女孩子几乎比其他任何学科都少得多，如果选择其他的某个文科专业，那竞争就会很激烈。

于是，一天，她终于勇敢地走进校长吉利斯小姐的办公室说："校长，我想现在就去考牛津大学的萨默维尔学院。"

女校长难以置信，说："什么？你是不是欠缺考虑？你现在连一节课的拉丁语都没学过，怎么去考牛津？"

"拉丁语我可以学习掌握！"

"你才17岁，而且你还差一年才能毕业，你必须毕业后再考虑这件事。"

"我可以申请跳级！"

"绝对不可能，而且，我也不会同意。"

"你在阻挠我的理想！"玛格丽特头也不回地冲出校长办公室。

回家后她取得了父亲的支持，开始了艰苦的学习备考工作。这样在她提前几个月得到了高年级学校的合格证书后，就参加了大学考试并如愿以偿地收到了牛津大学萨默维尔学院的入学通知书。玛格丽特离开家乡到牛津大学去了。

上大学时，学校要求学五年的拉丁文课程。她凭着自己顽强的毅力和拼搏精神，硬是在一年内全部学完了，并取得了相当优异的考试成绩。其实，玛格丽特不光是学业上出类拔萃，她在体育、音乐、演讲及学校活动方面也颇赋才艺。所以，她所在学校的校长也这样评价她说："她无疑是我们建校以来最优秀的学生，她总是雄心勃勃，每件事情都做得很出色。"

四十多年以后，这个当年对人生理想孜孜以求的姑娘终于得偿所愿，成为英国乃至整个欧洲政坛上的一颗耀眼的明星，她就是连续四年当选保守党党魁，并于1979年成为英国第一位女首相，雄踞政坛长达11年之久，

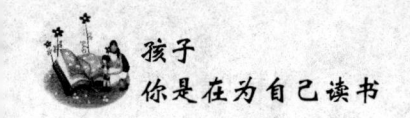

被世界政坛誉为"铁娘子"的玛格丽特·撒切尔夫人。

在这个世界上,想坐前排的人不少,真正能够坐在"前排"的却总是不多。许多人之所以不能坐到"前排",就是因为他们把"坐在前排"仅仅当成了一种人生理想,而没有采取具体行动;那些最终坐到"前排"的人之所以成功,是因为他们不但有理想,更重要的是他们把理想变成了行动。

一位哲人说过:无论做什么事情,你的态度决定你的高度。撒切尔夫人的父亲从小对孩子的教育给了我们深刻的启示:

"永远坐在前排",是一种敢为人先的胆气,勇于探索的勇气、争创一流的勇气;是一种不甘落后的气势,奋起直追的气概。在人生的漫漫长路上,每个人都要有永远争夺第一的精神状态,这样才能不断进步,达到你理想的事业高峰!"永远坐在前排",这是一种积极向上的人生态度,会激发你勇往直前的勇气以及争创一流的精神。

天下没有白吃的午餐,要想赢得人生的成功,从小就应该学会凡事做到最好。我们不论做何事,务须竭尽全力,这种心态的有无可以决定我们日后事业上的成功与失败。"永远都要坐前排",这无疑是孩子们取得成功要坚持的信念。

课本知识不是老土过时的内容

"都什么年代了,还要学那些早已经死亡了的古代字词,还有那些烦琐的几何公式的推理过程……那有什么用呢?完全用不着嘛,学点实用的还差不多!"

或许你有些瞧不起现在所受的教育。

和丰富快捷的网络相比,书本知识是那样的毫无生气,甚至老师的授课方式在你看来都是那样的中规中矩,充满程式化。

现在我们接受的教育就真的这么老土、没用吗?别忙着下定论。

你以为从前和以后的教育会有什么大的不同呢?

古希腊的学校课程在古代西方的影响最大。我们来看看公元前的古希腊。

第七章
漫卷诗书喜欲狂

古希腊的教育目的,重在文化陶冶,培养人的求知精神,其课程在智、体、德、美方面的配合,达到了极为和谐的程度。在理智方面,希腊人以"七艺"(文法、修辞、逻辑、算术、几何、天文、音乐)为基础;并且他们非常重视体育课程,把体育看作是纠正性格上优柔寡断和懦弱的方法,希腊的体育课程由跳、跑、角力、拳击、掷铁饼、投标枪等竞赛组成;还有道德教育和审美教育,戏剧的表演、诗歌的吟诵、舞蹈的动作,都充分表现了审美的元素,甚至游戏、运动和言语之间,也有节奏起伏、抑扬顿挫的讲究,用以培养学生细致、和谐的审美心情。

唐朝是我国历史上的鼎盛时期,那时的课程涵盖广泛,不但识字、制度、伦理道德、历史故事、诗歌词赋等都包括在内,农工商各行业的知识与生活技能,也逐步融入课程之中。

现在的美国学校实行的是地方分权制,各州小学教育的情况不完全相同,但多数是7岁入学。读、写、算,要占课程的80%,另外设有自然常识、史地、音乐、体育等课程,有的学校还设卫生、缝纫、烹饪等。读《圣经》仍是小学教育的内容之一。……

了解了这些,是不是可以发现,我们现在所接受的教育,其包含的课程几乎涵盖了每一门科学。语文、英语帮助我们更好地表达和交流,数学培养了我们缜密的逻辑推理,物理、化学、生物让我们打开自然科学的大门,体育强健我们的身体,音乐绘画开发我们的艺术细胞,哲学、政治、历史让我们理性和深刻……是不是已经包罗万象了呢?这些知识的学习让我们对世界和社会有了更为客观和全面的认识,在我们掌握了知识和技能的同时,也培养了我们的情趣,为我们今后的学习、工作打下了坚实的基础。

现在学校的课程内容一直在朝着优化和简化的方向进步,从而力求使我们能够更加快乐自主地完成学习。这也正是教育的根本。

一项学问,你学好了,它就为你服务,成为你一生的帮助,学得不好,就擦肩而过再也碰不到。你掌握的学问越多,你的帮手也就越多。

所以,不要看不起我们现在所接受的教育,它实际上几乎包罗了我们成长所需的各种元素。关键是学起来,为我所用!

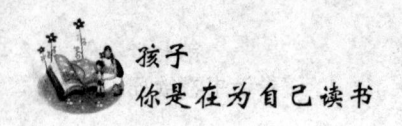

学松树抖落积雪的智慧，给自己减压

曾经有这样一个故事：

有一年冬天，一对婚姻濒临破裂而又不乏浪漫情调的加拿大夫妇准备做一次长途旅行，以期重新找回昔日的爱情。两人约定：如能找回爱情就继续在一起生活，否则就分手。当他们来到一个长满雪松的山谷时，下起了大雪，他们只好躲在帐篷里，看着大雪漫天飞舞。不经意间，他们发现，由于特殊的风向，山麓东坡的雪总比西坡的雪下得大而密，不一会儿，雪松上就落了厚厚的一层雪。然而，每当雪落到一定程度时，雪松那富有弹性的枝杈就会弯曲，使雪滑落下来。就这样，反复地积雪，反复地弯曲，反复地滑落。无论雪下得多大，雪松始终完好无损。其他的树则由于不能弯曲，很快就被压断了。

妻子似有所悟，对丈夫说："东坡肯定也长过其他的树，只不过由于不会弯曲而被大雪摧毁了。"丈夫点头。就在这时两人似乎同时恍然大悟，旋即以前的一切恩怨都成了过眼云烟。丈夫兴奋地说："我们揭开了一个谜——对于外界的压力，要尽可能去随；在随不了的时候，要像雪松一样弯曲一下。这样就不会被压垮。"一对浪漫的夫妇，通过一次特殊的旅行，不仅揭开了一个自然之谜，而且找到了一个人生的真谛。

细细地想一想，我们不就如同故事中的树木吗，而懂得给自己减压的人就是松树，如果不懂得减压，自然就像其他树木一样难逃折断的厄运。

"我一定要考上重点中学！"你一面给自己打气，一面又觉得倍感压抑，你的心里像敲起了战鼓，鼓点像暴雨中的雨点一样急促而有力，但是每一滴都狠狠地砸下来，让你有些承受不了了。

你给自己制订了学习计划，你每天严格地按照计划执行，只是随着时间的推移，你心里的那种压力越来越大，有时你甚至觉得有种透不过气来的感觉。

渐渐地，你吃不下饭，晚上总是很难入睡，即使入睡了也很容易被惊醒，你觉得浑身无力，走路像踩在棉花上。

渐渐地，不管是上课还是自习，你的精力都无法集中。

心里那种无形的压力愈加膨胀，像块巨石牢牢地控制住了你。

这样的事情在我们的身边比比皆是，这里说的其实就是压力。

压力是人的内心深处的一种情感体验，一定的压力会让人奋起，成为人行动的动力，但如果压力过大，那么对一个人的影响就非常严重了，曾经有一位教授这样说：压力的杀伤力比我们周遭环境中产生的任何事物都还要强大。

我们都知道，生活中充满了各种各样的压力，而且即使是最有智慧的人也无法将压力消灭。倘若我们不懂得如何给自己减压，那么终有一天终被压力压垮的。

所以，当压力不可避免时，如果你想在充满压力的环境下求得生存，并尽可能地保持轻松愉悦的心境，就需要拥有松树的智慧了。随着压力的增大，不断地给自己减压，最后逃离压力的暗影。

不要埋怨压力，重要的是改变你在充满压力的环境中时的境况，而这，唯有给自己减压。

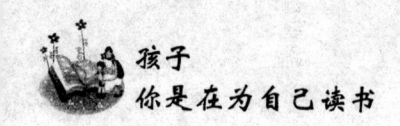

第八章　书当快意读易尽
——激发孩子的阅读兴趣

兴趣激发一切

爱因斯坦说过，兴趣是最好的老师。实验证明，一个人从事他感兴趣的事情，可以发挥智力潜能的80%以上，而做不感兴趣的事情，则只能发挥智力潜能的20%左右。同样，要让您的孩子"阅读"越想读，必须从培养孩子的阅读兴趣和阅读习惯着手。兴趣是一个人探究事物和从事活动的一种认识倾向。一个人对某事物感兴趣时就会对它产生特别的注意，对该事物观察敏锐、记忆牢固、思维活跃。兴趣可以使人沉醉，甚至达到废寝忘食的地步；兴趣可以引导人发掘自身潜力，甚至超越能力极限。

兴趣是阅读的第一推动力

兴趣是读书的第一推动力。心理学研究表明：读感兴趣的书，可以发挥智力潜能的80%以上；而不感兴趣时，则只能发挥智力潜能的20%左右。因此，激发和培养孩子的阅读兴趣，是孩子养成阅读习惯的第一前提。

孔子曾经说过："知之者不如好之者，好之者不如乐之者。"意思就是说："懂得学习的人不如爱好学习的人；爱好学习的人不如乐在其中的人。"可见，只有激发和培养对学习的浓厚兴趣，乐在其中，才能获得最好的学习效果。

实践证明：孩子在阅读活动中兴趣浓厚，注意力就高度集中，其求知欲就更强。"知之者不如好之者"就道出了兴趣与阅读的关系。当孩子充满乐趣地阅读时，无论环境多么困难艰苦，他都会感到快乐。正如诺贝尔物理学奖获得者丁肇中博士所说："要想成为一个杰出科学家，第一是要对科学感兴趣。"

阅读兴趣需要父母的引导

在孩子很小的时候，他们读到的都是故事片段，通常一口气就能读完。随着孩子日渐成熟，阅读的材料会越来越长，难度也越来越大，但只要孩子对一本书保持兴趣，照样能轻松读完。这听起来似乎很容易，其实不然，有时这需要父母的协助。

从念书给孩子听到孩子自主阅读，还是一个比较艰难的过程，并非每一位父母都能带孩子顺利走过。强制是不会产生出热爱的，必须使孩子从内心产生并表达出对阅读的浓浓感情。

欧美社会从18世纪以来就有一种传统：一家人晚饭后聚在灯下，彼此朗读一段文章给家人听。这种习惯，不仅可以分享知识，而且是维系家人感情的很好的方式。

然而在我国，许多家庭往往只是"生活的共同体"，除吃饭、睡觉外，很少去进行心灵的沟通，一起读读书的习惯正是弥补这个缺陷的最佳途径。

教子指南

并不是所有的孩子从小就喜欢读书。原因是多方面的，例如：许多家长会为足球赛加油，而不会和孩子一起读书；许多家庭拥有几台电视，却不一定会有书柜；孩子们喜欢收集篮球明星卡、邮票、豆子袋，却没有书籍；当他们聚到一起时，通常是听歌、看电视或玩游戏，阅读被视为落伍的活动，偶尔有一个爱读书的孩子也被说成是"书呆子"。

为了解决这个问题，父母唯有竭尽全力去挖掘孩子阅读的可能性。一个好办法就是在孩子还小的时候就为他创设良好的阅读环境和氛围，去激发孩子的阅读兴趣：

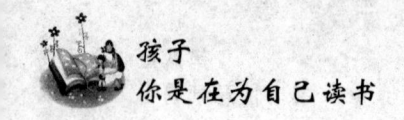

（1）幼儿：用游戏的方法。

对幼儿来说，阅读并非成人意义上的看、理解的思维过程，它更像一种游戏。因此，在培养幼儿的阅读兴趣时，要从幼儿的年龄特点出发把阅读的过程游戏化。

引导幼儿关注图书，让幼儿自己翻书，寻求答案，阅读内容。此外，还需准备大量可拆、可拼的图片、卡片及手工制作材料，便于幼儿能创造性地根据自己的意愿和能力自制图书。在阅读活动中，父母充分尊重幼儿的意愿，不指手画脚。父母最好充当听众或是孩子的伙伴，一起分析、讲述图片的内容与故事情节的发展，充分发挥孩子的自主性，从而提高幼儿的阅读兴趣。

（2）学龄前孩子：激发孩子的好奇心。

培养学龄前孩子的阅读兴趣，首先要使孩子自然而然地喜欢读书，而不能强迫。这一时期，孩子的好奇心很强，父母自己可以大声给孩子念书，以激发孩子的好奇心。还可以给孩子买一些趣味性比较强的读物。要为孩子认真挑选合适的书，帮助孩子理解书的内容。此外，每给孩子看一本书之前，最好自己先过目一下，除非孩子自己要求，否则不要鼓励孩子提前阅读高于他们年龄水平的读物。

（3）中小学生：尊重孩子的意愿。

对于上小学以及中学的孩子来说，就要充分尊重孩子的意愿，而不是强迫其读书或是不许其进行课外阅读。父母要舍得花钱为孩子买一些有益的课外读物。精心地为孩子选购一些适合孩子阅读的书籍，这将使孩子一生受益。

总之，兴趣是阅读能力的源泉，是影响孩子阅读自觉性、积极性和持久性的直接因素，更是创造性阅读的必要条件。一旦孩子有了对阅读的兴趣，他就会从"被动阅读"转为"主动阅读"，就是"我要读"，而不是老师、父母"要我读"了。他就会兴致勃勃，阅读的效果好，耗费的精力也少。无数家长成功的教子实践证明，以科学的方法培养孩子的阅读兴趣至关重要。

贴心提示：重视早期阅读

英国、日本及新加坡的科学家通过多年研究证实：早期阅读对提高儿童智商具有关键性的作用,儿童读书越早,智商越高。5、4、3岁开始阅读识字,智商可以分别达到:95、115、130。美国前总统克林顿拨款25亿美元用于提高美国幼儿的阅读能力,总统小布什也发布《早期阅读第一计划》,巩固前任成果。

培养孩子阅读兴趣从小做起

心理学家研究认为:4~6岁是学习书面语言的关键期,也是智力发展的关键期。因此,培养孩子的阅读兴趣越早越好,这不仅有助于儿童语言潜能的开发,也有助于儿童智力、创造思维的发展。教育家马卡连柯说:"教育的主要基础是五岁前奠定的,它占整个教育过程的90%。"早期阅读与智能开发

我们常常发现:在现实的生活中,有很多父母因为自己的孩子是"差生",请家教狂"补",请老师开"小灶",然而收效甚微,原因就在于没有从幼儿时期着手开发孩子的智力。孩子的智力如何得以开发?孩子的智商如何得以提高?孩子的思维能力如何得以发展?其实,最简单、最有效、最重要的方法就是早期阅读!

教育史上危害最大的错误认识,即阅读应当在孩子6岁以后进行。殊不知:识字晚——所有的潜能开发都要置后!识字少,导致阅读难、阅读晚,从而严重阻碍了学生思维和学习的发展,学习理解力差、思维能力差更使千百万孩子被称为"差生",也给他们今后的学习造成很大的障碍。

经过对小学生的研究证明,在小学前就学习阅读的孩子,他们的阅读程度和学习表现,比没有学习阅读的孩子要好,在学业中较容易成功。因此,孩子的阅读习惯最好是从小养成,也就是说让孩子开始阅读的年龄越小越好。

一般来说,3岁以前是让孩子建立阅读兴趣、习惯的关键期,幼教专家也建议孩子阅读要及早开始。如果此阶段的幼儿有充分阅读的机会,日后语文及认知能力的发展都会明显较未念书的孩子为高,且能培养专注力,有助日后稳定其个性。

也许会有许多父母认为,婴幼儿期的孩子理解能力低,给他读书也是

孩子
你是在为自己读书

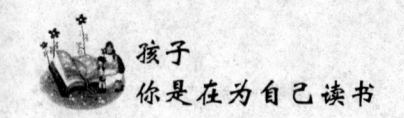

浪费时间。其实不是这样。当婴幼儿瞪大眼睛看父母念书时，看起来也许他们不完全懂，但只要他不哭闹，就证明他们的语言和理解能力在悄悄发生变化。

孩子两三个月大时，视觉发展尚未成熟，只能看到图像模糊的影子。到了1岁左右，已能看清图画书上的图像。之后，慢慢知道图像是什么，是猫、狗等。最后，孩子语言发展逐渐成熟后，知道物的声音、意思，且能将字汇组成句子，并懂得字句语法。经过这样的发展后，孩子才能懂得文字的含义，能自主阅读。

教子指南

3岁以前的幼儿，因为手眼协调度未成熟，大人可以拿大图片给他看，图片要清楚，字不要太多。父母可以一面重复事物的名称，一面把他抱在怀中，念给他听，增进亲子关系。

心理学家皮亚杰称这段时间为"具体操作期"。孩子尚未产生抽象思维，他的认知是来于实地操作和接触。图片上的苹果和真正的苹果可以同时拿给他看，让他舔、玩、摸，以形成稳固的具体认知能力。

随着孩子渐渐长大，父母在和他一起阅读时，可以告诉他书名、作者名称、出版者，讲述图片上的内容，和他共同讨论问题，培养孩子的观察力。

除了识字的书、图画书、图片故事书等，父母可以提供多方面的书籍，如自然科学、历史等，让他广泛地涉猎知识，不拘限于某种科目。教育心理学家凯洛博士说，家中有百科全书、杂志等课外读物，能使孩子学业进步、热爱吸收知识。

幼儿期是一生最重要的时期，是性格、智慧形成的基础。孩童具有强烈的好奇心，有如海绵一样，可以吸收超乎大人想象的知识。因此，父母一定要好好利用这一时期，培养孩子的阅读兴趣。这样，孩子长大以后，不用大人逼迫，也会自动阅读，所获的知识和学习表现自然比同龄人好。有研究表明：那些能终生学习、有阅读习惯的人，那些有大成就的人，大致上都是在幼儿期就养成了阅读习惯！

贴心提示：多给孩子讲故事

对很多孩子来说，一天中最美好的时光就是：讲故事时间。利用"讲故事"培养孩子对书籍的喜爱，会激发孩子的想象力，提高孩子的语言能力，这是对孩子终生有益的礼物。美国儿科医学会告诉我们，培养孩子对书籍的喜爱永远都不会太早；即使给才 6 个月大的婴儿每天讲故事，宝宝也会从中受益。

帮孩子抛弃"读书痛苦"的想法

读书是一种痛苦吗？有不少孩子认为：除小说、幽默作品和笑话等消遣书籍以外，大部分书都枯燥无味，有时简直就是咬紧牙关在读。为什么会有这样的体验呢？读书何以会痛苦？

孩子觉得痛苦，原因大致有以下几个：

（1）应试教育使考试压力太大。

一个孩子，每天都埋在书堆里、题海中，整天都在读各种各样的书籍，读书的压力非常之大，所以就形成了"读书痛苦"的想法，由讨厌教科书，进而也讨厌课外书。

（2）没有养成良好的读书习惯。

一个人，一旦养成了读书习惯，就会把读书视为一种自然而然的事，一种日常需要，这样就可以循序渐进地阅读，日久天长，进步越来越大，兴趣就会越来越浓，慢慢地就会一天不摸书，就觉得缺了点什么。而一个没有读书习惯的人，反而会觉得读书占用了玩耍时间，进而产生排斥感。

（3）没有找到适合自己的书籍。

每个人的喜好都不一样，有的孩子喜欢文学书，有的孩子喜欢科技方面的书。有时候父母强迫孩子读书；或者有的孩子缺乏主见，看别人读什么就自己读什么……这些都会造成所读的书不在自己的兴趣之内，慢慢地就会觉得烦。

（4）心态不对。

有些人读书的目的过于功利，例如，希望一下子就在同学当中变得出类拔萃，希望一下子就变得博学多闻等。于是，他们读了一本可以在同学们当中炫耀的书，或者书中所掌握的知识可以在同学当中大出风头，就会觉得高兴；反之，如果觉得没有达到这种目的，就觉得没意思。如何帮孩子摆脱"读书痛苦论"？

要让孩子对读书充满兴趣，首先就要让孩子对书有一个正确的认识，要让孩子明白读书其实和看电视一样，是快乐的事，并不痛苦。在当今的教育环境下，如何才能做到这一点呢？必须遵循以下几个原则：

（1）帮孩子发展稳定的兴趣。

首先通过观察发现孩子的兴趣，然后利用本书的方法进行培养，让孩子形成稳定的兴趣，养成良好的阅读习惯。

（2）不要强制孩子。

在孩子小的时候，尽量顺应孩子自己的兴趣，让孩子读自己爱读的书，只要不是内容中有不健康的、少儿不宜的因素，父母就不要干涉。不要强迫孩子读他们不爱读的书。

（3）给孩子足够的空余时间。

对于幼儿和中小学生来说，父母给孩子的学习压力不要太大，让孩子看书时也不要有过强的功利性。要让孩子每天都保持轻松愉快的心情，给孩子足够的空余时间。

（4）多鼓励和赞美孩子。

父母自己首先要端正心态，要抛弃"课外书是闲书，没有意义"的错误观念，对于孩子的课外阅读，也应给予重视。很多父母在孩子取得好的学习成绩时会赞扬，但对于孩子的课外阅读却毫无鼓励的意思，这样自然会让孩子觉得"读课外书没意思"。

（5）制定合理的读书目标。

没有目标的读书，就好比没有方向的夜航，很容易迷失方向。没有目标，孩子就会急于求成或缺乏成就感。所以一定要为孩子制定一个读书目标，既不要太高，也不宜太低。目标分为短期、中期和长期。每完成一个目标，就和孩子一起回顾一下收获，这样，孩子就会去审视读书的意义所在。

总之，书是人类智慧的源泉，以书为伴的人生，是充实的、快乐的。每个做父母的，都应该从小就帮助孩子从书本中获得快乐，形成浓厚的阅读兴趣,这将使孩子一生都受益无穷。

贴心提示:父母自己摆正心态

父母应自己先摆正心态,在读书上具备长远的眼光。这样,父母的观念和态度就会渗透给孩子,使孩子也形成正确的认识。可以想象:一个眼中只知道赚钱、只有利益、心中只有索取的父母,对读书的认识肯定也极其功利,如果从小就让孩子受到这样的熏陶,孩子自然会觉得读书没意思。

所以父母在培养孩子的问题上,一定要着眼长远,要让孩子形成远大的理想,而不可过早地将一些世俗的想法和庸俗的观念传授予孩子。

从"让孩子成功"着手

我们知道,读书,特别是认认真真地读书,并不是一件轻松的事情;我们又知道,读书,特别是读一本好书,会激发人莫大的愉悦感。

鼓励孩子,让孩子体验成功

每个孩子都喜欢成功,也需要成功。成功所带来的愉悦是其他任何东西不能比拟的。儿童在成功中体验着自我力量得到实现的快乐,自信心得到极大增强。因此,培养孩子的阅读兴趣,可以有意识地从"让孩子成功"着手。

专家研究表明:无论是大人还是孩子,受到鼓励后发挥的能力是没有受到鼓励的3~4倍。所以,在培养孩子读书习惯的过程中,无论是多么小的进步,都要不断地鼓励他们,让他们获得强烈的自信心。从最简单的书读起

叫小孩子做的事情不要太难,若太难,就不能有所成就;若没有成就,小孩子或者要灰心而下次不肯再做了。

让小孩子读书,就要从容易的书读起。一本书,即使内容再有意思,但如果书中语言表述很复杂,孩子也会看不下去。

而且,对于词汇量有限的孩子来说,他们很喜欢玩"语言推测游戏",

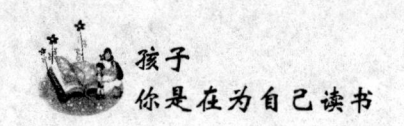

这会使他们感到无穷的乐趣。但是这种乐趣只会出现在孩子们所认识的词汇中。如果一本书中的生词太多，孩子如读天书，根本就无从推测，就没有成就感，也就没有兴趣再看下去。

当然，倘若书太简单，孩子根本就不需要推测，也会觉得没意思。例如，让上初二的孩子来读小学三年级的书，就会觉得索然无味。

专家提示：孩子最感兴趣的语言推测游戏是在词汇量达到全书75%的时候，符合这个条件的书就是最适合孩子的书。

教子指南

让孩子体验成功的方法有很多，例如：

鼓励孩子在家人以及亲戚朋友面前朗读诗歌、讲故事等。不定期地举办"朗诵会"、"故事会"等，父母和其他观众在听孩子朗诵时都要尽量地专注和热情，并给予孩子赞美和肯定。

当孩子读完一本书后，父母可为他举办一个"读书成果报告会"，让孩子复述书中的故事、谈读书的体会等。

激发孩子创作的欲望。为他准备一个本子，让孩子将自己讲的故事、精彩的句子以及各种各样的奇思妙想记录下来，然后为它们配上插图，做成一本孩子自己的书。

鼓励孩子写信，让他交几个笔友。

鼓励孩子记日记，记录一天的观察感受，展开想象的翅膀。久而久之，使孩子将写日记当作是每天的必修课。

这样的方式还可以找出许多许多种，只要父母多给孩子创造机会，孩子就会在阅读中体会到无穷的乐趣，就能够更好地成长。

贴心提示：父母要注意的问题

培养孩子的阅读兴趣，要让孩子从容易的书读起。这当中也要注意下面几个问题：

（1）打开一本书，数一下里面的生词。如果生词超过30%，就表示这本书不适合这个年龄段的孩子读，不妨往后放一放。

（2）专业术语多的书是难度比较大的书，此类书慎给孩子看。

（3）虽然图画书比较容易读，孩子也喜欢，但孩子从中能掌握的词汇量少，不利于孩子的进步，因而随着孩子年龄的增大，要逐步减少图画书的比例。

（4）即使孩子自己选择的书看上去很浅显，也不要对孩子抱以失望的眼光，更不要嘲笑孩子。如果孩子的阅读能力较差，不妨用"真是本好书，妈妈也读过"之类的话来鼓励孩子。

投其所好

任何一个家长在培养孩子的阅读兴趣之前，都要先明确一个观念：你培养的是孩子的兴趣，而不应该是自己的兴趣。

但是，中国的许多家长，是从来不考虑这个问题的。他们往往把自己的兴趣强加给孩子，把自己的喜好强加给孩子，把自己的意愿强加给孩子。至于孩子是怎么想的，孩子有什么感觉，他们根本不考虑。用理论性的术语来说，就是忽略主体意识的培养。这种做法，不仅伤害了孩子，也伤害了自己。

尊重孩子的兴趣

孩子能否早日成才，关键在于父母能否早日发现孩子的兴趣所在，并能引导孩子的兴趣稳定地发展。应鼓励孩子培养广泛的兴趣爱好，平时多参加一些学校组织的课外活动或社会实践活动，这对疏导、缓解孩子的心理压力是大有好处的。

有些父母望子成龙心切，总是强迫孩子去学这个、学那个，结果事与愿违。正确的做法应该是尊重孩子的意愿，根据他们的兴趣及特长进行培养。

为孩子选书要投其所好

为孩子选择书籍，一定要投其所好。挑选孩子所喜闻乐见的经典故事应该作为首选，如《西游记》《哪吒闹海》等。

对于上小学和中学的孩子，要尊重和珍视他们的阅读心理和阅读个性，给他们权力，让他们自己去选择喜爱的书籍，而不是硬性规定。

有的孩子多愁善感，他们可能会偏爱那些感伤婉约的诗词散文；有的

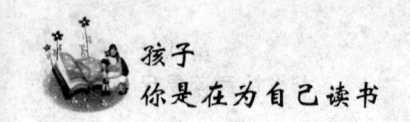

孩子则粗放坚强，他们可能会更喜欢那些情节紧张激烈的传奇武侠；有的孩子长于思考，他们可能会侧重杂文随笔；有的孩子抱负远大，他们可能就会去注意那些能给人引路作用的名人传记……了解孩子的兴趣所在，投其所好地为孩子选择书籍，孩子会体验到无穷的乐趣。

总之，书是人类的精神养料，书带给我们感动，使我们发现自身的美丽。体会人生的快乐莫过于阅读，家长不能够剥夺孩子终身读书的幸福！要让孩子养成终身阅读的习惯，最根本的就是要从一开始就尊重孩子的意愿，使他们形成稳定的兴趣。

贴心提示：先广再专

了解孩子的阅读兴趣，其实是件比较容易的事。父母应该明确：任何一个孩子都不可能把所有的书都看完，做到任何一个领域的知识都比较全面。孩子肯定会更偏向于阅读某一类的书，这就是孩子的兴趣偏向，这并没有什么不好。在孩子小的时候，父母给孩子所看的书的种类应尽量齐全，然后慢慢去发觉孩子更喜欢读哪一类的书，然后再重点培养。

从漂亮的书开始

俗话说得好："爱美之心，人皆有之。"漂亮的书对孩子有着莫名的吸引力，培养孩子的读书兴趣，要从漂亮的书开始。

孩子都爱漂亮的书

一本封面漂亮、设计有品位的书，不仅孩子看了会喜欢，就连大人都忍不住想拿起来翻一翻。买书时，我们往往最容易被那些封面漂亮的书所吸引，还想把这本书作为礼物送给别人。

一本看起来破破烂烂，看起来比较脏的书，即使内容再好，也会让人没兴趣读下去。对成年人来说如此，对孩子来说更是如此。无论这种倾向是对还是不对，我们都必须承认：这是人的一种心理倾向，我们都更喜欢读新书和漂亮的书。

当心"美丽陷阱"

漂亮的书对儿童来说有着神奇的魔力，然而，现在的儿童图书也存在以下几个问题：

（1）和内容相比，一些儿童图书更注意吸引儿童和父母眼球的装帧：强烈的亮色、符合孩子审美特征的卡通画、适合孩子年龄特点的版式、精美的彩页……这样的书似乎更能吸引孩子的眼球，吵着要父母买。甚至会让父母产生误会：孩子更喜欢幼稚的东西，不喜欢高品位的书。

实际上，比起浓重的亮色，孩子的注意力一般在柔和的复合色上停留的时间更长。而且，在实际读书过程中，孩子更喜欢看内容引人入胜的书。一个花哨却毫无内容的书，孩子可能翻几下就不想再看；但那些情节有趣的书，孩子可能会一遍又一遍地看。

（2）现在的书是越做越大，几乎不考虑孩子的体格特征。有的书居然大到和孩子的头差不多，这样的书自然会给孩子带来压迫感。一放到孩子面前，就会使孩子受到书的威胁，对书没有亲和力，不想看下去。

（3）现在的出版商越来越注重包装，有些装帧精美、标题诱人的书，制作却极其粗糙，语言并不适合孩子阅读，甚至还有错别字，对于尚处在求知阶段的儿童来说，这样的书是有害的。

真正漂亮的书

真正漂亮的书，是不仅能征服孩子，也能征服父母的书；是具有美丽的颜色，同时又能让孩子的眼睛长时间停留在上面的书；是金玉在外，内容也充实的书……这样的书才会把孩子带入读书的快乐之中。

以下是漂亮的书的几个标准：

（1）封面漂亮的书。

（2）不算很大，但是却很精致的书。

（3）如果是图画书，那么最好是人物表情善良、可爱的书。

（4）更多使用柔和的复合色的书。

（5）内容不生涩的书。

（6）纸张不太白，不刺眼的书。

与大人相比，孩子更加感性，对于他们来说，喜欢就是喜欢，不喜欢就是不喜欢。所以，父母还是顺应孩子的天性，给孩子买一些既有内容又包装漂亮的书吧，这样才能引起孩子的读书兴趣。

贴心提示：既重外表，又重内在

孩子
你是在为自己读书

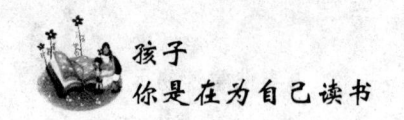

在为孩子买漂亮的书的同时，也要注意书的内容，最少父母先看一遍。有些包装漂亮却内容乏味的书，买给孩子看了，孩子反而会对书产生不好的印象，从而讨厌读书。所以父母必须和孩子定好规矩：一本书，必须是孩子和父母都认同，才可以买回家。同时，父母在满足孩子追求美的欲望的同时，也要逐渐向孩子传输注重内涵的观念。

从10分钟可读完的小故事开始

对于儿童来说，他们注意力持续的时间是有限的，10分钟是所有儿童可以集中精神的极限。超过10分钟的话，孩子就会走神，甚至产生厌倦情绪。所以说，培养孩子的阅读兴趣之初，先要选择那些10分钟之内就可以读完的小故事。

读书，10分钟可读完的小故事最有效

韩国教育开发院的一项调查显示：10分钟内就能读完的精悍短小的故事，对孩子来说是最好的，这主要是因为10分钟内就会得到结局。而那些10分钟之内无法读完，根本没法看到结局、情节比较冗长拖沓的故事，孩子读起来，快乐感和成就感都会减少，会没兴趣读下去。原因何在？

孩子为什么喜欢看短小的故事？原因主要有二：

1. 这些故事虽然短小，但都是有结局的，能够让孩子集中注意力很快看完一篇完整的故事，这能带给孩子成就感及坚持到底的乐趣。而且，孩子大都有很强的好奇心，追求故事情节和结局，对他们来说是最有吸引力的事。

2. 孩子的记忆力有限，如果故事过于冗长，孩子就会看到后面忘了前面，还得不停地往回看，读起来就会觉得没劲。

怎样选择10分钟可以读完的好故事我们提倡让孩子读10分钟可以读完的小故事，不仅是为了尊重孩子的年龄特点，使之取得良好的效果，也是为了使孩子获得更多的知识，得到更多的启迪。10分钟是保证孩子阅读效率的黄金时间，所以不仅要给孩子看小故事，更要给孩子看"好故事"。一般说来，好故事符合以下几个标准：

（1）短小但寓意深刻的童话，最好是经典童话。

（2）情节引人入胜，并能一环扣一环，引起孩子思考和推测的童话。

（3）情感真挚感人，能让孩子迅速融入其中，并内心深受打动的故事。

（4）结局完美的童话和故事。对于小孩子来说，不要给他们看阴郁、悲伤的东西。

（5）有聪明、有魅力的主人公的故事，主人公人物形象饱满的故事。

（6）结尾有简单提问的故事，意犹未尽的故事（但一定要有结局）。

（7）富有经典名言和人生哲理，可以引发孩子思考的故事。

总之，让孩子读书，首先父母要做大量的工作。赶快翻翻书柜，替孩子选出一些适合 10 分钟精读的故事吧！

贴心提示：故事不在长，在于内涵

10 分钟可以读完的故事是针对稍大一点的孩子（如 5～7 岁）而言的，对于更小的孩子（如 5 岁以下）来说，时间可以缩短为 5 分钟、3 分钟等等。故事不在于长，关键是有意思、有内涵，能让孩子喜欢，又能从中收获一些道理或知识。

从"味道好"的书开始

就和我们都爱吃味道好的菜一样，让孩子爱上读书，也要从"味道好"的书开始。著名教育学家卡尔·威特说："孩子爱吃的食物就是最好的食物。"同样，"味道好"的书，也就是指符合孩子口味的书。那么，哪些书对孩子来说是"味道好"的书呢？下面为你列举几类。

NO·1：主人公有魅力的书

儿童和少年时期，是寻找榜样的时期。孩子们从以父母为榜样，到以书中的主人公为榜样，这是孩子的视野在扩大，思维在进步的体现。

这一时期，孩子寻求榜样的心理急切。因而，主人公有魅力的书，不仅可以使孩子将自己想象为故事中的主人公，获得莫大的成就感与快乐感，还可以使孩子受到榜样的教育，完善自己，可谓是"一箭双雕"。

伟大的文学作品意味着创造伟大的主人公。变形金刚、孙悟空、奥特曼、忍者神龟、哈里·波特……这些动画、书籍和电影之所以能风靡中国甚至全世界，主要就在于它们塑造了上述让孩子崇拜的主人公。不仅如此，这些"榜样"的年龄大都和孩子差不多，是孩子可以模仿的，因而会

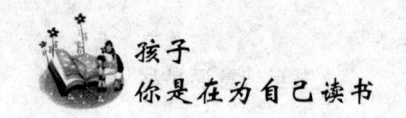

引起孩子极大的阅读和观赏热情。孩子在阅读这些书时，也在感受、体验着主人公那富有魅力的性格、传奇的经历和丰富的人生，就会产生越读越想读的心理。

相反，平凡的容貌、普通的性格、暗淡的将来——这样的主人公是难以引起孩子的兴趣的。所以说，如果一本书中没有有魅力的主人公登场，就不要推荐给孩子看。否则不仅难以吸引孩子，还会引起孩子的反感。

那么，哪些主人公是对孩子有吸引力的呢？主要是以下几种：

（1）处在特殊环境中的孩子，例如王子、公主、孤儿等。

（2）拥有特殊容貌（特别美丽或特别丑陋）的孩子。

（3）经历奇特，富有传奇色彩的孩子。

（4）有远大理想的孩子。

（5）有特殊本领或特异功能的孩子。

（6）结果美好、前途辉煌的孩子。

（7）正直、诚实、勇敢、谦虚、有力量的孩子。NO·2：开头有悬念的书

儿童读书完全是为了快乐，即使是独裁者也没办法让孩子看没意思的书。所以说，给孩子看的书，应该有暗示性和悬念性的开头。实际上，那些让孩子爱读的名著，其一个共同的特点就是开头都富有悬念。

优秀的书籍应具有以下几个特点：

（1）一开始就要抓住孩子的心，吸引孩子看下去。即使一个情节冲突，也能由此引发出许多相关的故事，越读越精彩。

（2）开头比较有意思，使人感到惊奇有趣（不包括那些玩笑或恐怖的东西）。

（3）开头简洁。所谓"龙头凤尾"就是这个意思，开头一定要简洁且有内涵，又臭又长的开头是文章的大忌，这样的书当然不能给孩子看。

（4）开放式的结尾。历史上的名著，大多数都是开放式的结尾。"大团圆"的封闭式结局会降低人的想象空间，减少书的余味。

给孩子所看的书，不妨自己先看一看。如果这本书不能在三分钟内吸引你的兴趣，那么就不要给孩子看。

NO·3：结局快乐美满的书

人为什么要读书呢？更多的是为了从中获得乐趣和希望，对孩子来说

更是如此。最好让孩子从读那些充满希望的书开始。幸福的童话故事会使孩子一整天的心情都变得畅快，这种畅快感会激发出快乐的荷尔蒙，使孩子越读兴趣越盎然。

相反，那些不幸、悲伤的书籍却会给孩子的心带来阴霾。需要指出的是，一些经典的儿童文学也存在这种缺陷。比如说《伊索寓言》，在这本书中：老虎掉进了坑里、懒惰的牛被拉进了屠宰场、说谎的孩子被狼吃掉了，没有任何希望，也没有忏悔的机会。这种毫无希望的结局，会限制孩子的思维。如果总读这样的书，会让孩子养成阴郁、悲观的性格。在孩子小的时候，这样的书尽量不要给孩子看。

具有快乐结局的书主要包括：

（1）主人公通过努力和奋斗获得成功的书籍。必须指出的是，成功的途径必须是正当的。问题偶然得到解决或投机取巧的不算。

（2）伟人的儿时故事。

（3）具有快乐结局和积极意义的童话，如《安徒生童话》、《格林童话》等。

NO·4：读者参与成分多的书

我们在读那些有内涵的书时，往往花的时间更长。主要原因就在于那些句子意味深远，需要多品味。也许你会说："这样的书孩子读起来会觉得累。"

其实不然，所谓读书，就是根据作者的语言表达推测、想象出作者没有表达出来的东西，推测下一步将要发生的事情。孩子其实很喜欢玩这种"语言推测游戏"，从中他们可以感到无穷的乐趣。

请比较下面两个句子：

——小林总是穿着一条短半截的裤子在树林间溜达。

——小林生活贫困、很节俭，却性格乐观。

很显然，第一句话容易给孩子留下想象空间，因为通过第一句话，孩子可以想象出小林的性格和家庭情况，句子富有弹性，而第二句话把一切都说明了，孩子就不会参与其中，进行思考，兴趣也会降低。

优秀的作品，其特别之处，就是语言富有弹性，韵味深长，可以留给读者广泛的想象空间，让读者能参与其中，从而获得成就感。

这些句子是读者参与成分多的句子：

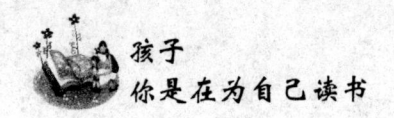

(1) 用象征、比喻来表现的句子，例如："老师的嗓门大得和钟似的。"这样的句子既比较有意思，也容易引起孩子的想象。

(2) 有意境的句子，比如用排比、类比等方式对某一个场景做描述的句子。

(3) 词语比较活泼的句子。

总之，父母不要小看孩子的想象力。给孩子买书，要多买那些有文采、有余味的书，要让孩子能参与其中，发挥自己的能动性。

贴心提示："味道好"的书籍

除了上面所提到的这些，以下书籍也是"味道好"的书籍：
(1) 含有因果报应内容的作品。
(2) 内容有关苦尽甘来的作品。
(3) 情节曲折的作品。
(4) 由起因、经过、危机出现、达到顶点、危机解决等五部分组成的作品。

父母读书给孩子听

每天大声读书给孩子听，是激发孩子阅读兴趣的核心的、最重要的方法，通常也是阅读技能指导的最有效的方法。这种方法适合从学龄前到初二年级的孩子。给幼儿读书有用吗？

也有不少爸爸妈妈，从孩子1、2岁时就开始进行这样的亲子阅读活动。不少父母也经常会感到困惑：孩子在整个过程中，东摸摸，西看看，一会儿走到这儿，一会儿又坐到那里，"孩子真的在听我读书吗？"

美国的心理学者们曾做过这样一个有趣的实验：他们请33位怀孕的准妈妈给未出生的孩子背诵童话故事，每个人背诵不同的段落。这项实验从孩子临产前6周开始，每天背诵三次。在孩子出生的52小时后，再次给他们读相关的故事，然后根据初生婴儿吸奶的速度来判断他们的反应。学者们发现每个孩子在听到那些"熟悉"的段落时，明显表现出特殊的兴趣。

霍普金斯大学的研究者们则对已出生的婴儿做过另一项实验。他们请

50个拥有8个月大的孩子的父母进行配合，在两个星期内为孩子播放10次录音故事。不同的孩子可能听到不同的声音、不同的故事，故事中都包含了几组常用的词语。两个星期后，发现这些婴儿对曾经听过的词语表现出更大的耐心和兴趣。

这两个实验充分说明"替孩子朗读"的魔力。不过，为孩子大声读书，目的并不是为了培养什么天才儿童。每个孩子都具备这样的能力，我们只需要为他们搭建一个桥梁，让他们非常自然地、饶有趣味地走入这个用图书承载知识的世界。

给孩子读书要有耐心

当你读书给孩子听的时候，孩子可能会试着把书从你手中夺走，或者在房间里走来走去进行"探险"活动。但是没关系，你可以继续自己的阅读，而且每天坚持。专家建议：至少每天为孩子大声朗读20分钟以上。

当你准备给孩子阅读时，最好给孩子一本书随便他折腾。最好你能记住所读的大部分内容，这样，即使书被他夺走，你依然可以继续你的阅读。

或许，你会有些沮丧：宝宝在身旁转来转去，似乎根本不关心你的阅读，你的声音。但实际上，他已经不自主地听进了你读的内容。

需要提醒的是：刚学会走路的孩子，常常会兴致勃勃地到处冲来冲去；刚学会说话的孩子，往往会一时不歇地念叨个不停；精力特别充沛的孩子，更是一刻也停不住。所以无论你怎么读，要想让一两岁的孩子坐下来安安静静地听，都是件很不容易的事。所以你需要更多技巧，如选择合适的时间、合适的环境、合适的读物、能够吸引孩子注意力的朗读方法，控制亲子阅读的时间长度（一次不宜过长），而且还需要一份持之以恒的耐心。

需要注意的问题

一般来说，对孩子进行大声朗读时需要注意几点：

（1）家庭朗读的形式可以灵活多样。下面仅举几个例子作为参考。

长篇连载式：选择一部全家人都很喜欢的文学作品，每天晚上抽出一定的时间一同朗读它。作品应当轻松、通俗、感情丰富，幽默文学，类似《哈克贝利·费恩历险记》。

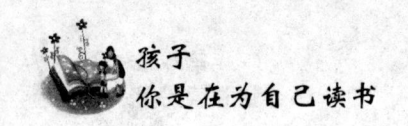

互相竞赛式：每位家庭成员朗诵一篇文章，然后由其他成员就朗诵者的声音、节奏、表现力等进行评分。

分角色朗读：全家人共同朗诵一篇作品，每个人担任一个或几个角色。朗读时，要努力把握角色的思想感情。

（2）教孩子运用普通话进行朗读，这是朗读的音质条件。普通话是中华民族共同的标准语言，是规范的有声语言，所以朗读必须运用普通

话。普通话越标准、越纯正，朗读效果就越好。

（3）要启发孩子读出作品的节奏。文学作品是语言的艺术，朗读时要做到节奏明快、声调铿锵、速度合适。一般来说，表示兴奋、激动、愤怒情绪时，声音要高昂、响亮，速度要快些。表示沉痛、失望的感情时，声音要低沉，速度要慢些。

（4）读准字音和注意重音也很重要。

大声为孩子读书，无论对孩子还是大人，都可以是非常有趣的活动。只要用心琢磨，定能使它成为日常生活中最精彩的节目之一。

贴心提示：能够令孩子着迷的读书方法

（1）用稍大的声音慢慢读。

（2）语气抑扬顿挫，最好模仿书中人物的语气读，读的过程要体现出人物的性格和情节的跌宕起伏。

（3）最好在下雨或孩子打瞌睡、烦躁的时候读。

（4）在读到故事高潮时停顿一下，留给孩子想象的时间，并对孩子的想象给予表扬，孩子会更高兴。

（5）读书过程中，经常看看孩子，对孩子的反应给予鼓励，对他们投以关爱的眼神。

以表演故事的方式读书

有人说："世界上一等的美女只有在书中才能找到。"的确，文字给人以无限的想象空间，在阅读的过程中，我们会在脑海中勾勒出一幅幅画

面，甚至还会在阅读之中进入角色，感同身受。

文字的神奇魅力也赋予亲子阅读更多的趣味性，你不妨好好利用书本，和孩子一起玩出很多花样。这样，枯燥的阅读就会变得趣味无穷，定能激发孩子的兴趣。

虽然每个孩子都有个性上的差异，例如：有的爱表现，有的就比较害羞，但在家里进行故事表演的方式，大多数孩子都会喜欢，可以让孩子全心放松，并感到无穷的乐趣。并且，爸爸妈妈的参与表演，也会大大提高孩子的积极性。家庭表演故事是"活泼阅读"的首选形式。

在表演故事之前，父母可以用一本图文并茂的故事书来吸引孩子。父母声情并茂的朗读是激发孩子表现欲的第一步，孩子们都是善于模仿的小天才，因此父母在表演时，语速要慢，表情要丰富，便于孩子受到故事的气氛感染而进入状态，并且自主地模仿。

一旦孩子表示出参与欲望，父母就可以积极地鼓励他加入表演，无论孩子的理解水平、语言表达水平和表演能力如何，父母都应让他担当主角，进而使他爱上表演，爱上阅读。

有一位母亲讲述了她的经验：

我在拿到一本《童话大王》时，我自己整整读了三遍，有的能够背熟，其实那些小故事很有趣，我也被吸引了。

当我先给孩子讲《狮子和蚊子》的故事时，我绘声绘色，运用夸张的表情、形象生动的语言，并配合手势，在孩子面前展示出了一个蚊子向狮子挑战的场景。

我的女儿听得如痴如醉。随着情节的发展，女儿时而皱紧眉头，时而点点头，她已经完全融入故事中去了。

在讲到一半时，我停下来，女儿着急了，非要继续讲下去。这时，我拿出《童话大王》告诉她：这个故事就在这本书中，想不想读？女儿着急地点点头。

由于幼儿识字不多，他对图书的喜爱程度深受成人的影响，因此父母在给孩子读书表演时，一定要全神贯注、声情并茂、自然轻松地读，这样孩子才会受到感染。

而对于大点的孩子，父母则可以和孩子一起阅读，一起分角色表演，以增进孩子的理解，引起孩子的阅读兴趣。

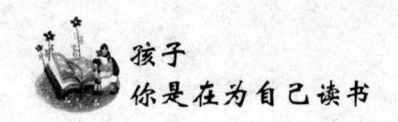

贴心提示：表演的注意事项

对于已经上学的孩子，家长可以为孩子买一些内容活泼、字迹大一些的书。孩子容易被书中的大字或活泼的内容所吸引，读书的时间会更长一些。

让孩子表演故事时，应该先调动孩子的积极性，使之在一种轻松愉悦的氛围中进行，倘若将此当作一种任务，就没意思了。如今科技更发达，对于孩子的表演，父母还可以用DV等拍下来，过段时间再播给孩子看，孩子就会从中看到自己在语言表达能力及思维能力方面的进步，就会更加兴致十足。

陪伴阅读

孩子天生喜欢与大人一起，和父母一起读书，对于孩子来说是一种莫大的喜悦。陪伴阅读的方式有很多，下面为你介绍几种：

父母给孩子讲故事

每个孩子都爱听故事，父母给孩子讲故事，是把不识字的儿童、对文字不感兴趣的孩子以及对阅读没兴趣的孩子领进书的海洋的一个好办法。

听故事是一个引子，最终的目的是让孩子可以自觉拿起书本找寻书中的乐趣。所以父母不能在毫无准备的情况下信口开河乱讲故事。

小宇每星期六晚上都有一段"欢乐时光"。这个时间，爸爸妈妈会放下手上的工作，即使在外面也会赶着回家来参加这个聚会。

"欢乐时光"的内容是由爸爸妈妈各自讲一个故事。一般爸爸妈妈讲的是童话或寓言。后来，小宇对故事的渴望越来越强烈，开始等不到星期六晚上了，于是爸爸又为他安排了一个图书馆时间——在星期天带他到图书馆看书，而爸爸则在一边看自己的书。父子俩一起看书，小宇觉得特别高兴。

又过了一段时间，爸爸开始要求小宇讲故事给他们听。为了要给爸爸妈妈讲些好故事，小宇很用心地去准备。刚开始时小宇还有点害羞，在爸爸和妈妈的鼓励下，他也只照着读一读。爸爸妈妈连声称好，说他讲得不错，他开心极了。

从此以后，他更努力去图书馆找故事讲给爸爸妈妈听。也正因为如此，小宇发现了故事以外更广阔的知识天地。

由此看来，陪伴孩子一起阅读，和孩子之间互相讲故事，还可以训练孩子的表达能力、使孩子建立自信心和促进亲子关系。

给孩子讲故事时，要注意下面几个问题：

（1）最好是故事框架简单、富有启示的故事。

（2）最好是有明显高潮情节的故事。

（3）高潮之后的情节尽量少一点，因为在故事的高潮过后，孩子会没兴趣听下去。

（4）给高年级孩子讲故事最好有性格、环境等描写的语句。

（5）不要在讲一个故事时插入其他的故事。

（6）不要担心孩子水平不够而对情节做说明，那会抑制孩子的想象力。

（7）不要在讲完故事后立即让孩子说感想，那会让孩子愉快的心情顿时变得沉重。

分享读书感受

陪伴阅读时，还可以采取分享感受的方法，也能激发孩子阅读的兴趣。

采用这种方法还需要有一定的策略，在阅读前、阅读中和阅读后都需采用不同的方法。

阅读前，爸爸妈妈可以先摆摆"噱头"，激发孩子听故事的好奇心："今天，妈妈要给你讲个非常好听的故事哦！故事里有一个很有趣的小朋友，他要跟你做朋友呢！"

阅读中，父母与孩子共同阅读，一边阅读一边交流各自的感受。例如："妈妈最讨厌大灰狼了，你认为呢？"也可以让孩子猜猜，故事书的后一页即将发生什么事了，等孩子给出几个猜想后，把书翻过一面，看看猜对了没有，再继续往下讲。

有时，爸爸妈妈也可以跟孩子交流截然相反的意见，激起孩子的好胜

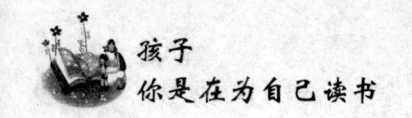

心,与此同时,孩子听故事、看书的兴趣也会大大增加。

对于上小学或中学的孩子,父母要经常与孩子在一起交流读书的方法和心得,鼓励孩子把书中的故事情节或具体内容复述出来,把自己的看法和观点讲出来,然后大家一起分析、讨论。

总之,那些具有浓厚文学阅读兴趣的孩子,身后都有一个能经常性开展读书活动的家庭。全家人一起读书,这是培养孩子阅读兴趣的最好途径。

贴心提示:陪伴阅读的注意事项

(1)为了培养孩子的阅读习惯,父母最好每周留出一个固定的时间,供全家阅读。父母要以身作则,坚持下去。倘若临时有事,要向孩子道歉并说明原因。

(2)陪伴孩子阅读时,一方面要顺应孩子的兴趣和思维,多鼓励孩子,另一方面要启发孩子,但启发也要注意技巧,不要让孩子感觉是在考试。

(3)培养阅读时,要通过各种途径了解孩子的感受,让孩子说出自己的困惑。

读万卷书,行万里路

"诗圣"杜甫说过:读万卷书,行万里路。它告诉我们:只有将书本知识与社会实践知识相结合,才能获得真知。不仅如此,这还是一种延伸孩子阅读兴趣的重要手段。父母应在孩子阅读的同时,多带孩子到处走走,让孩子有机会在实际生活里看到书本中的情形,让孩子发展多方面的兴趣,然后让书本支持这些兴趣,又因这些兴趣激励孩子阅读有关的书,如此相辅相成,便可一举两得。

如何让孩子活学活用、读以致用呢?父母可以从以下几个方面着手:

让书本和实物相结合

当孩子阅读了有关植物的书之后,可以带他到植物园去,那么当他看到高大的白杨树时,他可能会把书中关于白杨树的描述,或关于白杨树的介绍，说给你听。在他洋洋得意的叙述中，又能得到你的赞赏，势必会更激励他做更进一步的研究，去阅读更多关于植物的书籍。鼓励孩子动手

家里不论买了什么新的产品，父母都可以和孩子一起看说明书，一起学习操作。

不论做什么事，都可以和孩子一起进行，让孩子把从书本里学到的知识运用出来，这样，孩子不但会得到鼓励，也会明白读书的用处。当他知道书本是生活的源泉，会源源不断地供应他的需求，那么他就会不停地钻研下去。

延伸孩子的阅读兴趣，最自然的方法就是让他多看多做，引发他的好奇心；再供应他书面的资料，满足他的好奇心。

外出旅行

外出旅行是接触多彩多姿世界的好机会。

如果你住在城里，那么到动物园去走一遭是最理想的。动物园里可以经历的事很多，想想看：你的孩子第一次跟老虎打照面，会是什么情景。然后，把自己了解的老虎的知识说给他听，或是一起念念栅栏外的简介。

经常这样做的话，日后你们每走到下一个栅栏之前，孩子对这种动物的知识已经大为增加，他的好奇心也被激起，说不定一回到家里就要找有关的书来读了。

动物园以外，都市里还有各式各样的图书馆、公园和专为儿童办的活动。不论周末时你选择哪一种活动，都对孩子有益。

如果你和孩子住在郊区，可以在假日里带孩子去野外游玩，其价值绝不逊于参观博物馆。过夜的露营也可以打开孩子多方面的眼界，他会想看看沿途的动植物，还有岩石的形成等等。

在外出旅游的时候，可以指派孩子担任一些简单的任务，比如照顾行李等，这会让他有参与感，接触新事物更有兴趣。他也会学到一些实际的事，譬如当地的风土人情，如何搭帐篷，如何辨别天气、星象，如何弄三餐等。还可以和孩子一起看书，共同探讨一些不懂的问题，以此引发和培养孩子对阅读的兴趣。

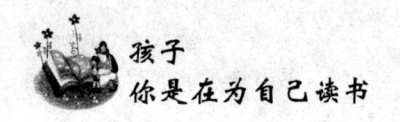

贴心提示：注重艺术方面的教育

书籍中的文学作品是一种艺术，儿童成长需要体验艺术。所以，当孩子阅读文学作品时，父母应注重的是艺术方面的教育。

给孩子选择的自由

孩子和家长对于阅读的想法是有一些差别的，孩子喜欢看的书往往是好玩、有趣、同学都在看的，但是家长却常常以是否"有用"来决定某一本书的阅读价值。到底应给孩子阅读哪些书呢？不要规定得太死，而应给孩子一些自由的空间，让他们自行选择。

发现孩子的兴趣所在

孩子一般喜欢阅读与自己兴趣爱好一致或类似的读物。比如喜欢流行歌曲的孩子愿意读有关流行歌曲或歌星的书；喜欢集邮的孩子愿意订阅少年集邮杂志；喜欢计算机的孩子经常阅读关于计算机信息的书籍；喜欢军事的孩子喜欢收集关于兵器的书籍，等等。

不管孩子们的嗜好是什么，只要引导得当，都可以自成一格，所以父母不必太强求。

除此之外，当孩子提起他的好友在做什么时，父母最好仔细聆听，或许能找到孩子的兴趣所在。另外，看电视的时候，注意孩子对各个节目和广告的反应，也可以从中瞧出端倪。

给孩子准备必要的工具

当摸清孩子的兴趣后，不妨直截了当地问他，例如：要不要自己种些植物，要不要玩模型玩具或者搜集小东西等。一旦得到了肯定的答复，就陪孩子一起搜集相关资料，购买必要的工具，鼓励孩子发展他的兴趣。

对于孩子的某种嗜好，父母大都很清楚应该怎么着手。但不论你知道多少，第一步还是应该求教于图书馆，借阅有关杂志书籍，看过以后，用简单的话解释给孩子听。下一步再去准备要用的工具。

如果能不花钱，尽量去搜集必要的用具，可以让大人和孩子多得到许多乐趣。倘若不能，就买成套的用具，这么做也能省下不少宝贵的时间和精力。

指导他，但不要代替他

等到孩子的阅读技巧进步了，就该让孩子读些实用的书籍，尤其是教孩子实际操作方法的书。比方说，孩子爱打棒球，就找适合他阅读的棒球方面的书。要找相关的书或许不太容易，或许得多花点功夫跑书店，上图书馆，不过为了孩子总是值得的。

在孩子培养某种兴趣时，父母可以对一些难度较大的内容给予孩子一定的指导，但前提还是尽量放手让他去做，不要插手太多。

需要指出的是：当孩子学习新事物时，父母最好在孩子着手前，自己先看一遍说明，如果连自己都看不懂，就表示这份说明写得太差了，此时千万不要让孩子照着去做，以免让孩子产生不必要的挫折感。

教子指南：父母应遵循的原则

一般来说，让孩子自行规划，以培养孩子的阅读兴趣，父母要遵循这样的原则：

（1）顺应孩子的心理特点，选好孩子"爱看"的第一批书，使孩子对书产生好感。

孩子爱不爱看书，与父母的培养技巧很有关系。在孩子学习阅读的初期，父母一定要对提供给孩子的书刊进行精心的挑选，尽量给孩子提供一些印刷美观漂亮、内容丰富有趣、情节发展符合孩子想象和思维特点的图画书，如动物画册、彩图科幻故事等等。

（2）不宜对孩子的阅读过程管得太死。

孩子喜欢的阅读方式是一会儿翻翻这本，一会儿翻翻那本。对此，家长不必过多地去管他。通常，在幼儿阶段，只要是孩子愿意把一本书拿在手上津津有味地翻看，家长就应该感到心满意足了。因为，这类表现完全符合孩子的早期阅读心理，是孩子在阅读求知的道路上迈开重要一步的标志。而从上小学开始，大部分孩子在阅读内容的选择方面已逐渐形成自己的爱好和兴趣。对此，家长应注意观察、了解和引导，不宜过多地干涉。美国图书馆学教师苏珊·罗森韦格有这样一句名言："如果您想要孩子完全按照你的计划阅读，那注定不会长久。"

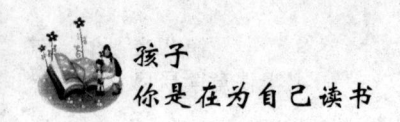

（3）逐步放手让孩子自己制定阅读计划。

在推动孩子阅读时，除了要配合学校及课程的设计阅读主题外，每学期的第一学期可以帮孩子列出一些书目以引导孩子阅读，但在第二学期则要让孩子学习自己"做决定"，规划一学期预定进行的阅读计划。

（4）有针对性地引导孩子阅读。

不必为现有的书单所限，让孩子阅读的目的，是要帮他构筑一个有人文修养的人生，而不是仅仅拿名著塞满他的书箱。所以，如果你正要制定度假计划，那就最好和孩子一起上网，好好研究一下你们要去的景点，预习一下当地的历史和文化背景。如果你家新添了一条小狗，那就去选几本跟狗宝宝有关的书。平时在家里，也别把书整整齐齐地码到架子上，不妨有意把书放得到处都是，让孩子可以随时看到它们。

贴心提示：买书可以报销

为了培养孩子爱看书的习惯，为了让他们从学业、思想上成长，不要限制他们的买书费用。鼓励孩子看到学习参考书，或希望读的书，就买下来，回家报销。

第九章　六经勤向窗前读
——营造家庭的书卷气

父母做好榜样

父母是孩子的第一任老师。父母的行为举止、兴趣爱好直接影响着孩子。"龙生龙、凤生凤，老鼠的孩子会打洞"说的就是这个道理。

孩子在家庭中，必然要受到父母潜移默化的影响。倘若希望孩子爱读书、知勤奋，父母只有身体力行地带头读书看报，着力营造家庭的书卷气。

我国现代著名女作家丁玲的母亲喜爱文学，能诗会画，常向年幼的女儿口授唐诗。丁玲在很小的时候就能背诵几十首唐诗，并读过不少古典小说。辛亥革命爆发后，丁玲的家乡——常德县成立了女子师范。已33岁的守寡的母亲毅然上了师范班，并让7岁的小丁玲上幼稚班。母女俩携手同校读书，在当地一时传为佳话。丁玲的母亲就这样以自己的行为熏陶着小丁玲，指导她走上文学道路。

但是也有这样一位母亲，给孩子买了大量的书籍，自己却天天打牌看电视。女儿自然也将书本束之高阁。当母亲气愤地教训孩子时，女儿发泄了心中的不满："你自己天天打扑克、打麻将，在外面玩，就是要我读书，妈妈好坏……"这就是中国古人所云："其身正，不令而行；其身不正，虽令不行。"

家中不闻书香，子女何以成才？所以说，一个新型的学习型家庭氛围的营造，不仅是要孩子学习，家长也要学习。而且，不学习的父母在孩子面前也不会有威信。

苏联教育家苏霍姆林斯基也说："谁能以自己的生命倍增人类的宝贵

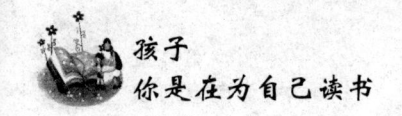

财富，谁能进行自我教育，那他就能教育好自己的孩子。"

教子指南

营造家庭书卷气的初期，最重要的是多读文章给孩子听，这样不仅可以延长孩子有意注意的时间，增加孩子的识字量，激发孩子的想象力，促进他们的情感发育，更重要的是可以培养他们读书的兴趣，从而使孩子自觉自愿的想去读书。

对于这一点，美国著名教育家吉姆认为：读书给孩子的作用"仅次于拥抱"。在这样的"拥抱"下，孩子读书兴趣上来了，热情高涨了，慢慢地，他们对读书的态度就会变成了"我要读"。

一般来说，父母想要给孩子榜样的力量，要做到以下几点：

（1）以身作则。当你在读书时，孩子常常会下意识地观察你。倘若你在读书时心不在焉，那么就等于暗示孩子读书并无多大乐趣。因此，无论你多么疲惫不堪，也不要偷懒放弃读书。如果你一沾书就哈欠连天，那就休想指望孩子会对读书感兴趣。

（2）培养孩子对文学书籍的热爱。父母应该反复地表示自己对读书的赞赏，对文学的赞赏，对热爱书籍的人的赞赏，让孩子从小树立"读书是有用的"和"读书是有趣的"观念。

（3）常带孩子去附近的图书馆。最初要帮孩子养成良好的阅读习惯，这一点很重要。

（4）陪孩子一起阅读。比较幼小的孩子，需要父母陪他一起看书，免得似懂非懂，有问题没人教，学习进度缓慢。孩子总是喜欢模仿，看见父母津津有味地读书，自己也会去看看究竟有什么吸引人的，看不懂也没有关系，父母可以给他念。等到三四年级以后，孩子会比较愿意单独阅读。

（5）带孩子去买书。放假有空时，可以带孩子到各大书店的儿童读物区挑选书籍，让他有亲近书本的机会。孩子有兴趣的书，买回去比较愿意看，父母自作主张帮他挑的，反而被他束之高阁，所以父母只要做好最后的把关工作，适度地尊重孩子的意见。莎士比亚说："书籍若不常翻阅，则等于木片。"买回去的书，要看才能发挥其真正意义。

第九章
六经勤向窗前读

贴心提示：父母多"用脑"

做父母的要特别注意自己在孩子面前的言行，尽量多做一些"用脑"的事情给他看。看书报，写作，都是在给孩子树立读书的好榜样。

抓住点点滴滴的时间阅读

卡尔·威特9岁时考入莱比锡大学，14岁取得两个博士学位。其实，小威特天资并不好，小时还被人视为白痴。他的成才归功于父亲的教育。从两三岁开始，父亲就抓住一切机会教儿子识字和阅读。店铺的招牌、饭店的菜单、音乐会的节目单……都成了孩子学习阅读的教材。在父亲精心的培育下，小威特阅读能力惊人地发展着，六七岁时他就能熟练地用四国语言阅读文学名著。

在孩子每天坚持阅读一段文学书籍的同时，扩大孩子阅读的范围，给孩子读各种各样的文字材料——报纸、杂志、广告、街牌，甚至商品包装盒上的说明。这样就向孩子展示了各方面生活中文字的重要性，有助于孩子培养终生阅读的习惯。

抓住一切机会培养孩子对文字的亲和力，让他们读汽车站的站牌、饭店的菜单、广告牌上的广告语、家用电器的说明书、计算机手册、药品的说明、电视节目的预告……见什么读什么。有时，在路边也能发现许多颇具文学之美的材料，像过年时人家贴在门口的春联，小店铺的匾额、招牌、对联，名胜古迹上的名人题诗等等。

这样做的结果是使孩子将阅读当作日常生活的一部分，就像是刷牙一样。当孩子了解到读书可以解决许多实际问题时，他们将以更大的动力投入阅读。

相信一个对日常生活中的文字材料都能看得津津有味的孩子，也一定拥有良好的阅读习惯。

贴心提示：

父母可为孩子提供的方便在家庭中父母可以为孩子提供如下方便：

（1）在孩子的床边放上一架书，让孩子一睁眼就看见它。

（2）书架的高度要让孩子取书觉得方便。在与孩子视线平行的格子里，放上他最感兴趣的书。

（3）经常在沙发上、桌椅上扔几本封面漂亮、内容有趣的杂志或读物。

（4）在电视旁边放几本书，可以是每晚放映的电视剧的原著，也可以是简短的诗歌、故事。

（5）在卫生间也摆上书，最好是轻松幽默的小品、故事。天天阅读

正所谓"冰冻三尺，非一日之寒"，孩子良好的读书习惯也并非是一朝一夕能够培养起来的。所以，培养孩子良好的读书习惯，最好的办法是从孩子小的时候抓起。前任美国总统克林顿先生的夫人希拉里就曾经向全美国的妈妈呼吁：希望她们能够给自己幼小的孩子"读"故事，告诉他们生活中很多美妙的东西都是来自于书籍，以培养他们良好的读书习惯。

父母可以自己先了解一些有关某方面的知识，筛选之后提供给孩子。有些书孩子拖了很长时间都没有读完，家长不应该不分青红皂白地责备他，而是应该问明原因。孩子对这些书实在不感兴趣，所以家长不必硬逼着孩子必须读完。而有些孩子感兴趣、对他又十分有益的书，家长可以提议让孩子多读几遍并进行认真的思考。

当孩子有能力独立阅读书籍时，父母就应该为他订下一个读书制度，督促他每天坚持阅读。一般来说，孩子的学习任务是比较繁重的，所以必须巧妙地安排阅读时间。

每天阅读的时间不宜太长

孩子每天阅读的时间不宜太长，十几分钟、二十分钟就可以了，最重要的是持之以恒，一旦订下每天读书的制度，就不能因为任何事情改变。孩子有时因为过于兴奋或疲倦，会很不愿意读书。这个时候，父母应该鼓励孩子克服不良情绪，坚持阅读。有的家庭，即使在外出旅游时也带着书本，不让孩子中断每天的阅读活动。

美国教育学家霍勒斯·曼说："假如每天你能有十五分钟的读书时间，

一年之后，你就可以感到它的效果。"南京大学有一位图书馆学家，每天坚持阅读十五分钟名著，在繁忙的工作中，短期内就读完了《战争与和平》、《奥德赛》、《牛津诗选》等文学巨著。

不同年龄区分对待

学龄前幼儿和小学低年级的孩子，可以在临睡前安排十来分钟文学书籍的阅读。因为孩子这个时期注意力难以长时间有效地集中，所以给他们阅读的作品不宜太长，而应是短小的诗歌、故事、童话等，保证孩子可以在十几分钟内读完。在阅读时应有父母的陪伴。

小学中高年级以上的孩子，应该在具有阅读兴趣和习惯的基础上灵活地安排。一般来说，平常可坚持让孩子安排二三十分钟的专门文学作品阅读时间；周末、节假日，则可根据孩子的兴趣适当延长。如果孩子能够把握好阅读和功课时间的安排，则可以支持孩子自由安排时间。

其他的好方法

准备一份台历。购买或制作一份台历，当然最重要的还是要会用它。这份台历将整整的一个月都显示在一页纸上。为了让孩子精确地支配时间，父母只需要往台历上瞟一眼就可以知道某一天该读哪些书，每一天该读多少页等等。

合理使用闹钟

用闹钟来监督孩子是解决懒惰问题最直接的办法。只要父母决定了什么时间让孩子起床，那么闹钟一响就别再多想，赶快让孩子下床。这样，孩子就不会耽误读书时间，长期坚持下去，孩子的好习惯也就慢慢地养成。

写便条

当父母结束一天的工作之后，应该给孩子写一张便条，说明下一次读书的时间应该从什么时候开始，乃至告诉孩子究竟应该读些什么书。当父母看到自己写的条子，就会惊讶地发现它为孩子节省了多少时间。

要善于利用课余之后点滴零星时间阅读，积少成多。著名数学家苏步

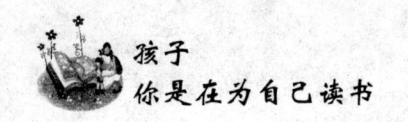

青说过:"我用的是零头布,做衣服有整料固然好,没有整段时间,就尽量把零星时间利用起来,加起来可观得很。"写下皇皇巨著《物种起源》的生物学家达尔文说:"我从来不认为半小时是微不足道的很小的一段时间。"

贴心提示:家长以身作则

要想吸引孩子阅读,不仅要通过图书本身,家长也要以身作则。读给孩子听,和孩子一起读,而且要抓住一切可以利用的时间,在树下读书,在池塘边,或是在小船上,无处不可以读书。度假期间,也不要忘记每天给孩子留出足够的阅读时间。"如果你起得早,就在床上读一会儿书吧。"

为孩子制定阅读计划

好的习惯的养成需要有计划来保证,每天、每月或每年都有计划,那么习惯也就养成了,所以,父母为孩子制定好的阅读计划有利于孩子阅读习惯的养成。

制定读书计划要依实际情况而定

至于如何制定读书计划,则应该根据孩子的实际情况而定。制定时,要尽量翔实具体一点,比如这一个月,或者一年要读哪些书,每一天要读多少页,每一天什么时间阅读等等。只有这样做了,才能够使孩子更好地坚持读书。

举一个例子,孩子在阅读文学书籍时,是先读中国文学,还是先读外国文学,还是中国文学和外国文学同时阅读?这种方法上的选择,应以孩子的需要和能力为根据。

定下一个读书计划,才能获得良好效果。为增进文化修养,选读古今著名小说也同样要有一个规划。如果选读某一作家的作品,就不能仅限于作品,一切有关该作家的自述和传记,和有关他人对其文章的批评和研究的成果,也须精心阅读,这样才能使读书的兴趣更加浓厚,从而收益才会更大。

制定读书计划的步骤

一般来说,制定一份读书计划,大致分为以下几个步骤:

首先,明确阅读目标和阅读目的。根据孩子的情况确定阅读目的、阅读内容和阅读要求。例如,可以针对孩子某门功课学得较差的现状,重点加强这方面读物的阅读等等。

其次,根据确定的阅读目的、阅读内容和阅读要求,为孩子选择相关的书籍,并列出清单。

第三,写出时间分配计划。从时间上看,读书计划可以分为三种:

(1) 长远的读书计划。对中小学生来说,长远的读书计划一般以一学年或一学期为好。当然,时间也可拉得更长些。在制定长远计划时,要考虑各种因素,如课程安排、身体状况、家庭情况等,根据这些因素制定一个可行的计划。

一般来说,长远的读书计划可制定得粗一些。它起到导向的作用。

(2) 中期读书计划。中期读书计划以一个月或一周时间为限。它是长远计划的深化,在遵循长远计划的前提下,更深入地安排读书时间,使长远规划得以执行。

(3) 日读计划。这是对每天阅读时间的安排,实际上就是阅读定额。日读计划的制定,要考虑孩子的知识水平、阅读速度等因素,大致做一个估算。

阅读时间的分配

在阅读计划时间分配方面,要注意以下几点:

不要流于形式,要实事求是,每一时间安排都应该切实可行。

时间安排得要合理,要充分考虑到休息和其他课外活动。

时间的安排要留有余地,以便在特殊的情况下仍然能完成计划。

时间安排要将长远计划、中期计划和日计划统筹安排,不能将三者割裂开来。

考虑到上述几个方面,就可以保证孩子有把握地按时完成计划。遵循以上几个步骤,一般可以制定出比较科学的读书计划。

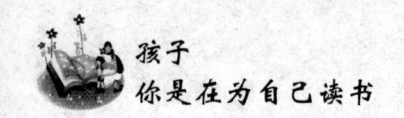

贴心提示：计划要坚持

一项计划的制定比较容易，但坚决地执行并非是一件容易之事。坚决执行计划确是最为关键的一点。只要孩子能够做到这一点，认真坚持一段时间，习惯就会慢慢养成。当习惯成了自然，读书就是一件非常轻松愉悦的事情了。

革除不良的阅读习惯

阅读习惯应从小培养。一旦"染"上了不良阅读习惯，就会影响阅读的效果，造成学习的低效率、低成就。以下是一些常见的不良阅读习惯及对其纠正的建议。误区一：逐字阅读

在阅读时，眼球是时停时动的。眼球停（眼停）的时候认知文字，眼球跳动时则移向下面的文字。一般来说，眼停一次的时间约为1/3秒，每次眼停能认知1~7个文字符号。如果眼停一次只认知一个字符，那么自然比认知7个字符慢得多。逐字阅读的孩子就习惯于每次眼停只认知一个字符。

要想纠正孩子的这一缺点，可通过快速眼扫视练习来克服。例如，在1秒钟内给孩子呈现一个20字左右的句子，1秒钟后让孩子回答刚才看见的是什么句子，说了些什么。这种训练要注意循序渐进，开始时一个句子10个字左右就行了。

每个孩子的个人条件不同，父母应根据自己孩子的情况来考虑训练强度。一旦孩子反复多次努力只能达到一定的数量，表明孩子的能力已达极限，家长不应再过分要求，从而避免损害孩子的视力、影响孩子的自信心。

误区二：不当返读

不当返读即回头重读一个字或一句话。返读反映出阅读者对自己理解能力的一种怀疑。许多时候返读是不必要的，它只会影响阅读的速度。因为返读时，思路也跟着返转回去，而不是顺着文章贯通下去。这样，旧内容读懂了，新内容的理解又不充分了，又要再返读，形成一种恶性循环，返读越多，越需要返读。

对于有这类问题的孩子,可采用逐字遮盖法。当孩子读完一句话,就把这句话盖住,即使孩子想读也看不见了。在这种情况下他们只能依次读下去直到读完为止。

练习时可先让孩子读一些简短的、易理解的文章,使其一次读完后能顺利理解文章的意思,增强他们对自己阅读理解能力的自信心;然后再逐渐提高难度,让孩子慢慢改掉不当返读的习惯,最终做到充满自信地、顺利地、流畅地阅读。

误区三:纠缠生字

有些孩子阅读速度慢的原因是一遇到生字就反复琢磨,纠缠不休,必须要弄清这个字怎样读、什么意思后才能接着往下读。

这说明孩子词汇量不够,还需要平时多多积累;但也反映出孩子的一种错误习惯,生字其实并不是文章的重点,重点在于整体理解阅读材料。要教孩子学会根据上下文来推测生字的含义,等整篇文章读完后再查字典对照自己的推测是否正确。

误区四:转动颈部

有的孩子阅读时习惯转动颈部,即眼睛看到哪个字,脖子就转到哪个方向。这主要是因为孩子没有掌握正确的眼动方法,不会光动眼球不动头。

针对这一问题,父母可帮助孩子做一些眼动训练。父母中的一人轻轻把住孩子的头,注意尽可能轻,只在孩子的头不自觉移动时才用力;另一个方法是站在孩子前面,手拿一件小玩具,在孩子眼前有规律地从右到左移动,再从左到右移动。注意孩子的眼球是否跟着移动,同时头是否在动。逐渐训练直到孩子能完全不动头部、只依靠眼球的转动来扫读文章为止。

误区五:不良姿态

一些孩子爱躺着、趴着读书,这样的姿势既不利于良好的身体形态的形成,更会有损于视力。

对于这种习惯,父母要注意尽可能提醒,一旦看见孩子有不良姿势就要及时纠正。如果孩子习惯弯腰驼背看书,可给孩子戴上纠姿带。

实在不行时,建议将孩子的身体固定在椅背上,等孩子逐渐习惯收腹后,再把他放开。当然这也要孩子自愿,一旦孩子感到不适,应立即停止。

误区六:读出声音

阅读时把每个字都读出声。出声阅读会拖慢速度。很多时候,孩子并

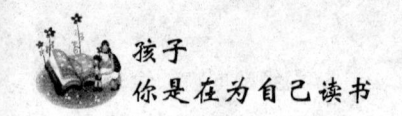

没有真正读出声，只是在脑中将音调发出，但这很容易带动嘴唇，使其上下不自觉地移动，从而减慢阅读速度。如有这种情况，父母可以教孩子尝试在阅读时将手指紧贴嘴唇。

误区七：移动手指

阅读时用手指着字句。这个习惯会降低阅读速度，因为手指的移动不及眼睛敏捷。如有这个习惯，父母要教孩子强制自己，将双手拿开，单纯靠眼睛移动来阅读。

误区八：忽略标题

太专注于文内的文字，反而忽视了诸如标题、引言总结、说明及图解等信息。标题性的信息是作者提供的重要阅读线索，决不可忽视。

如果孩子有忽略标题的习惯，不妨教孩子尝试在阅读一些书报时，只看标题、斜体字、深色字、特别的说明等，看孩子能从中领会多少。另外，其他的阅读线索，也应特别注意，如介绍下文内容的起首段，总结全文的收尾段，论述概念意思段的第一、两句话等。

误区九：不讲读书卫生

有的孩子读书看报时爱用手指沾唾沫翻书页，更多的孩子在读书后不洗手，这都是十分有害的。尤其是有的公共书籍，借阅的人形形色色，极可能成为传播疾病的途径。所以，阅读时一定要注意讲究卫生。

就读书来说，有些人总是有很多坏习惯，而且坏习惯一旦染上，总是不太容易改掉。如果要改掉原来的坏习惯，就需要新的好习惯"自然而来"，否则好的习惯是难以养成的。

贴心提示：戒除不良习惯的原则

父母想要孩子戒除不良习惯还要遵循以下两个规则：

首先，要有坚定的决心。

为了使孩子克服掉一个坏习惯或者养成一个好习惯，必须有决心和足够的力量。只有通过不断的努力，一步一步实现起初制定的计划，并且用每天所取得的成功来激励自己，才能更加坚定自己的信心和决心。

其次，千万不要允许有"例外"。

很多人总是喜欢找一些借口，或者是"今天没有实现计划，是因为有特别重要的事情需要处理，这是一个例外"。如果这样的"例外"多了，就会慢慢地变成一种习惯，从而影响孩子形成好习惯。

正确利用媒介

从 20 世纪 20 年代初的电话、电影和收音机，到 20 世纪中叶的卡通漫画、电视、流行音乐带，再到 90 年代的电子游戏、计算机和互联网，传媒技术可以说是越来越发达。媒介对孩子的影响

那么，这些媒介会对孩子产生什么影响呢？专家得出以下几个结论：

（1）媒介对儿童的影响是间接的，它通过许多因素起作用，包括儿童年龄、性别、家庭经济状况、家庭关系、家长文化程度、伙伴关系、教师态度等。美国学者施拉姆强调：要了解电视的影响，不能仅仅了解电视，更重要的是要了解儿童的生活及他们如何使用电视。

（2）在接触媒介时，儿童不是一个被动的接受者，是出于某种需要。1992 年以来，根据对中国儿童接触媒介的调查研究，发现：我们的孩子接触媒介主要是为了满足伙伴交往需要、逃避现实需要、娱乐需要、社会学习的需要等。

（3）在儿童（尤其是年龄较小的儿童）接触媒介时，如果得到父母及时、正确的指导，儿童就能从媒介中获得许多有益的帮助。

这些基本研究结论在中国还不普及，一些教育者、家长习惯将儿童身上的问题例如沉迷于电视、网络等，归罪于媒介的影响，很少去从儿童的个体生活中寻找原因。

媒介是利还是弊，关键在于自身

从经验中可看到，很多孩子看了同一部电视片，却受到了不同的影响。我们也可看到，无论学习成绩较好或较差的儿童，都很喜欢玩电子游戏。但孩子所受到的影响却有所不同。

所以，因为个别儿童接触某些媒体出了问题，就禁止儿童接触某些媒体是不合理的，也是不明智的。

大家都认为电视、电子游戏有很多负面影响，书籍和计算机正面影响多。其实并不一定，任何事物都有它的两面性，有利也有弊。

电视对孩子的阅读有一定的负面影响，但如果运用得当，电视也可以

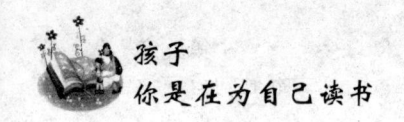

作为很好的阅读诱因。不论成人节目或儿童节目，都能挑出一个令人好奇的主题，让孩子去研究某个人或某件事。儿童文学改编的儿童剧，会令孩子想读同名的书。

如何指导孩子看电视

（1）慎选电视节目。

可以请教专家，再加上自己收看过的经验，找出有教育价值、能激发儿童求知欲的节目。好的节目一定让人有参与感，有挑战，有刺激。

（2）跟孩子一起看电视。

只要和孩子一起看电视，观察他对节目的反应和评语，你便能了解他的兴趣所在，以作为选择读物的参考。

（3）阅读因电视而产生兴趣的书。

务必督促孩子去接触因电视而产生兴趣的主题，并且是以阅读的方式去接触，如此一来，看电视与阅读便可相辅相成，两得其益。

贴心提示：将电视（或网络）与孩子的兴趣结合起来如果孩子喜爱看动画片，同时也喜欢画画，你可以鼓励孩子将动画片里的内容画出来，同时配上连环画式的文字说明。这样既锻炼了孩子的形象思维能力，也锻炼了孩子的写作能力。

能使孩子阅读的75种快捷方式

·趁孩子还小的时候就开始为他朗读。

·把阅读材料放在孩子能看到的地方。

·在你乐滋滋地读书的时候要让孩子看见——让他看见你在摘录、发笑、学习、共享等等。

·经常带孩子到图书馆，让他了解如何查阅图书资料。

·要用实际行动向孩子表明你把书籍看得很重——买书，拿书当礼物，并接受赠书。

·使阅读变成一件令人怦然心动的事——向孩子表明，书中充满了孩子可以运用的好主意。

·让孩子在图书馆和书店等处自己选择阅读材料。·给孩子读科幻奇

第九章
六经勤向窗前读

想的故事。
- 和孩子一起读侦探小说，让他判断谁是真正的杀人凶手。
- 以孩子的名义订阅他们喜欢的杂志。
- 让孩子给不能阅读的家人或朋友读书。
- 对阅读给予奖励——给一本新书或书店的优惠券、美术用品、戏票、参观动物园或博物馆的机会等。
- 在家里制订一个阅读进度表，贴在显眼的地方。
- 玩一次书中"拾荒"游戏——让孩子圈出在书中找到的各种物品。
- 在家里挂上世界地图或中国地图，举行一次比赛：看看谁读过的书中涉及的地方最多（不同的城市、国家等）。
- 画一张年表，让孩子阅读相应的历史小说并在年表合适的地方做上标记。
- 找到一张历史地图，然后再买一些描写不同历史阶段的书让孩子读。
- 做一套家庭书目卡，把家里人读过的书记录下来。
- 让孩子帮忙准备菜单，并在你做菜时让他为你读菜单。
- 让孩子自己寻找、选择菜单并按照菜单配料做菜。
- 让孩子读营养成分标签，问问他"谁能告诉我哪一种含热量多？"等等。
- 比比看，谁开出的菜单最让人讨厌。
- 制作一本家庭食谱。
- 让孩子读商品目录，为自己和朋友选择礼物。
- 让孩子剪下优惠券，把钱攒下来，只要他能帮助购物。
- 让孩子自己写家庭购物单。
- 让孩子制作家庭通讯录。
- 无论你和孩子到什么地方去旅行，事前事后都要让孩子多读读有关旅游点的资料。
- 让孩子坐车外出时听有声书等录音带。
- 让孩子读地图，帮助你确定方位。
- 在路上消磨时间的时候，让孩子为字母表中的每一个字母找一个单字。

·让孩子帮忙记家庭日记，做家庭旅游剪贴本。

·让孩子把报纸剪开来，自己重新编辑，看谁编得最可笑。

·让孩子玩与阅读有关的棋类游戏。

·在家里开辟一块地方，专门用来读书（例如有书架的一角）。

·在家里开辟儿童图书室。

·询问孩子对时事的看法，把报纸放在他们的周围以供阅读。

·让孩子自己去搜集并阅读电影简介，然后再决定全家人要看什么电影。

·收藏一些能使孩子特别感兴趣的书——比如有关恐龙或太空旅行的书。

·在看电影以前（或以后），建议孩子先看看原著。

·如果孩子在电视上看到了什么有趣的节目，找一本有关同一话题的书让他看。

·编制家庭剪辑本，让孩子自己填写文字、标题等。

·带上孩子一起去图书馆转转。

·让孩子报名参加图书馆的集体阅读活动。

·先去动物园或博物馆，然后再借些与孩子兴趣有关的书让他看。

·建议孩子从旧报纸上了解本地过去的详细情况，以此激发他们对阅读历史的兴趣。

·让孩子绘制他自己最喜欢的地方的地图，如家庭周围、城市、游乐场等。

·让孩子参加书店组织的活动，如名人签字、读书会等。

·带孩子到大学校园参加一些活动，如野餐、运动会等，从而让他习惯于大学的气氛和读书的环境。

·全家人轮流朗读一些有趣的书和文章，以此作为一种娱乐，代替看电视。

·鼓励孩子与其他爱读书的孩子交朋友。

·让孩子通过阅读实用书刊来制作玩具、礼物、学习体育项目等。

·送给孩子与书籍有关的东西做礼物——例如一本食谱加烹饪原料，一本天文书加一张星图，一本有关大自然的书加一只放大镜，一本野营指南，加一只指南针。

第九章
六经勤向窗前读

- 和孩子一起做字谜游戏，或把字谜当礼物送给孩子。
- 集中家庭琐事，让孩子做成卡片，然后进行答题比赛。
- 围绕孩子最喜欢的书进行答题比赛。
- 举办一次自带图书的联谊晚会。
- 让孩子写一封家庭度假信或简讯。
- 让孩子自己写信，说明他为什么缺课以及其他需要家长写信解释的事情。
- 让孩子设计自己用的信笺，复印下来，鼓励他们通信或写感谢信。
- 鼓励孩子广交笔友。
- 写一封信让家里每个人在上面加上自己的话，然后在家人和朋友间传阅。
- 孩子一旦收到礼物就让他写一封感谢信，然后才允许他使用这个礼物。
- 在家里放一些杂志、青少年小说、报纸等。
- 让孩子为别人推荐图书或拿图书做礼物送给别人。
- 通过大声朗读、化装和使用道具表现书中对话等，让孩子扮演书中的角色。
- 让孩子给弟弟妹妹或其他小朋友读书。
- 为了使孩子提高阅读能力，增强自信心，一有可能就应该鼓励他给你大声朗读。
- 对于你自己读过的书，如果孩子有兴趣就讲给他听，激发他的兴趣。你可以读一部分，然后把书放在孩子能拿到的地方。
- 经常让孩子谈谈他自己对正在阅读的书有何看法。
- 使用正面榜样激励孩子——让你的孩子和那些如饥似渴地读书的孩子们在一起玩。
- 鼓励孩子从头到尾读报纸，甚至包括读者来信、漫画、影评，无论什么内容都可以！
- 与长篇小说相比，短篇小说更要让孩子多读，这更有利于增强他的成就感和满足感。
- 鼓励孩子自己编剧本、写书。
- 鼓励孩子每天晚上睡觉前在床上读书。

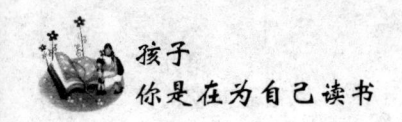

第十章 读书切戒在慌忙
——阅读要掌握的技巧

不动笔墨不读书

有的小学生爱看动画书,但通常是看过就忘;有的中学生喜欢读小说、中外名著,几十部、上百部地读,但别人问他这些书好在哪里时,他却张口结舌,无言以对,努力搜索,感觉如枯肠。这样读书,自己的脑子只起了一个漏斗的作用,读得再多也只是过了一遍,没留下什么东西。

要把读过的书变成自己的东西,就得学会做读书笔记,不动笔墨不读书。俗话说得好:"好记性不如烂笔头"。许多伟人都有不动笔墨不读书的习惯:

几十年来,毛主席每阅读一本书或一篇文章,都在重要的地方划上圈、杠、点等各种符号,在书眉和空白的地方写上许多批语;有时还把书、文中精当的地方摘录下来或随时写下读书笔记或心得体会。毛主席所藏的书中,许多是朱墨纷呈,批语、圈点、勾画满书,直线、曲线、双直线、三直线、双圈、三圈、三角、叉等符号比比皆是。

富兰克林说:读书之时,宜备笔记与小册子,遇到新奇、有用的典故词句,就摘抄在上面。这个办法有三点好处:一是使记忆更牢;二是日后可以引用;三是提高自身素质。

马克思为写《资本论》,阅读和摘录了1500多本书,共做了65本笔记。他读书时,常常折叠书角,画线,用铅笔在页边空白处画满记号。他用画横线的方法,能够非常容易地找到自己需要的地方。

鲁迅先生曾经说过,读书要"眼到、口到、心到、手到、脑到"。其中"手到"指的就是"不动笔墨不读书"。读书动笔,能够帮助你记忆,掌握书中的难点、要点；有利于你储存资料，积累写作素材；也有利于扩大你的知识面，提高你的综合分析能力。

这里给你介绍几种做读书笔记的方法。

划符号

这是一种比较简单、容易的笔记，通用的符号有画线（直线、双线、曲线和不同颜色的线）、圆圈、双圈、交叉、箭头、方框、三角形，还有着重号、问号、感叹号等。每种符号可按自己的习惯、爱好，分别代表自己要表达的意思。

对于幼儿来说，划符号的种类越少越好，例如：在不认识的字下面打上着重号；在比较好玩的句子上打上波浪线，等等。不宜太多，否则孩子不仅容易糊涂，也容易养成乱涂乱画的坏习惯。

而对于大点的孩子来说，则要根据每一种符号所表达的不同意思来划符号，一定要分门别类，不宜想到哪就划到哪。

做卡片

主要是指把自己所需要的内容记在卡片上，也可以把摘录的内容记在随身携带的字条上，这种办法适用于旅行途中看书、看资料等。

这种方法操作起来也比较简单，对于幼儿来说，可以买一些好看的卡片，每张卡片上写上今天所要学习的词语或问题，然后和孩子做游戏，如果孩子能在比较短的时间内掌握，就给予一定的奖励。

对于大点的孩子来说，卡片不必太花哨，最主要是要分好类。孩子可以自己制作卡片，在制作卡片的过程中，对以往的知识做一个归纳和筛选。

摘 录

可摘录在本子上，也可摘录在卡片上。文摘卡片，文具商店里都有出售，也可以自制，纸质得选用硬一些的。卡片一般得有题目、类别、作者、书刊名称、第几期以及内容摘要这样一些内容，一张卡片只摘抄一类内容。等到卡片积累到相当数量时，再按不同的类别（如警句格言、景物描写、人物描写等）分门别类，以便随时使用。

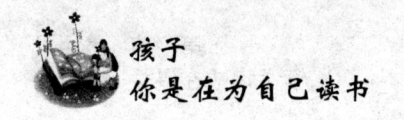

要提醒孩子：摘录时不要断章取义，不要改动原文的字句和标点。

心 得

心得就是读了一本书或一篇文章以后，把自己体会最深刻、最有意义的部分写成心得笔记，形式可以多种多样，也可以将提纲笔记和心得笔记合在一起写出。做心得笔记是一种很好的阅读方法，心得笔记不必局限于固定形式，有感而发。比如，可以分析作品的写作特点和你的心得体会等。

对于幼儿来说，父母可以要求孩子每天写写心得，可以只是一两句话，为了能让孩子更好地思考，父母以提问的方式给孩子一些提示。

批 语

阅读中，在文章的空白处，随时写上自己的一些看法或体会，这叫"眉批"。这样做的好处是便于以后阅读时引起注意，也是一种灵活、简便的读书笔记的好形式。好多名家的"眉批"还被结集出版，比如《毛泽东评〈二十五史〉》。

应允许孩子在书上做些批语，不必担心孩子把书弄坏，但要注意指导孩子批语不宜过多，不要影响书的整洁和美观。

贴心提示：纠正两种倾向

不动笔墨不读书是很多名人推崇的学习方法，但要注意纠正一些偏向。

一般说来，孩子在书本上作记号，往往表现出两种倾向：

①不分青红皂白地把很多内容都划出。

这样做，就没有达到在书上作记号应达到的目的。若将重要的和非重要的内容都划出来，孩子下次复习巩固的时候，还要从所有这些画出的内容中再一次作出区分，可能又会花费很多时间，而且由于知觉的对象和背景没有明显区分，学习时有可能将对象淡化，从而降低学习的效率。有研究表明，划出不重要的内容会降低对重要内容的记忆。

②用一种符号来划出书上所有重要的内容。

单一的线条标识不同性质的内容，这种方法不足以把不同性质的内容区分开来，以后在学习这些内容时，还要对这些内容作进一步的分析，不能一目了然地知道划出的内容表示什么。

因此，孩子在书本上作记号的时候，不应满足于用一种方式，而应该根据孩子自己的偏爱，尝试用种种不同的符号分别表示不同性质的内容，例如圆圈、圆点、下划线、波浪线、双划线、三角、方框、五角星、问号、箭头、序号等等，并形成一套系统。

放映读书法

人在接受新鲜有趣的知识时，印象特别深刻，有的甚至能长久不忘。这是因为新鲜有趣的事物像放电影一样时常在人的脑海中闪过，使人记忆犹新。

放映法和放电影有些类似。我们读书时，要掌握一个章节的内容，可以先把文章看几遍，然后，像放映电影一样将文章中的内容一幕幕在脑海里重现。当然，这需要有丰富的想象能力。

某高校的一位尖子生，看似是个天才，他好像不用怎么读书，也能考个好成绩，尤其是晚上，大家都在专心攻读，可他却很早就躺到床上睡大觉去了。

其实，别人不懂得，他正是运用放映法读书的，上午，老师讲过课后，下午，他就细心地回味上课的内容，反复推敲，琢磨老师的一些观点、提法，制成"拷贝"，到了晚上，再花一点时间对对笔记，看看课文以及参考书，经过这一番补充、剪接，内容就更完整、准确了，最后，到了晚上，再躺在床上"放电影"。这样知识就掌握得又快又牢固了。

使用这种方法要看个人的悟性，但一般说来，孩子都有记忆和想象的能力。因而，只要书本给自己的印象深刻，基本的"放电影"是大多数孩子都可以掌握的。父母要做的就是：指导孩子在制造"拷贝"时，要尽量想得细些、周全些、准确些，应当像真正的摄影师一样，充分运用自己心灵中的摄像机，把内容全部拍摄下来，然后放映。一些关键的地方应该运用特写镜头，反复从各个角度观察。也可以运用慢镜头，像分解高台跳水运动员的动作一样细心观察。要提醒孩子将全部精力都投入到想象之中，

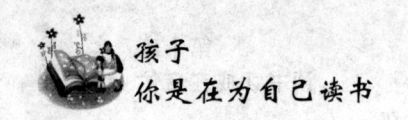

还可以通过提问的方式培养孩子的想象力和发散思维。

贴心提示：

"短时放映"与"长时放映"相结合运用这种方法读书，应注意短时"放映"与长时"放映"相结合。刚开始读头遍时，一次"放映"的时间不宜太长；应短些，尽可能搞得细些，读完一部分后，要花较长的时间来一次复习，将几次"放映"的内容连接起来，给人以整体感，不会使知识变得太零碎、太散乱了。当然，最后总的还要串一次，那就只是些纲目及重点了。这样既注意了书中的细小问题，又顾及到了知识的完整性。

随身携带法

很多人都有这样一个习惯，出门总喜欢随身带着一本书。因为，在生活中我们用于等待的时间实在太多了。比如，在影院电影放映之前，上医院看病候诊之际，去街上购物商店还没有开门，办理某个手续得排很长的队，约好与朋友会面对方还未到达，参加一次内容贫乏的会议，在出门的旅途中，我们都不得不等待。如果这时手头没有一本书，那么只能睁着眼睛发愣，或是毫无目的地东看西瞅。如此来度过宝贵的时间，实在是太可惜了。

我们说，用于阅读的时间，有大块的，也有零星的。用大块的时间读书，效率高，这当然好；但如果让零星的时间白白流失，那我们就会少读很多书。

那么，我们如何利用起这些用于等待的零星时间呢？运用随身携带法，出门带着一本书，有闲暇时就随时阅读，就是个好办法。

据说，宋代女词人李清照和她的丈夫都喜欢饭后饮茶。他们规定利用饮茶时间双方各讲一个自己读到过的历史故事，并且还规定，谁先讲出这个典故出自哪一本书，谁就可以品茶一杯。如果回答不出，那就只能闻闻茶香。这样他们一天三餐就可以温习六个典故。

唐宋八大家之一的欧阳修，常说希望自己的文章写得像韩愈一样好。

经过自己的刻苦努力，他真的和韩愈并驾齐驱了。当有人问起他成功的诀窍时，他回答说，他有"三多"、"三上"。"三多"就是多读别人的好文章，读了以后就自己多写，写好后又多跟别人商量。而"三上"，说的就是充分利用自己的零散时间，即将在"马上"（骑马的时候）、"枕上"（睡觉之前）、"厕上"（上厕所的时候）的时间也用于阅读。

像这类古人珍惜点点滴滴时间用来读书写作的例子，真是不胜枚举。现代的一些成功人士，大多也是很懂得利用零星时间积少成多地去读书的人。

如何抓住零星时间来读些书呢？不妨就从出门随身带着一本书做起吧。

由于时间是零星的，此时不宜带内容太长的书，如长篇小说，最好是带小知识、小典故、小读本之类的书。随身带的书本，一般可以挑薄一些的，便于携带。内容也可以是轻松、通俗一些的，那是因为有时阅读环境会比较差，周围会很嘈杂。如果带上一本比较难"啃"的书，在这样的环境里阅读，效果就很难说了。

贴心提示：提醒孩子保护视力

如果在车上看书，要注意自己的视力保护。一般来讲，坐车颠簸，不宜看书。不过如果方便的话，不妨可以浏览浏览报纸杂志，"哗哗哗"一翻，扫描一下上面的大小标题，等下了车以后，再找时间选择感兴趣的文章仔细阅读。

温故知新：循环读书法

"学习"由"学"和"习"两个字组成。"习"就是温习、复习。"温故知新"就是通过温习过去读过的书本，掌握新的知识。"温故知新"是阅读进入"精读"阶段所必需的。温故可知新

有人把"温故知新"的阅读方法比作"牛吃草"。这个比喻是很形象的。牛吃草总是先把草大口大口地吞下，然后再从胃里倒回到嘴里，用牙齿慢慢地、细细地咀嚼，磨碎没有消化的草料。牛正是通过这种方法，使

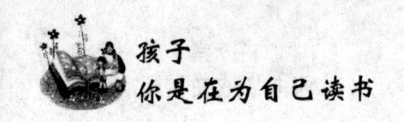

得自己能够更大程度地吸收草料的营养。

"温故知新"的阅读方法，就好比牛吃草的"反刍回嚼"过程。我们通过反复阅读，能够加深对文章的理解。特别是一些经典著作，如果只读一遍，不再重温，一定会有很多值得吸收的地方被"漏"掉。而通过重读，我们很容易发现自己的疏漏处，并找到新的知识亮点。

德国哲学家狄慈根说过这样一句名言："重复是学习的母亲。"我们通过重读重温，能把已经掌握的知识和新的知识连接起来，达到"温故知新"的目的。

温故可强化记忆

通过重读，能使我们加深记忆。心理学告诉我们，一个人的记忆有四个过程：认记、保持、再认、重现。我们平时的初读，只是停留在认记阶段。如果仅仅满足于读过了、看懂了，而不再去重复阅读，那么随着时间的流逝，在认记阶段留下的记忆印迹，很容易淡忘，甚至消失。

复习也是一种重复记忆。按照记忆规律，每隔一定时间将知识重新复习一下，就能增强记忆。有人把复习比作"记忆的雕刻刀"，这是很有道理的。每复习一次就好比在自己记忆的石碑上刻上一刀，一遍一遍地刻，记忆石碑上的字就会很清晰了。

鼓励孩子，让重复也充满乐趣

孩子们一般都喜欢新鲜，不太爱复习读过的东西。如何帮助孩子养成"温故知新"的习惯呢？可以从以下几个方面着手：

和孩子一起复习。

和大人一起温习，相信大多数孩子都不会反对。孩子喜欢父母陪自己读书，拿起以前阅读过的书本，和父母一起温习，孩子还会很雀跃地同父母讨论呢！

让孩子讲故事。

要随时注意孩子读过的书目，定期让孩子讲讲书中相关的故事。孩子一定会跃跃欲试，这对孩子来说是一个很好的锻炼机会。而且，由于过了一段日子，书中的很多情节孩子可能已经记不清楚了，就会有动力再看一遍。

提问法。

针对孩子以前读过的书，提一些问题。如果孩子回答对了，就给予表扬；如果孩子回答得不对，就引导孩子说："你以前所看的一本书中讲过，让我们再看看好吗？"

对孩子提出更高的要求。

孩子读第一遍时，往往只追求新奇。在他读完一遍以后，可以就书的内容给孩子提出一些更深层的问题。这样，孩子就可以带着问题进入第二遍、第三遍阅读，自然劲头十足。

硬性规定。

可以给孩子一个规定，每本书必须看几遍，多长时间后必须温习一下以前的书等等。甚至可以给孩子制定一个"旧书温习日"。规定孩子每到这一天，必须看一遍以前看过的书，背一遍以前背过的古诗，等等。

总之，"温故知新"阅读法，其核心是个"知"字。只有通过温习，在温习的过程中，进行认真的思维、体会，才能有新"知"。温习和重读，自然不是像擦玻璃那样，在知识的表面滑来滑去，而应该像钻头打洞那样，每转一圈，就深入一层。

温故也需有所选择

需要注意的是，不是每一本书都值得重读重温的。只有有选择地"温故"，才不会浪费过多的精力。我们可以凭借记忆，以及过去阅读时留下的阅读笔记或摘录卡片，去重温那些值得重温的书籍。这一点，必须让孩子知道。

知识需要合理的组合、适度的重复，才能为我所用。而常读常新，温故知新，应该成为我们的一种良好的阅读习惯。读书要有这种不断"温故知新"的精神，浅尝即止，永远游不进深海，只能在海边徘徊。

贴心提示：注意事项

1. 重温重读的方法不同于初读，而应该是抓住重点部分，边读边思索。

2. 温习和重读，不是简单地重读，应在原有的基础上进一步加深，有所新的发现或体会，这样才能达到"知新"的目的。

孩子
你是在为自己读书

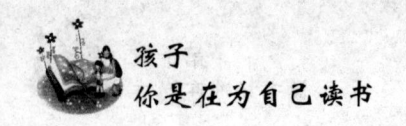

精品读书法

读书要善于综合分析，抓住重点，掌握要义，不在于知道了什么，而在于弄清了为什么，切忌囫囵吞枣。精读好比"吃螃蟹"

这里以吃螃蟹做比喻。在吃的时候，能不分壳不分肉，一块儿吃下去吗？当然不能。因为有的部分能吃，有的不能吃。因为螃蟹的结构比较复杂，所以要处理，吃的时候还要加佐料。

读书，本质上和吃螃蟹是一样的道理。也就是说，你必须把这本书的内容根据你的需要、你的角度对它进行重新处理和安排：什么是要记住的？什么是不需要记住的？什么是需要理解的？什么是可以不太理解的？什么是重点的？什么是非重点的？都要搞清楚。

又比如吃酒席，一道菜一道菜上，你能一道菜跟着一道菜吃，哪一样都不遗漏吗？当然不可以，胃没那么大。读书也是这样，人的精力有限，如果不动脑子，不加选择，就很难真正获得有用的知识。

如何学会"精品阅读法"？

精品读书法有两个原则：

（1）在精读一本书之前，不妨提出几个问题，让孩子在阅读过程中尝试着回答：

①这本书大体上讲的是什么？概括书的主题和中心内容，复述书中情节。

②这本书的主要人物是谁？他有什么特点，作家是怎样表现人物的？你喜欢他吗？为什么？

③你对书中故事的结尾满意吗？如果你来写这本书，你会怎样安排故事？

④这本书的意义何在？你觉得这本书对你有意义吗？它给了你什么知识？又给了你哪方面的启迪？

（2）读书之前，应先仔细看标题、作者、出版社、目录、序言、后记、内容摘要等，基本了解书的大概内容和主要情节等。

贴心提示：细读的注意事项

细读是精读的关键阶段，精读的效果如何，主要取决于这一阶段的收获。细读一定不要贪多求快，须仔仔细细、认认真真地读，一个字、一句话乃至一个标点都不要轻易放过，一定要把其中的准确含义琢磨清楚，然后通过思索把作者的观点和文中的实质内容"抓"出来。

快速阅读法

快速阅读是一种高效率的阅读方法，在发达的西方国家，这是一个时髦的研究课题。

也许有人会担心：一旦加快了阅读速度，就会影响对内容的理解。实验证明并不是这样，正如人们阅读一个字时，并不需要把这个字的每一笔、每一划都看清楚，而只要凭整体形象就能辨认，词和句子也是一样，只要其中几个主要的字眼映入大脑，大脑就能凭经验将它们连接成一个完整的意思。所以，只要在快速阅读时集中精神，就不会影响对书的理解。那么，快速阅读法要掌握哪些要领呢？要默读，不要朗读

发声的阅读是快速阅读的大敌。在朗读的时候，思维上要受到限制，阅读也就无法连贯起来，所以，在想要快速阅读的时候，最好采用默读的方法。

小孩子读书时都喜欢念出声来，而且孩子也确实需要通过朗读的方法来提高自己的语言能力。不过，仍然应该指定一些书，让小孩子默读。

不要反复浏览

大凡科技读物、普通消遣书籍，以及一些报纸，一般情况下，读一遍就可以了。即便是有其他情况要求回头浏览，也要等整篇读完之后，再回过头重复某项内容。

有些读者因为阅读时留下的印象不深，不得不随时倒回来看，这样不仅不能提高阅读速度，而且还不利于整体把握书的内容。很多有经验的读者，能够把眼光很清楚地集中在那些关键词语、关键句子上，避免眼睛不

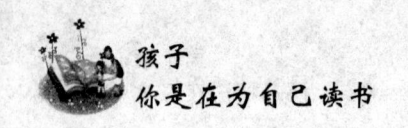

断地在句子之间来回移动。这是快速阅读法中最根本的要领。提倡有理解地阅读

阅读时，应该抓住实质性的关键词。理解，就是探索出读物的思想。

速读与理解有很大的关系，阅读中如果能顺利而快速地理解所读到的词、句、段落和篇章，把握其内在联系，阅读速度就快，否则阅读速度就慢。因此，要完成快速阅读并且取得好的效果，必须提高理解文章的能力。

另外，用电脑进行演示训练，用投影仪进行字群训练也可刺激注意力的集中。

需要指出的是：在速读训练中，要注意克服心理障碍，例如：一味求快、不求效果的急躁心理、多次训练后的厌倦心理等。

采用"筛选"式阅读法

有意识地带着问题去阅读，在扩大视力幅度的基础上，可以通过扫视，在文章中搜捕自己所需要的内容。

要聚精会神地阅读

快速阅读必须有"强化"的注意力。注意力是外界信息进入人脑的"大门"，控制注意力的能力是快速阅读的标志。

阅读时，人的注意力高度集中，阅读速度才会加快；注意力不集中，思想开小差，其他杂念就会乘虚而入，阅读速度就难以提高。

需要说明的是，注意力是可以训练的，孩子从小就应注意培养集中注意力。方法有很多，例如：阅读一本书时，尽量在一个没有干扰的环境下进行；经常进行速读训练，因为速读时是没有时间想别的事情的。

发挥"余光"的作用

阅读时，视线应与读物成垂直线，并充分发挥视线的"余光"作用，就能多读到一些内容。另外，在阅读的时候，要注意扩展自己的视距。每一个人的视距不一样，有的人一眼可以看清5个字，有的人一眼可看清一行，甚至于一目十行。

但是，人的视距不是固定不变的，它可以经过训练加以扩展。据专家研究表明：眼视线的清晰区为15度角，人只要具备发达的余光区，就能扩大视距。怎样训练扩展视距呢？可以利用日常生活中的一些机会进行训练，例如，在读书看报时，按短语或词义关系，把句子分成若干组进行阅读，以扩大视幅。

运用跳转读书法

很多人在阅读过程中，常常希望自己能将一本书的内容全部吸收。这种情况在心理学上叫做"求全态度"，这样自然会影响速度。

要想提高阅读的阅读速度，可以先把扫视的注意力放在发现文章的构思上，尤其要注意文章要点的出现规律，掌握了这个规律，有的地方就可以跳过不看，而同样能起到掌握要点或获得所要知识的作用。这样做的效果，是提高了阅读的速度与效率。

贴心提示：父母应注意的问题

（1）帮孩子选择妥当的阅读时间。睡醒后不应该立即阅读，因为这时大脑神经系统尚处于抑制状态，还未兴奋起来。凡是在违背生理规律或违背"生物钟"的状况下读书，速度都不会快。

（2）注意孩子的情绪：过于忧伤或过于高兴都不利于提高阅读的速度，孩子在稳定的、舒畅的、随意的精神状态下阅读效果最好。

（3）指导孩子在阅读中有目的地去记忆，例如，不必去记无关紧要的词句，却要记住作者的创作意图及主要内容。

精读和泛读并举

从读书的范围来说，一种是泛读，一种是精读。但对于刚刚开始读书旅程的人来说，精读必须以广博的知识为基础。广泛阅读能修身养性，对于那些自己喜爱的书、该读的书、有益的书，绝不要轻易放过。

也许有人会说，孩子没有正确的判断能力，难免错误地选择书籍。但是，只有多读，才能分辨自己是否需要，从而提高自己对书的判断能力和鉴赏能力。如果阅读范围狭窄，是很难选好书的。直接读那些专家学者所推荐的书可以算做一个捷径，但这远远不够。所以，对于孩子来说，泛读是十分必要的。

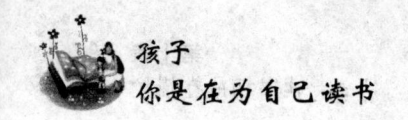

当然，对那些特别有价值的书，精读当然也是必不可少的。读书的上策是泛读与精读同时并重，从广泛的知识中求得丰富深厚的养料。

泛读的方法

泛读，一般是指一种对所阅读的书籍只求"观其大意"的读书方式。其特点是快速。通常的步骤是：浏览前言，通读目录，抓住重点，快速摘记，看结束语。它是一种扩大知识面的主要阅读方式。泛读的具体方法，可以分为下面几个步骤。

（1）浏览前言。浏览前言是泛读的第一步。在浏览前言时，主要是了解该书的大体内容、作者的创作动机、时代和文化背景等等。这些都能够帮助我们更好地理解作品。

（2）通读目录。通过对目录的通读，可以知道究竟该阅读哪些内容，而哪些内容又是该精读的。

在阅读目录时，如果有的目录看不出所以然来，可以简略地对照一下正文，知道内容的大体情况。

为了更好地掌握需要阅读的内容，在阅读目录的时候要准备一支笔，或者几只颜色不同的笔，区分重点和非重点，作好记号，以便为精读做准备。

（3）抓住重点。泛读是一种扩大知识面的阅读，但泛读并不等于泛泛而读，因此，泛读也应抓住书中的重点内容，这样才能达到阅读效果。

（4）快速摘记。为了提高阅读效率，在泛读中一般不用做笔记。

由于是泛读，阅读的速度就比较快，如果需要做笔记，最好采用摘记形式，主要是摘录书中最为重要的部分。

如果遇到特别重要，需要记录的部分，就必须放慢阅读速度，做好笔记——这就是在泛读中插入的精读。

（5）阅读后记。后记的重要性与前言一样。在后记中，我们可以看到作者创作后的感想，以及自己对作品的评价。

从中，可以揣摩自己是否有同样的感受，自己对作品的评价是否一致。如果不一致，就要找出自己在理解上的偏差，这样有助于提高阅读能力和理解能力。

精读的方法

当然，在泛读的过程中，你会遇到一些自己特别喜欢的内容，这时候，就可以对自己所需要的内容进行精读。

由于精读所花费的时间比较多，所以，在选择精读内容的时候一定要谨慎，一旦选择出现失误，等读了好一会后，才发现所读内容没什么价值，就会浪费时间、降低效率。精读一般适用于阅读教科书、经典著作、信息量丰富且价值较高的书籍。

在指导孩子精读时，父母要注意如下几点：

（1）对精读的书籍要有选择性。

怎样来判定一本书是否具有精读的价值呢？主要是看所阅读的书籍是否具有"五性"：

思想性：看它是否有利于净化思想，陶冶情操。看该作品中所表达出的思想是否贴近孩子年龄段的需求，是否和教育目标相吻合。

实用性：看看是否能对孩子增长知识、提高学习能力、学习为人处事的道理等给予实质性的帮助，对于那些只是泛泛而谈，没什么意思的东西，就不必精读。

知识性：看是否有利于开阔孩子的视野，完善孩子的知识结构。知识必须是孩子可以接受的知识，过深过浅都不可取。

专业性：要针对孩子所需要的专业知识而定。

浓缩性：有些书籍为了增加篇幅，拉拉杂杂地写了好几百页，而实际上具有可读性的往往却只有几十页。这样的书一般不提倡给孩子精读。

（2）精读要有计划性。

结合孩子的兴趣、爱好、阅读能力和心理需要，列出具体的需要精读的书目，然后制定合理的阅读计划，严格地、循序渐进地阅读。只有这样，才能得到预期的效果。

（3）要拥有得当的精读方法。

精读的方法有很多，下面推荐一个名为"四步精读法"的阅读方法。

第一步，预读。

所谓的预读就是通览，主要是阅读所读内容的标题及相关注释，了解书籍的写作背景，作者的生平和主要著作简介，出版社主要的出版方向，

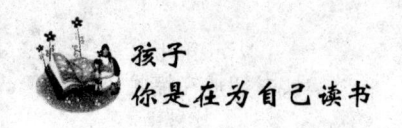

以及掌握书籍的主要内容。

第二步，通读。

在通读时，必须集中全部注意力，迅速判断并准确理解关键词语，理解作者在全书中想要表达的思想。对一些比较难以理解的地方，指导孩子结合上下文猜测其含义，或者在精读之前帮孩子做一下疏通工作。还可以指导孩子在读的过程中，参考作者的生平事迹和主要著作，以便了解作者的创作思路，更好地理解作品。

第三步，回读。

当对全部内容通读了一遍后，应该及时采用跳读法再读一次，以把握全书及各个章节的主要内容，分析作者的思想感情、观点态度，并能用自己的语言进行表述。

在回读的时候，也可适当合上书本，回忆并复述部分内容。

第四步，赏析。

在前三步的基础之上，对书中所表达的思想内容、作者的观点、感情以及遣词造句、布局、表达方式等各个方面来做出分析和评价，鉴别作品的好与坏。

在这个过程中，需要运用丰富的联想和想象，同时也需要进行判断和思考。

当然，根据孩子的年龄和阅读能力的不同，父母可以给予一定的帮助和配合，同时，对孩子提出的要求不宜过高。

此外，在采用精读法阅读书籍的时候，应该注意以下两点：

第一，精读一般都是在泛读的基础上进行的。所以，应指导孩子处理好广博与专业、泛读与精读之间的关系。只有将两者之间的关系适当地调配好了，阅读才能收到良好的效果。

第二，要想在精读的过程中收到比较好的阅读效果，在精读的时候还要注意科学运用大脑，科学调剂时间；可以采用分配学习和交叉阅读相结合，以达到最佳的阅读效果。

贴心提示：泛读的重要性

泛读也是读书策略中整体运筹的重要内容。在知识更新加快的今天，人们需要读的书越来越多。如果对所读的书都要求达到精读的程度，那是不可能的。就读书的总体来说，对一小部分书应达到精读的程度，而对大部分书只能求其了解，泛读即可。只有泛读，才有精力和时间来读更多的书，扩大知识面，从而增强精读书目的阅读效果。

重视工具书

平时在阅读过程中，我们会遇到一些生字、难句或者疑惑不解的地方，遇到自己不明白的有关知识。这时，我们就会去翻翻字典、词典，从中找出答案。因此，使用工具书的能力，是基本阅读能力中不可缺少的部分。不会或不习惯于使用工具书，就不能说是具备应有的基本阅读能力了。会不会使用工具书，有没有养成使用工具书的习惯，对于基本阅读技巧的培养非常重要。

工具书的类型和功能

孔子说："工欲善其事，必先利其器。"工具书就是我们阅读过程中的利"器"。

工具书的类型有字典、词典。解说文字最早的工具书是汉代许慎的《说文解字》。这部工具书以讲字形为主，首创了按部首排列的方法。《广韵》是宋代的一部韵书，讲字音为主。后来编撰工具书的学者们把音、形、义结合起来，产生了《中华大字典》、《辞源》、《辞海》等工具书。

字典的主要功用是查字，比如《新华字典》、《汉语大字典》等；词典（又作"辞典"）的主要功用是查考词语。词典按性质来分，又可分为语文词典（如《现代汉语词典》等）、专科辞典（如《哲学大辞典》等）以及兼有语文词典和专科辞典双重特点的综合性辞典（如《辞海》等）。工具书的使用方法

汉字查字法主要有两类：一类是按照字形来查字，可以分为部首、笔画、笔顺、四角号码等几种；一类是按照字的读音来查字，也就是按照汉语拼音音序来查字。

此外，工具类的书籍还有书目（如《全国新书目》等）、索引（如《人民日报索引》等）、年鉴（如《中国百科年鉴》等）、手册（如《各国

货币手册》等），以及历表、年表、地图、年谱，等等。在阅读与写作中，遇到一些知识性的故障，不要忘了使用工具书。工具书是不说话的老师。比如，关于"分"和"份"的使用，通过查阅了有关工具书后，除了表示量词（如"一份材料"），以及身份、省份、股份、月份和年份之外，其他都必须使用没有单人旁的"分"字；"覆"与"复"、"像"与"象"等，在使用时也都比较容易混淆。然而你只要查一下工具书，便不会使用不当了。通过查阅一些工具书，还能纠正一些容易写错的字。如，"按部就班"不能写成"按步就班"；"翻天覆地"不能写成"翻天复地"；"原形毕露"不能写成"原形必露"；"再接再厉"不能写成"再接再励"；"坐收渔利"不能写成"坐收鱼利"，等等。

当我们在查阅字典或词典的过程中，遇到多音多义字词，就要根据语境确定读音和义项，学会分辨字词的基本义、引申义、比喻义、转化义等，做到读音正确，释义正确。另外，你还要注意工具书的附录部分，附录部分常常有一些表格，如《新华字典》就附有"我国历史朝代公元对照简表"、"我国少数民族简表"、"我国各省、自治区、直辖市及省会（或首府）名称表"、"世界各国和地区面积、人口、首都（或首府）一览表"、"计量单位简表"、"元素周期表"等，需要时可以随时查找、核对。

听说在文言文阅读中，有的同学不但善于使用工具书，而且还自己编工具书。比如《常用文言实词字典》、《通假字字典》、《常见古今字》等。学生自编文言文工具书，能够起到梳理知识点的作用。有关专家提示，自编工具书要强调的是自己动手而不是照抄、照搬书上和他人整理成文的材料。自己动手就要通过自己的大脑，变为自己的知识储存；自编工具书的例子要从课本中找，例子不要有限制，应尽可能多一些；自编工具书不必"一步到位"，可经常整理，逐步完善。在编制时，要尽可能留有一些空白的地方，以便于随时充实。

贴心提示：教孩子查字典

学会查字典，养成查字典的习惯，这是保证阅读成果的必要方法，也是研究性阅读必备的基本功。父母应尽早教会孩子使用字典，并鼓励他们尽量通过查字典把生字难词搞懂。

第十一章　书读百遍、其义自见
——训练孩子的阅读能力

相对于阅读技巧，阅读能力是更深层次、更抽象的东西。阅读方法可以因人、因具体的书籍而异，但阅读能力却是每个人都必须具备的。当然，阅读能力不是天生就有的，它需要后天不断地训练。

只有具备了阅读能力，才能获得真正的收益。阅读能力有很多方面，这里我们主要讲思考能力、逻辑思维能力、好奇心、记忆力、想象力、怀疑精神等几个最重要的方面。

思考是阅读之魂

思考在阅读过程中的地位究竟如何呢？

对于这个问题，古人有许多精彩的论断。如孔子在《论语》里说："学而不思则罔，思而不学则殆。"宋代学者朱熹更是把"思考"作为一条学规，他认为：学便是读，读了又思，思了又读，自然有意。若读而不思，则不知其意味。若读得熟而思又精，自然心与理一，永远不忘。清代学者王夫之也说过："致知之途有二，曰学，曰思。"

关于阅读与思考，古往今来，人们还有好多精辟的见解，例如"好学多思"、"博学缜思"等。这些都揭示了学与思、读与思之间密切的关系，强调把阅读和思考结果起来。

说思考是阅读的灵魂，丝毫不为过，阅读过程实际上就是大脑思考的过程。现代心理学家和阅读研究者通过实验证实：阅读的根本机制在大脑，而大脑的主要作用是思维。从这个意义上讲，要提高阅读能力，就要从培养思考能力做起。

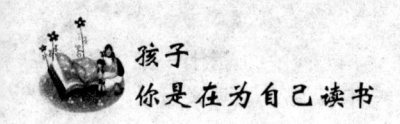

教孩子几种思考方法

与具体的行为相比,"思"是精神层面上的,比较难以把握。很多父母也想培养孩子的思考能力,无奈"脑子"长在孩子身上,似乎无从着手。其实不然,思考也是有一些方法和规律可循的,下面就介绍几种:

未读先思法

这种方法是先根据书的题目和章节标题进行思考,在脑子里构成一本书的轮廓。在读的过程中,与自己之前的推想进行对比,这样可以加深对书中内容的理解。

这种方法操作起来并不难,父母可以和孩子一起念念书的题目和章节的题目,再给孩子读读书中的几个段落,然后让孩子描述:你觉得这本书会讲些什么?你能想到什么?然后再让孩子开始阅读。

正读反思法

也就是从正反两方面理解和评价文章,从而更深刻地理解原文的一种思考方法。所谓正读,就是要正确地理解文章的本义,而反读,则是指按照与习惯性思维相反的方向思考。

对6岁以下的幼儿,这种方法要慎用,因为此时孩子太小,接受不了这么复杂的东西。

读后再思法

顾名思义,就是先读原文,正确理解原本,再根据自己已有的知识进行综合分析,提出自己的见解。这大概是很多孩子都会采用的方法。

不过,使用这个方法时要注意:读原文时不能抱偏见,要尽量避免先入为主;分析时要全面,要敢于质疑。

掩卷凝思法

就是在读完全书后,合上书本,继续凝神思索、复现、回味书中的内容,或探寻某种深意等。采取这种方法,不仅可以对书的内容有一个整体的了解,对书的重点有一个更清晰地认识,还可以记忆得更牢固。

除非是特别好玩的书,否则孩子很少会主动地把整本书凝神回顾一番,所以这需要父母的监督或引导。

总之，思考是阅读之魂，要想从书本的阅读中获得更多的收获，唯一的办法就是多思考。唯有思考才能更好地理解，唯有思考才能创造，唯有思考才能更好地记住它。

贴心提示：集思广益

我们提倡阅读要耐得住寂寞，要善于独立思考。不过，书本里的世界是复杂，有时仅凭一人之力，很难看清全貌，这时就要依靠集体意见，集思广益。父母应培养孩子敢于讨论，敢于表达自己的观点，敢于与他人论战的性格。

好奇心——阅读思考的驱动器

所谓好奇，是对自己不了解的事物觉得新奇而感兴趣。而兴趣是阅读入门的向导，成才的起点；同时，好奇心还会引导孩子去思考书本中的问题，从而得到更多的收获。所以说，要训练孩子的阅读能力，首先就要保护孩子的好奇心，培养孩子的好奇心。一个对万事万物都冷漠对待的孩子，很难想象他能有兴趣完整地阅读完一本书，并进行思考。

好奇心的表现及其作用

好奇心的第一个好处就是可以驱使幼儿积极思考，不断提出问题和解决问题。因而，它的外在表现就是：孩子特别喜欢向父母提问，甚至提出的是很荒谬、很古怪的问题。他们常常会问爸爸妈妈"这是什么，那是什么？这个东西从哪里来的，那个东西是怎样做的?"等等。

这些都是孩子好奇心的体现，只可惜，生活中有很多父母，对于孩子的这些问题，觉得厌烦，要么粗暴地推开，要么就是随便给个错误的答案敷衍孩子。

在阅读时，孩子也会提出很多问题，他们看到动画片里的场景，会充满期待地问爸爸妈妈："孙悟空是真的存在吗？他真的是住在天上吗？我能见到他吗？""为什么哪吒可以有那么高的本领，为什么那些怪兽的嘴里可以吐出武器？我也能练成这样的本领吗？"诸如此类的问题，可以说是

孩子
你是在为自己读书

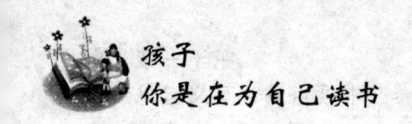

一个接一个,这些都是孩子好奇心的体现。它说明孩子在通过书本认识现实世界,孩子在思考,在想象。

柏拉图说:"好奇者,知识之门。"牛顿看到一个苹果落地,对此感到好奇,从而发现了万有引力。这些都充分说明了好奇心的神奇魔力。若小孩子不好奇,那他就不思考了,不去与事物接触了,又怎样从阅读中得到收获呢?所以说,父母一定要保护和激发孩子的好奇心,有了好奇心,孩子就会主动要求阅读,并主动去思考、主动提出问题。

如何保护和培养孩子的好奇心?

提供让孩子好奇的机会。

在生活中,父母要主动给孩子创设"新、奇",提供机会,让孩子觉得新奇而感兴趣。可以采用以下方法:

- 以竞赛的方式引发好奇,以竞赛促思考;
- 猜谜语、讲故事、做游戏等形式。
- 充分利用多媒体手段,把"静"的东西变"动","死"的东西变"活","无声"的变"有声","无形"的变"有形"。

鼓励孩子的好奇心。

对于孩子的好奇心,父母应给予鼓励。当孩子向自己提出一些问题时,即使这些问题在父母看来很荒谬、很简单,也不要嘲笑,而要给他一点表扬。譬如:"你能想到这个问题,真不错。"

满足孩子的好奇心。

当孩子因为好奇心而对父母提出一些要求时,父母应予以满足。比如,当孩子向父母提问时,不管在成人看来问题有多荒唐可笑,如"土里为什么长不出小猫和小狗",父母也要给予形象的解答,不要感到不耐烦,更不要蒙骗孩子。倘若这个问题父母自己也不懂,则可以和孩子一起翻书,一起从书中找答案。

再如,倘若孩子想触摸什么东西,孩子见到了某种奇怪的植物想仔细看看等,父母都应该能满足就尽量满足孩子的要求。

使好奇心转化为兴趣。

例如，孩子想拆一个音乐盒，家长可以把孩子对音乐盒的好奇扩展至对玩具汽车、电动小熊等的好奇上来，从而拓宽幼儿的兴趣，开阔幼儿的眼界。

贴心提示：

当心，一声呵斥泯灭孩子的好奇心生活中，常常有些孩子，他们会因为好奇心的驱使，把好好的玩具汽车给拆坏了，把家里的椅子刻得乱七八糟，在墙上乱涂乱画等，每当这个时候，父母常常是一声怒斥。殊不知，这些活动正是孩子好奇心的体现。其实，当孩子出现这些情况时，父母不妨正确引导，譬如，教孩子怎么把拆散的玩具重新拼凑起来，教孩子如何正确画画，等等。

逻辑思维能力的培养

逻辑思维是一种有条件、有步骤、有根据、渐进式的思维方式，是借助于概念、判断、推理等思维形式所进行的思考活动。它是一种非常重要的能力，不仅在阅读中会被广泛运用，也会应用到孩子的其他学科中。

孩子思考的逻辑问题

小学生和幼儿的逻辑思维能力往往比较差，需要训练和指导。很多小学生会在作文中犯逻辑错误，例如："一大清早，我和妈妈去逛街，到了晚上才回家"（中途提到很多活动，唯独没有提吃饭，这就是逻辑错误）；"今天是个大晴天……我的漂亮的小雨伞使我出尽了风头"（这儿是前后矛盾）……类似的问题在幼儿和小学生身上普遍存在。

逻辑思维能力的培养

儿童心理学家及儿童教育学家根据儿童生长发育的特点，提出以下几种方法：

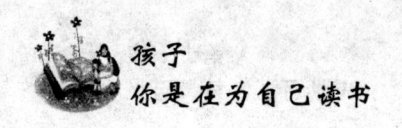

（1）学习分类。

即把日常生活中的一些东西根据某些相同点将其归为一类，如根据颜色、形状、用途等。

父母应注意引导孩子根据事物的相同点，将日常用品归类，进而学会在制作读书卡片时将性质相同的事物归为一类。

（2）认识大群体与小群体。

先教给孩子一些有关群体的名称，如家具、动物、食品等。使孩子明白，每一个群体都有一定的组成部分。同时，还应让孩子了解，大群体包含许多小群体，小群体组合成了大群体。如植物里面包括花，而花又是植物的一种。

（3）帮孩子了解顺序的概念。

这种学习有助于孩子今后的阅读，这是训练孩子逻辑思维的重要途径。

这些顺序可以是从最大到最小、从最近到最远、从最重到最轻、从最硬到最软、从甜到淡等，也可以反过来排列。

（4）建立时间概念。

幼儿的时间观念很模糊。因此，父母教孩子掌握一些表示时间的词语，理解其含义，是十分必要的。

当孩子真正清楚了"在……之前"、"立即"或"马上"等词语的含义后，孩子不仅逻辑思维能力可以得到很大提高，也会变得规矩很多。

（5）教孩子理解基本的数字概念。

不少学龄前儿童，有的甚至在两三岁时，就能从1"数"到10，甚至更多。但是，与其说是在"数数"，不如说是在"背数"。他们虽然会背，却并不能正确理解这些数的含义。

因此，父母在孩子数数时，不能操之过急，应多点耐心。让孩子一边口里有声，一边用手摸摸物品。

同时，还应注意使用"首先"、"其次"、"第三"等序数词，也可以帮助孩子掌握一些增加、减少的概念。

（6）教孩子掌握一些空间概念。

成人们往往以为孩子天生就知道"上下左右，里外前后"等空间概念，实际并非如此。孩子在生下来时对这些是一无所知的。

所以父母可利用日常生活中的各种机会引导孩子，比如："请把勺子放在碗里"。对于幼儿来说，掌握"左右"并不容易，父母需有耐心。而掌握"东、西、南、北"等方位词，对幼儿来说难度太大，父母不必强求。

贴心提示：培养孩子的概括能力

对于稍大的孩子，父母应试着培养孩子的概括能力。例如，在读一本书时，要求孩子回答"这篇文章的中心思想是什么"、"作者通过哪几个方面来表达中心思想"、"重点是什么"、"除了重点还讲了哪些问题"等等。让孩子一下子回答正确并不容易，但重要的是父母要经常对孩子进行一些类似的训练。

想象出一片新的天地

爱因斯坦说过这么一句话："想象力比知识重要，因为知识是有限的，而想象力概括这个世界上的一切，推动着进步，并且是知识进化的源泉。"的确，想象力是阅读中的一种重要能力，一个想象力丰富的孩子，才能从阅读中获得更多的收获。文学理论专家们普遍认为："一个作家是否具备想象力，是衡量其才气的重要方面。"

两种阅读想象

阅读想象分为两种：再造想象与创造性想象。

再造想象。就是根据书本中语言文字或图形，在人脑中形成某种事物形象。例如，当读到"我们的老师瘦得跟电线杆似的"时，就在脑海里浮现出一个高高瘦瘦的教师形象，读到"红红的番茄"时，就在脑海里浮现出我们平常所看到的番茄。

再造想象是非常重要的，倘若不会再造想象，孩子就会永远停留在"机械记忆"的层面上，一切书籍都会变得晦涩难懂、了无生趣。

创造性想象。创造性想象就是根据已有的知识相成新形象的能力。其本质特征是独特性、首创性和新颖性。例如，鲁迅通过读《资治通鉴》，

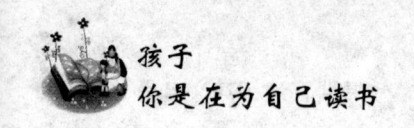

得出了"中国历史是人吃人的历史"这一独特见地,从而创作出了小说名篇《狂人日记》。

创造性想象也是十分重要的,没有创造想象,在阅读中就不会有创造。不过,创造性想象比再造想象要难得多,这就对孩子提出了更高的要求:要把阅读活动当成创造性活动,不能只是被动地当"知识吸收器"。如何培养孩子的阅读想象力?

首先,积累丰富的感性知识。

心理学家泰勒指出:"具有丰富知识和经验的人,比只有一种知识和经验的人,更容易产生新的联想和独到的见解。"

在阅读中有"共鸣"一说,它被称作是阅读的较高境界。也就是个人的体验与作者的体验融为一体,感同身受。它是以读者具备丰富的人生体验为前提的。

读者有无切身经验,直接决定了想象力的发挥和阅读效果的好坏。那么,如何积累丰富的感性知识呢?途径有二,一是多阅读书籍,获得间接知识,二是多参加社会实践。

其次,设身想象。

设身想象就是进入书本特定的情境里设身处地地想象。

阅读作品的感染力在于"情",而"情"往往又与特定的形象(如作品的主人公)紧密结合在一起。所以,在阅读时可以想象自己就是主人公。如读到《再见了,亲人》中告别的情境,想象自己就是其中的一位告别的人;《十里长街送总理》中"等灵车"的场景,想象自己就是等总理灵车群众中的一员等。

第三,让孩子多写游记和作文。

写游记需要把看到的山山水水在自己的脑海里浮现,构思出一篇文章,写作文更是需要根据自己的想象和虚构写出一个故事……经常做做类似的训练,对培养孩子的想象力和发散思维都大有好处。不过,这个方法不能使用太频繁,否则会让孩子厌烦。而且,给孩子布置这样的任务也要尽量贴近孩子的生活经验,让孩子觉得有话可说,有东西可想。

贴心提示:多给孩子听音乐

听音乐可陶冶孩子的性情,美好的音乐可以让孩子沉浸其中,浮想联

第十一章
书读百遍、其义自见

翻。很多大一点的孩子都有类似的感受:"听着音乐,有一种舒服自在的感觉,写作的灵感特别强,想象更活跃!"

父母还可以将各种声音录制下来,时而播放歌声、掌声、欢呼声;时而播放雨声、流水声、鸟叫声、蛙叫声、石头滚动声……让孩子根据这些声响想象声音间的联系,想象当时的场面等。经常让孩子做一些类似的训练,孩子的想象力一定可以得到大的提高。

记住的知识才是自己的

记忆力是知识的仓库,在阅读中有着不可替代的东西。眼睛看到的东西即使再多,也没什么了不起的,只有记住的东西,才是自己的。但是,人的记忆力不是先天就有的,而是通过后天培养的。

了解遗忘的规律

要培养孩子良好的记忆力,先让我们来了解一下遗忘的规律。

(1)遗忘曲线。

遗忘曲线是描述遗忘速度的曲线,它表明了遗忘发展的一条规律:遗忘的进程是不均衡的,在识记后最初的一段时间遗忘的速度比较快,而后逐渐变慢。

根据这一规律,为了防止遗忘,应及时复习,"趁热打铁"。其后多次复习,然后随着记忆的巩固,复习的次数可以逐渐减少,间隔的时间也可以逐渐拉长。

不过,值得指出的是:遗忘速度在很大程度上还是取决于材料的数量和性质。熟记有意义的材料,遗忘速度在最初较慢,而无意义的材料,遗忘速度就会加快。所以说,应尽可能地理解文章的意义,不要死记硬背。

(2)遗忘的两种形式。

遗忘有前摄抑制和后摄抑制两种形式。

前摄抑制就是指:刚刚熟记的内容,倘若与以前记过的内容相似,就容易引起混淆,对后来记的东西产生不利影响。

后摄抑制就是:刚刚记会某个内容时,立即又去记和它相似的材料,或者做很难的作业,就很容易把刚刚记会的东西给忘掉。

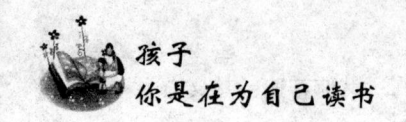

根据遗忘的抑制现象的原理，应该指导孩子合理地安排阅读的内容和时间，尽量减少前摄抑制和后摄抑制。如果学习两种类似的东西，那么中途一定要空出一段休息时间。

提高孩子记忆力的方法

记忆方法是影响记忆力的最重要因素，因此，从小就应教会孩子一些正确的记忆方法，包括：

（1）感官帮助记忆。

包括多通道协读记忆法、朗读记忆法和笔记法。

多通道记忆法，就是引导孩子在记忆过程中尽可能地把自己的眼、耳、口、手都动员起来，让多种感官协作。朗读法，就是将要记的材料一遍一遍地大声朗读出来。这个方法在孩子小的时候要经常使用，并且养成习惯。如果孩子没有开口的习惯，那么父母一定要想点办法。笔记法，就是在阅读时把重要的东西记下来，这是弥补脑力不足的重要方法。尤其当孩子处于精神不振或疲惫状态时，就可以采取这种方法。

（2）重新组织记忆的材料。

如：提纲记忆法，就是将要背的东西的重点列成提纲，再对着提纲一条一条地回忆。

分段记忆法，就是把要记的东西分成一段一段的，再分别攻克，这样既可以使内容之间的关系更明确，又可以减轻心中的压力，增加成就感。

（3）抓住记忆的最佳时间。

包括及时复习记忆、限时记忆等。

总之，关于记忆的方法，可以说是数不胜数，父母可以一一介绍给孩子，然后孩子在实践的过程中，可以根据自身的特点，重点选择几种对自己有效的方法。

贴心提示：运用网络学习记忆方法

聪明的人类开发出了许许多多有效的记忆方法，这些方法在网络上也能找得到。最简便的路径是：运用百度或Google，键入"记忆法"三个字，就会出现许多相关页面。

第十一章
书读百遍、其义自见

尽信书，则不如无书

俗话说得好："尽信书，则不如无书"，读书时要敢于质疑，怀疑精神也是阅读能力的重要组成部分。爱因斯坦在谈到读书与才能的关系时说："我没有什么特别的才能，不过喜欢追根究底罢了。"

翻开历史，古今中外有作为的人，几乎无一不是从多想、多疑开始的。墨子在儒家受教育，但他对孔子的某些观点产生怀疑，因而创立了道教。哥白尼质疑"月心说"，提出了"太阳中心论"；爱因斯坦否定了科学巨匠牛顿的绝对空间和绝对时间概念，提出了相对论……这样的例子还有很多，但都告诉人们一个道理：尽信书，则不如无书。

那么，应如何培养孩子的怀疑精神呢？可以从以下几方面着手：独立思考，提出自己的观点质疑

首先，要指导孩子在阅读过程中独立思考，通过思考发现疑点，进而通过探索、分析、研究来解决这些疑点。可以说，没有独立思考，就不会有质疑。

下面给出几种读书提出疑问的技巧和方法：
（1）找原因。
阅读时多问几个"为什么"，养成对事物寻根究底的习惯。
（2）寻规律。
任何事物都有自身的规律。对于书中所给出的那些规律，最好自己先思考一下，自己寻找规律，再对照一下书，看看书上讲的对不对。
（3）逐步深入地提问。
首先看看书中的观点是什么？它是否经过了实践的证明？它的理论依据和事实依据分别是什么？你对这个观点是同意还是赞成还是存在疑惑？等等。
（4）用准确的疑问句把疑问表达出来。在阅读的过程中，不管头脑中出现了什么疑问，不管疑问的程度是深还是浅，都应该用笔记下来。

敢于质疑经典

要在孩子心中树立"敢于挑战权威"的理念，即使是对于一些经典的书，也允许孩子提出疑问，对于孩子提出的疑问，应给予解答和鼓励。例

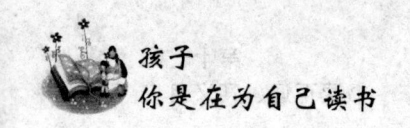

如，孩子在读安徒生童话时，可能会说："这太不合理了，那么冷的天，丑小鸭一定会被冻死的。"面对孩子的这种质疑，父母要给予鼓励，尊重孩子的质疑，和他一起讨论，而不要随口吼一句："你懂什么？人家是大作家，难道还没有你懂得多吗？"

世界上没有十全十美的东西，即使是经典的著作，也是会有瑕疵的。例如，很多思想性很强的文学作品，却可能存在情节拖沓的问题；很多文才很美的作品，也会存在思想性不够的问题。优秀的书中，也有可能存在谬误。所以，即使是一本公认的好书，也不妨引导孩子多问几个问题，例如：好在哪里？与另一书比比如何？有没有不尽完美的地方？等等。

集思广益来质疑

一般说来，在集体讨论中，人的思维更加开放，能想到的问题就更多。所以，父母应经常为孩子准备一些交流活动，不仅要引导孩子多与自己交流、争辩，也要创造条件让孩子多和其他小朋友交流。在交流中发现疑点，解决疑点。

质疑的方法还有很多，但最关键的是父母要尊重孩子的疑问，让孩子自己解决那些疑问。即使这些疑问在父母眼中都不是什么问题，也不要过早地把答案告诉孩子。孩子自己提出的问题，让孩子自己去想办法解决。只要父母尊重孩子的质疑心，孩子一定会变得更加聪明、多思。

贴心提示：通过实践验证疑问

当孩子对书本上的某个知识心存疑惑时，父母不要代替孩子找答案，而应让孩子在实践中自己去寻找答案。倘若孩子对花的生长周期有疑问，那么不妨让孩子自己种种花；倘若孩子对某个动物是否存在有疑问，那么父母不妨带孩子去动物园走走。在教育孩子的过程中，父母千万不要嫌麻烦。多带孩子去实践，不仅可以激发孩子的求知欲望，还可以培养孩子的动手能力。

第十二章　白首方悔读书迟
——珍惜读书时光

少年正是读书时

我国历史上的著名书法家颜真卿曾经说,"三更灯火五更鸡,正是男儿读书时。黑发不知勤学早,白首方悔读书迟。"

一个人的少年时代,是最佳的读书时光,一旦错过了,你的一生就会后悔不已。因此,我们要珍惜自己的读书时光。

人生苦短,读书学习的时间更是有限,所以我们应该珍惜宝贵的读书时光,不断充实自己,提高自己,为即将展开的更加绚丽的人生打下坚实的基础。

没有知识,只会处处碰壁;没有知识,只会寸步难行。珍惜现在,珍惜美好的读书时光,是我们正确的选择。只有认真读书,才能改变我们的命运!

相信很多孩子在家中,一定常常听长辈说起不识字的痛苦。因为他们小时候家里穷上不起学,只能"面朝黄土背朝天"地干农活。现在生活好了,却不能上学了。这样的事实也在提醒我们读书是多么重要,要珍惜读书的机会,"莫等闲,白了少年头,空悲切。"

现在的生活条件改善了,有些孩子反而不想读书了。许多同学总认为读书太苦,负担太重,承受不了,常常中途辍学或者干脆在校园虚度时光。抽烟摆酷,聚众打架成了"家常便饭"。不以为耻,反以为荣。

人生的道路很长,很多好的习惯和品质都是在青少年时代培养起来的。如果我们不珍惜读书时光,虚掷光阴,养成了不良的恶习,最后后悔的只能是我们自己。俗话说:自古凡翁多白头,少年最怕不读书。

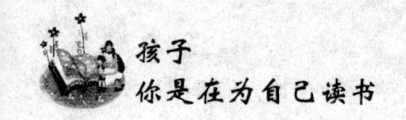

在青少年时代，如果我们不好好读书，很容易走上犯罪的道路，让我们来看看以下几个例子吧：

"恶魔团伙"大半未成年

从在街头打游戏机的小学生曹某被诱骗、绑架并被杀害一案入手，福建警方近日摧毁一个由17名青少年组成的少年杀人"恶魔团伙"，侦破绑架、抢劫、盗窃、杀伤多人等系列案件23起。这一团伙成员中，年龄最小的仅15岁，最大的也只有20岁。

小丫头指挥"少年帮"

南昌市一个由13岁至17岁男孩组成的"少年帮"，3个月内在滕王阁附近疯狂抢劫在校学生上百次，其中有的学生被抢劫30多次，有的还要定期交"保护费"，而指挥他们的"帮主"竟是一个15岁的少女田扬。田扬上初一时因家庭破裂而辍学，在游戏厅结识了一些不良少年，便结伙抢劫、敲诈，以获取"活动经费"。

涉黑头目年方十八

江苏宜兴历史上最大的带有黑社会性质的少年犯罪团伙主犯吴飞，近日被无锡市中级人民法院判处无期徒刑。吴飞年龄只有18岁，初中毕业后一直在"黑道"上混，称王称霸。他们平时刀不离身，成员大多有手机，出入"打的"。此次涉案人员中，有未成年人10人。

14岁抢劫杀人

仅仅因为缺少零花钱，上海一名年仅14岁、一向表现良好的少年便学电视里坏人的样，谎称其试卷落入天井里而骗开被害人家房门、入室抢劫并杀死女主人，在室内找不到钱的情况下，还去翻看血泊中尸体上的衣服。该少年日前被判处有期徒刑15年。

小小摩擦即动刀

上海某中学两名初三学生在班级卫生扫除中追逐打闹，其中一位不小心将另一位的毛衣撕开一个小口，引起推搡争执，在老师劝导下和解。但放学后，两人在同学怂恿下再度发生争执，毛衣被撕破者手握借来的小刀挥舞捅扎，使对方身中两刀，抢救无效死亡。

一个个的例子，无不让人触目惊心。这些少年罪犯都有一个共同特点，就是都不好好学习。一个人的精力只能集中在一个方面，当你集中精力学习时，你就没有时间去上网、玩游戏，也就不会变坏了。

第十二章
白首方悔读书迟

因此，我们在青少年时代，第一要务就是要读好书，要知道：花无百日艳，人无再少年，劝君珍惜好时光，白发方悔读书迟。

珍惜时间勤奋学习

"时间是构成一个人生命的材料。"每一个人的生命是有限的，属于一个人的时间也是有限的。在大知世界的所有批评家中，最伟大、最正确、最天才的是"时间"，而"世界上最快而又最慢、最长而又最短、最平凡而又最珍贵、最容易被人忽视而又最容易令人懊悔的也是时间"。

杨树枯了，有再青的时候；百花谢了，有再开的时候；燕子去了，有再飞来的时候；然而，一个人的生命窒息了，却没有再复活的机会。正如有这样一句话："花有重开日，人无再少年。"时间也是如此，它一步一步、一程一程，决不辍步、永不返回。因此，青少年时期养成珍惜时间的习惯对我们的一生都有着巨大的影响。人生有限，必须惜时如金，切莫把宝贵的光阴虚掷，而要趁青春有为之时多学一点，多做几番事业。

自古以来，大凡取得成就的人，他们没有一位是不珍惜时间的。大发明家爱迪生，平均三天就有一项发明，正是抓住了分分秒秒的时间进行了仔细地研究，单是寻找用什么材料来作电灯丝就做了一千多个实验。伟大的文学家鲁迅先生有句格言，"哪里是天才，我把别人喝咖啡的时间都用在工作上。"他为我们留下了六百多万字的精神财富，正是由于他把别人喝咖啡的时间都用在了写作上的缘故。数学家陈景润，夜以继日，潜心于研究数学难题——哥德巴赫猜想，光是演算的草稿就有几麻袋，但终于证明了这道难题，摘下了数学皇冠上的明珠。世界无产阶级的革命导师马克思，临死前还争分夺秒地写《资本论》。这些事例都生动地说明了：一个人要想在有生之年做点贡献，就必须爱惜时间。

莎士比亚说："放弃时间的人，时间也会放弃他。"意大利的杰出画家达·芬奇说："勤劳一日，可得一夜安眠；勤劳一生，可得幸福长眠。"列夫·托尔斯泰的格言"你没有有效地使用而放过的那点时间，是永远不能返回的"。还有人问过达尔文："你怎么一生能做出那么多的事呢？"他回答说："我从来不认为半小时是微不足道的一小段时间。"这样一些名言、

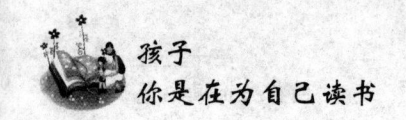

格言又怎能不是深切地告诉人们：有作为、有成就的许许多多的人们，他们无不是因爱惜时间而得到成果的，他们用珍惜时间的妙法度过了他们青春的岁月。

可是，在现在我们中总还有少数人对时间很不珍惜，庸庸碌碌，无所作为；他们把今天所要干的事放在明天去干，生在蹉跎岁月，一点也不为虚度年华而悔恨，也不为碌碌无为而羞耻；他们或是白天痛玩，晚上开夜车，这样不仅谈不上珍惜时间，反倒影响了人的身心健康。

巴甫洛夫在《给青年们的一封信》中谈道：一个人即使是有两次生命，这对于我们青年来说也是不够的。董必武同志给《中学生》的诗句："逆水行舟用力撑，一篙松劲退千寻。古人云此足可惜，吾辈更应惜秒阴。"都是提示了我们应珍惜时间。

珍惜时间不能只是一个口号，而是要落实到行动当中的。

要珍惜时间，我们首先必须明了时间是怎样被耗费的。而要想知道时间的耗费情况，又必须先记录时间。我们应该养成勤于记录时间消耗的习惯。办法是在做完一件事之后，立即记录下所耗费的时间，每天一小结，连续记一周、两周或一个月，然后进行一次总体分析，看看自己的时间究竟用到什么地方，从中找出浪费时间的原因。专家研究证明，凡是这样做的人，对于节省时间、提高效率，收效甚大。现在人们常常把"应该"花费的时间，看成是实际已经花费的时间，而这两者往往是不相等的两个量。如果人们问一位领导者："您今天上午做了什么，花了多少时间？"答曰："起草报告花了 3 个小时。"其实，在这 3 个小时中，他喝茶，抽烟花费了 18 分钟，中途休息了两次，花费了 23 分钟，与同事聊天，花费了 27 分钟，接 3 次电话，花费了 5 分钟，这样总共花费了 73 分钟，实际上真正用于起草报告的时间只有 1 小时 47 分钟。可见浪费时间是多么惊人。因此，进行时间消耗记录，对时间使用进行统计分析，对于每个人提高时间利用率，是一件十分重要的工作。

这里介绍一位苏联昆虫学家柳比歇夫的时间统计方法。柳比歇夫的一生，成就赫赫，硕果累累，他发表了 70 多部学术著作，写了 12500 张打字稿的论文的专著，内容涉及遗传学、科学史、昆虫学、植物保护、哲学等广泛的领域。在这些成就中，有相当一部分要归功于他那枯燥乏味的日记本——"时间统计册"。柳比歇夫每天的各项活动，包括休息、读报、写信、看戏、散步等等，支出了多少时间，全部历历在案。连子女找他问话，他解释问题，也都在纸上作记号，记住花了多少时间。每写一篇文章，看一本书，写一封信，不管干什么，每道工序的时间都算得清清楚楚，内容之细令人惊讶。

依据效率研究专家的说法，在相同的时间内，用相同的劳力做尽可能多的事情的最佳方法就是即时处理。所谓即时处理，简单地说，就是凡决定自己要做的事，不管它是什么事，就立刻动手去做，"立刻"这一点至关重要。立刻动手，这不仅省去了记忆、记载或从头再干的功夫，而且可以解除把一件事总记挂在心上的思想包袱。

如果对一切事务性的工作都采用"一次性处理"，那么就省去了对一件事再花第二次、第三次的工夫。比如我们完成作业，就应该当天一次完成，如果拖延几天再写，就得再一次读原信，当然就多费了一些工夫。

然而，有一些人却有一个很不好的拖拉作风，本来可以随手处理的事，却拖得几天几周办不了，几天内可以办的事，却几个月不见踪影。这样导致学习效率极低。殊不知，被拖延的事务，将来仍然需要做，而且需要花费更多的精力去做。

中国有句格言，叫作"今日事，今日毕"。要赢得时间，必须养成随手处理可以处理的事务的作风，不能依赖着明日。否则，就如古诗所云："明日复明日，明日何其多；我生待明日，万事成蹉跎。"

懂得合理安排和分配学习时间

老天很公平，给每人每天都只有 24 小时。但是，同是 24 小时，不同的人会有不同的效率。如有的同学善于科学安排自己的学习时间，学习、生活、休息井井有条，学习效果也很好；而有的同学却相反，不善于安排时间，整天忙作一团，但学习、生活无规律，学习质量也不高。所以，科学安排学习时间是非常重要的。那么，怎么安排才算合理？

拟好计划

一个学期要有一个学习的计划，有了学期的计划后，还要有每周的计划。可以说，制订周计划是非常重要的，首先要清楚一周内所要做的事情，所要达到的目标，然后制定一张日作息时间表。在表上填上那些非花不可的时间，如吃饭、睡觉、上课、娱乐等。安排这些时间之后，选定合适的、固定的时间用于学习，必须留出足够的时间来完成正常的阅读和课后作业。当然，学习不应该占据作息时间表上全部的空闲时间，总得给休息、业余爱好、娱乐留出一些时间，这一点对学习很重要，值得注意。

拟订学习计划除注意劳逸结合外，还要注意每天预习和复习的时间分开进行。复习尽可能在当天课后作业前进行，预习则在课前进行。无论复习预习都是距离听课时间越近越好。一句话，及时复习、预习事半功倍。

了解生物钟的规律，高效学习

时间安排是学习计划的重点内容。我们首先应该顺应自己的生物钟节律。从一天24小时的生物钟节律来讲，大致情况是这样的：

上午7~9时是短暂记忆的高峰，适合背记东西，但所记内容不易维持。

上午9~12时是思考高峰和分析推理的最佳状态，适合分析问题、解决问题。

上午10~12时是一般人最清醒敏锐的时刻，也是我们操练对话的最佳时间。

下午1~3时瞌睡虫袭来，感到昏沉沉，可以小憩一会儿或借助运动来提神。

下午3~4时午后清醒，精神开始恢复，长期记忆达到高峰，是准备考试或背记单词的好机会。

下午4~6时为技术性工作高峰，是学习打字、练习乐器、做数学运算的好机会。

晚上6~9时，衰退期来临；思考力、反应力开始逐渐迟钝，这时最适合做的是认真完成家庭作业。读点课外书籍后准备按时睡觉，不要期待做任何挑战性的工作，尤其应该避免激烈地运动，以免导致失眠。

针对生物钟的情况，我们应该合理地安排学习：

（1）记忆方面。早晨短时记忆好，比其他时间高15%左右；下午长期记忆强，所以，应当设法在下午做大部分功课，不要留到晚上。

(2）活动方面。上午头脑清醒，最好从事认识活动，到了下午，由于手的灵活度、速度和协调性逐渐达到高峰，适合从事技巧活动以便更好地发挥身体的潜能。

（3）感觉方面。早晨体温低，各种感觉的敏锐度低。下午体温上升，黄昏时达到高峰，于是各种感觉的敏锐度随之上升。因此上午宜思考，下午宜背记。

学习是一个比较繁重的脑力劳动，拥有一个缜密的学习计划和时间安排是十分重要的。好的方法可以有事半功倍的效果，最主要的是找到适合自己的方法。而根据自己的生物钟来安排自己的学习是再好不过的方法。

在计划中，自学时间集中使用不如分散使用效果好，尤其在前后内容连贯性不强的功课，如记英语单词，与其花40分钟集中强记，不如在睡觉前和起床后各花20分钟记，后者效果肯定好于前者。

为了能较长时间持续学习，一定要注重45分钟后的10分钟休息，10分钟不做剧烈运动，但可以做简单的体育运动，如出去散步，玩一会飞镖等。

见缝插针利用空余时间

如果我们注意一下自己的生活就会发现，我们还是有不少的空闲时间的。如上学路上，等车的时候，饭前饭后等。如果利用这些点滴的时间，记一两个单词，看一段阅读等，日积月累也挺可观。

我们不妨试一试下面的方法：

（1）放学晚走5分钟

刚放学时，同学们急着回家，走廊里人很多，走得又慢，不如利用5分钟时间读一篇外语短文，天长日久，将大大提高你的外语阅读能力。

（2）见缝插针记单词

把单词做成小卡片，或者买那种可以撕下来的单词本，随时放几张在身上，只要有琐碎的时间，如上学放学路上或者排队等公交车时，每次记两三个单词，睡前把这一天分散记忆的单词用几分钟的时间梳理一下，这样，将大大提高你的外语词汇量。

另外，要养成随身带书的习惯。特别是出远门时，如果遇到塞车等情况时就可以开始学习了。

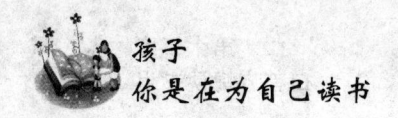

(3) 锻炼、学习两不误

边锻炼边听英语新闻广播，不仅锻炼了身体，而且练习了英语听力，还不用看新闻了，真可谓一举多得。

其实利用琐碎时间的方法很多，关键是你要有这种意识，比如语文知识，特别是词汇的积累，也可以利用上面的方式达到"零存整取"的效果。

以上只是如何利用琐碎时间的一些参考，大家可以根据自己的实际情况充分利用时间。另外还要注意：为了增强我们的时间效率，对那些可做可不做的事情一律不做，而重要的事情挤时间也要做完。

学会休息

列宁说过，不会休息的人就不会工作。同样，不会休息的人也不会学习。

事实的确如此，大家既要充分利用时间学习，也要充分利用时间休息。一根弦绷得太紧会失去弹性，机器运转久了也需要加油，何况是人呢？

休息分为积极的休息和消极的休息。积极的休息是根据大脑两半球的特点，让左右脑交替工作。比如，文理交叉复习是一种不错的选择。再如，学艺术的考生可以让文化学习与专业练习交替进行。消极的休息就是放下学习去做学习以外的事情，比如散步、听音乐等。不管用哪种休息方式，都是为了更好地学习。

课间休息也不可忽视。课间休息时不要坐在座位上不动，可以到走廊走动走动，放松心情，眺望远方，让眼睛和大脑都得到休息。还可以听听舒适优美的音乐，爬爬楼梯等。

最忌浪费时间

据心理学家的调查，中学生在学习时浪费时间的现象还是比较严重的，主要有以下十种表现：1. 胡思乱想；2. 坐立不安；3. 东寻西找；4. 勤去厕所；5. 读写书信；6. 乱写乱画；7. 电视吸引；8. 抓耳挠腮；9. 闭目打盹；10. 别人干扰。为了有效地杜绝以上浪费学习时间的现象，要特别注意下面几点：

（1）切实加强学习时间的计划性，按时间进行学习，在最佳的时间内尽可能地多安排学习任务，"乘胜追击"。

（2）养成良好的学习习惯，如上课认真听讲，不做小动作，自习时不宜一边看电视或听耳机一边解题等。

（3）注意在每天临睡前做一下总结，看今天的学习任务完成情况及时间是否抓得紧等。

杜绝浪费时间还有重要的一点就是摧毁"三个M"的习惯。"三个M"分别是指"明天再说"、"慢慢来"、"马马虎虎"三个词开头的声母。

要牢牢记住今天的事今天完成，不要总安慰自己明天一定完成，养成拖拉习惯。

以上是在合理安排时间上的一点总结，当然在时间保证的前提下，要进一步讲究学习方法，如对知识的分类掌握，勤问好问等等都是取得好成绩的必经途径。

做一个早起的人

俗话说："早晨不起误一天的事，幼时不学误一生的事"。从古代起，早起就一直被视为好习惯。很久以前，人们就认为如果我们早睡早起，一整天都会精神饱满。

实际上，一年之计在于春，一日之计在于晨。早晨空气最新鲜，人们的状态通常也最好。很多人可能都有这样的经历，那就是早上记东西比其他任何时间都能记得快、记得准确。

原因是人们通过一夜的睡眠和休息，消除了疲劳，恢复了精力和体力。此时空气清新，沁人肺腑，人的精神抖擞，这些因素都有利于大脑皮质进入兴奋状态，记忆力集中，此时读书、用脑，自然印象就深，记忆就牢固了。早上是右脑活动最旺盛的时候，而右脑主导人类思考、创造等能力，因此这段时间是学习的最佳时段。从脑波的状态来看，早上的时候，脑会发出令人放松的 a 波，为了脑的健康，a 波是不可或缺的。对于一直处于忙碌状况的读书人而言，若想要有一个清静悠闲的时间，早起是再好不过了。

**孩子
你是在为自己读书**

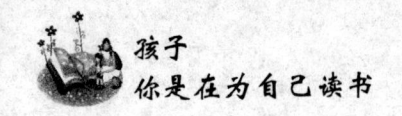

如果我们早上做些运动或散步,这一天我们都会精力充沛。而且如果我们能够早起,就会有充足的时间准备一天的工作。总之,早起对我们非常有益。

据调查,成绩优秀的学生多半是早起型的人。人生是不是过得充实,最重要的就看你如何利用每天早上的时间。

也许不少人会认为这些早起的人都得早早就寝,但事实上却未必如此。据统计,这些早起的人大都早上四五点起床,但平均睡眠时间仅4～5小时。换句话说,他们就寝的时间大约在晚上12点左右。

问题是一天睡4～5小时是否足够?最近不少与睡眠相关的研究都发表了有趣的实验结果。美国防癌协会表示,一天睡8小时的人比一天只睡7小时的人短命。而日本国立精神神经中心的研究主任内山真也表示,人一天需要8小时睡眠的论调毫无根据。

"拿破仑一天只睡3小时"的传说是非常有名的。应该重视的是睡眠的深度,而不是时间的长短。有人说拿破仑一天虽然只睡3小时,但是睡眠深度足够的话,3小时便已得到充分地休息。反之一天睡8～10小时,却都只是浅睡的话,就算睡再久也会觉得不够。

很多人都知道睡眠的形态可分为两大类,一种为头脑仍在活动的快速眼动睡眠以及非快速眼动睡眠。人在夜间睡眠的时候就是这两种睡眠以90分钟为单位互为交替。拿破仑的3小时睡眠即是经过一次快速眼动睡眠及非快速眼动睡眠之后,就起身迎向新的一天。

从这些一流人物睡眠时间都很短且早起的事实中,我们学到了什么?我想我们都该向他们学习提早每一天的开始,并致力于减少浪费时间。

每天都能坚持早起的人,一定是意志力坚强,活力十足的人,早上想多睡一会儿,懒一下床是人之常情,特别是冬天就更是如此。要抵抗温暖被窝的诱惑,是需要相当坚强的意志力才能办到的,所以,有决心和毅力十分重要。我们再想想,为了每天都能快乐、充实地面对人生,首先就应该养成早起的习惯,这基本就是一种试探自己意志,训练精神的方式,由早起开始,有效运用时间。要想成为一个意志力强的人,最好由早起开始,坚持不懈地锻炼自己。当早起变成一种习惯的时候,你就会发现它可以带给你一种特殊的心情,一种早起的喜悦,一点成功的满足,还有早晨东升的旭日,清新的空气,晨练的声音等等,这些对于那些用午餐作为早餐的人来说是不可多得的财富。让我们尽量保持这种习惯，我们必将从中受益匪浅。

两耳不闻窗外事，一心只读圣贤书

有一次，一个青年苦恼地对昆虫学家法布尔说："我不知疲劳地把自己的全部精力都花在我爱好的事业上，结果却收效甚微。"

法布尔赞许说："看来你是一位献身科学的有志青年。"

这位青年说："是啊！我爱科学，可我也爱文学，对音乐和美术我也感兴趣。我把时间全都用上了。"

法布尔从口袋里掏出一块放大镜说："把你的精力集中到一个焦点上试试，就像这块凸透镜一样！"

你要是做过凸透镜聚焦的实验，一定知道，酷暑的阳光，不足以使火柴自燃，而用凸透镜聚光于一点，即使是冬日的阳光，也能使火柴和纸张燃烧。随着科学的发展，人们又进一步把光汇集一束，这就成了无坚不可摧的激光武器。

你看，这一散一聚，使光的作用和力量发生了多么大的变化！

一个人的精力和时间是有限的，在这种情况下，如果选不准目标，到处乱闯，几年的时间会一晃而过。如果想取得突破性的进展，就该像打靶一样，迅速瞄准目标；像激光一样，把精力聚于一束。

有人把勤奋比做成功之母，把灵感比做成功之父，认为只有两者结合起来，才能得到成功。而专注则是勤奋必不可少的伴侣，专注使人进入忘我境界，能保证头脑清醒。全神贯注，这正是深入地感受和加工信息的最佳生理和心理状态。

法国科学家居里说："当我像嗡嗡作响的陀螺般高速运转时，就自然排除了外界各种因素的干扰，一旦进入专注状态，整个大脑围绕一个兴奋中心活动，一切干扰统统不排自除，除了自己所醉心的事业，生死荣辱，一切皆忘。灵感，这智慧的天使，往往只在此时才肯光顾。没有专注的思维，灵感是很难产生的。"

你不用为自己没有超人的智力和才华而烦恼，因为，你只要执着于一

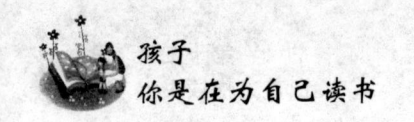

个目标，也一定会取得成功。其实世界上许多成大事者都是一些资质平平的人，而不是才智超群、多才多艺的人。

一些人取得了远远超过他们实际能力的成就，使很多人感到疑惑不解：为什么那些看上去智力不及很多人一半、在学校排名末尾的学生却取得了巨大成功，在人生的旅途上把那些才智超群、多才多艺的人远远地抛在了后面？

原因是这些人，尽管在学校里被人嘲笑，但后来却能专心一个领域，想方设法保持领先，一步一步地积累了自己的优势。而那些所谓智力超群、才华横溢的人却仍在四处涉猎，毫无目标，最终一无所获。

伊雷尔身材不高，相貌平平，没有什么过人的天赋，但在学习中有股近乎痴迷的专注劲儿。小时候在法国、家境还很宽裕的时候，他受拉瓦锡的影响，对化学着了迷。那时候他父亲皮埃尔是路易十六王朝的商业总监，兼有贵族身份，谁也想不到这个家庭在未来的法国大革命中会险遭灭顶之灾。拉瓦锡和皮埃尔谈论化学知识的时候，小伊雷尔稳稳当当地坐在旁边，竖起耳朵听着。他对"肥料爆炸"的事尤其感兴趣。拉瓦锡喜欢这个安安静静的孩子，把他带到自己主管的皇家火药厂玩，教他配制当时世界上质量最好的火药。这为他将来重振家业奠定了基础，若干年后，他们全家人逃脱法国大革命的血雨腥风，漂洋过海来到美国。他的父亲在新大陆上尝试过7种商业计划——倒卖土地、货运、走私黄金……全都失败了。在全家人垂头丧气的时候，年轻的伊雷尔苦苦思索着振兴家业的良策。他认识到，目前战火连绵，盗匪猖獗，从事商品流通有很大的风险，与其这样，倒不如创办自己的实业。

但是有什么可以生产的呢？这个问题萦绕在他脑海里，就连睡觉时他也在想。有一天，他与美国陆军上校路易斯·特萨德到郊外打猎，他的枪哑了3次，而上校的枪一扣扳机就响。上校说："你应该用英国的火药粉，美国的太差劲。"一句话使伊雷尔茅塞顿开。他想：在战乱期间，世界上最需要的不就是火药吗？在这方面，我是有优势的，向拉瓦锡学到的知识，会让我成为美国最好的火药商。后来，他就靠着一股专注劲，克服了许多困难，把火药厂办了起来，办成了举世闻名的杜邦公司。

尼采说："始终全神专一的人可免于一切的困窘。"历史上，平庸者成功和聪明人失败一直是一件令人惊奇的事。专家通过仔细分析，发现出现这个现象的原因在于，那些看似愚钝的人有一种顽强的毅力，有一种在任何情况下都坚如磐石的决心，有一种从不受任何诱惑、不偏离自己既定目标的专注力。是专注力使所谓的平庸者最终获得成功，而所谓的聪明人恰恰由于聪明而缺乏专注力最终导致失败。专注对于人生太重要了，有化腐朽为神奇之功力。无论是谁，如果不趁年富力强的黄金时代养成自己善于集中精力的好性格，那么他以后一定不会有什么大成就。世界上最大的浪费，就是把一个人宝贵的精力无谓地分散到许多不同的事情上。一个人的时间有限、能力有限、资源有限，想要样样都精、门门都通，绝不可能办到。如果你想在某一个方面做出什么成就，就一定要牢记这条法则，专注于一个目标上。

作为青少年，怎么才能培养专注的习惯，克服"今天想干这个，明天想干那个"的朝三暮四的毛病呢？以下3点建议可供借鉴：

1. 不要为别人的某些成功所诱惑，最忌见异思迁。

造成见异思迁的原因很多，其中一个原因就是为别人的某些成功所动。正确的做法认清自己的特长，认准自己的目标，执着地追求成功。

2. 不要为一时成绩不佳所动摇

许多青少年一心想在短时间里将成绩提高，这种心情是可以理解的。但过于急切地盼望成功，则容易走向反面。事实上，学习是一个循序渐进的过程，成绩的提升也有水到渠成的问题。英国作家约翰·克里西开始写作时，收到退稿743篇，但这并没有动摇他的信念和决心。他坚持写下去，终于取得成功，一生中出版了560多本书。如果他看到七百多篇退稿而退却下来，也就不可能有后来的成就了。

3. 不要怕艰辛，要舍得吃苦

有些同学对爱因斯坦在物理学领域的杰出贡献羡慕不已，却很少琢磨他所用掉的几麻袋的演算草纸；有些同学对NBA球员的声誉津津乐道，却很少去想他们究竟洒下了多少汗水。因此，千万不要光羡慕别人的成果，要准备下苦功夫才行。

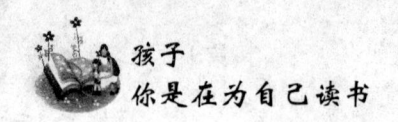

第十三章　人求上进先读书
——强化你的读书动机

理解书的内涵

　　辞书对书的解释是：装订成册的著作。本书所讲的书还包括报纸、刊物等读物。应怎样具体理解书的内涵呢？人们曾有许多富有启发性的精辟论述。如书是阳光，书是雨露，书是人类进步的阶梯……这些对书的生动的描述，几乎随处可见，人所共知。但是，对书的内涵阐述得更明确晓畅的莫过于现代教育家叶圣陶先生了。叶老在《书·读书》一文中说道："书是什么？这好像是个愚问，其实应当问。/书是人类经验的仓库。这样回答好像太简单了，其实也够了。/如果人类没有经验，世界上不会有书。人类为了有经验，为了要把经验保存起来，才创造字，才制作书写工具，才发明印刷术，于是世界上有了叫作'书'的那种东西。/历史书，是人类历代积累下来的经验。地理书，是人类对于所居的地球的经验。物理化学书，是人类研究自然原理和物质变化的经验。生物博物书，是人类了解生命现象和动植诸物的经验。——说不尽，不再说下去了。/把某一类书集拢来，就是人类某一类经验的总仓库。把所有的书集拢来，就是人类所有经验的总仓库。"（《叶圣陶教育文集》第 2 卷）可见，书的主要功能是记录人类生产、生活的斗争经验；有了书，人类的知识、前辈的经验才得以大量地、系统地流传下来，使后辈能够在前辈的知识经验的基础上继续前行。恩格斯说：人类"从铁矿的冶炼开始，并由于文字的发明及其应用于文献记录而过渡到文明时代"（《家庭、私有制和国家的起源》）。而人类文明的进一步发展，也离不开文字"应用于文献记录"而形成的各类书籍的功劳。由此可见，书作为人类知识、经验的仓库，并不是一座死的仓库，而是传递人类文明、推动社会进步的活的阶梯，而这种"活"的主导和灵魂就在于后辈人对书的解读的水平和程度了。因此，作为人类历史长河中的一分子，我们这一代人也有承前启后、读书继承的责任了。

书是人的精神营养剂

书是人类进步的阶梯，书是船只，书是良药，书是营养品，书是智慧，书是老师，书是遗训、忠告和命令。纵览古今，横观中外，有多少关于书的格言警句："书籍或许是人类通向未来的幸福道路上所创造的一切奇迹中的最复杂和最伟大的奇迹"——高尔基；"读万卷书，行万里路"——顾炎武；"书籍是在时代的波涛中航行的思想之船，小心翼翼地把珍贵的货物运送给一代又一代"——培根。这一系列名言都表明书在人类生活中占据着重要的地位，因此从书中获取知识的手段——阅读就显得格外重要了，读书可以启迪智慧，增长才干，可以陶冶性情，完善自我，只有读书，才有可能为人类的进步做出贡献。白居易从青年时代起，就"昼课赋，夜读书，间又课诗，不寝息"。他勤奋读书、背书、吟诗，甚至忘记了吃饭和睡觉。真是"酒狂又引诗魔发，日午悲吟到日西"，以致口舌成疮，手肘胼胝。宋代文学家欧阳修说："我平生读书作文，多在'三上'，即马上、枕上、厕上也。"鲁迅在读书时，书本里总是夹着一个书签，上面写着这样十个字：心到、眼到、口到——读书三到。南宋爱国诗人陆游晚年在《书巢记》中写道："我饮食起居、疾病呻吟、悲忧愤叹，未尝不与书俱。"诸如此类关于名人读书的事迹，真是不胜枚举。

书籍可以使人提高：从野蛮到文明，从庸俗到崇高。高尔基就曾这样说过："每一本书都是一个小小的梯子，我向这上面爬着，从兽类到人类，走到更好的理想的境地，到那种生活的憧憬的路上来了。"的确是这样，读书愈多，应当愈富于睿智，愈具有眼光。因为那样可以经验得多，见闻得广，小气的人会大方一点，狭隘的人会开阔一些。因而就有了黄庭坚"三日不读书，便觉语言无味，面目可憎"；梁高祖"三日不读谢玄晖诗，便：觉口臭"那样的话。乍一听，似乎说得很严重，但仔细一想却觉得有道理。古人云："问渠那得清如许，惟有源头活水来。"我们的思想需要源头活水,而这源头活水有一大部分是来自读书。天天读点有益的书,对精神有滋补作用,而我们的言谈举止就不至于"无味"和"可憎"了。一个人说他忙得没有功夫读书,实在是一件很不幸的事。而偏偏我们大多数人又都很忙,好像一天把必须赶完的工作赶完之后,就已经筋疲力尽了似的。不过我们仍可以承认,一个人无论怎样忙法,一天之中,10分钟20分钟的时间总还是可以抽得出来的。问题只是当我们闲下来的时候,手边不一定有适当的书可看,想到还要费事去翻书橱,就懒得动了。

因此,为了让我们随时都可以利用短短的空闲时间来读书,我们不妨把最容易看到的书放到最容易拿到的地方。比如你是一位每天上班8小时的公务员,下班之后,吃过晚饭,你总会有一点时间坐在沙发上或藤椅上休息。这时如果你的书就放在旁边的茶几下面,不必起来,一伸手就可以拿到,你就自然愿意一边抽烟喝茶,一边看书了。或者你是一位家庭主妇,那么,你可以把你要看而没工夫看的书放在枕边。属于家庭主妇自己的时间多半是在忙完了午饭,收拾干净,躺下来午觉一会儿的时候,你可以一边休息一边看书。虽然你也许只能看一两页,可是,日久天长之后,你的读书成绩也会大有改观。

对从事体力劳动的人来说,读书是一种休息。对用脑力处理事务的人来说,读书是一种解脱。当我们烦闷的时候,读书固然可以解闷;当我们愁苦的时候,读书也可以使我们忘忧。

读有益的书可以把我们由琐碎杂乱的现实中提升到一个较为超然的境界,能以旁观者的眼光回顾你自己的忙碌,一切日常的引以为大事的焦虑、烦恼、悲愁,以及一切把你牵扯在内的扰攘的纷争,这时就都不再那么值得你认真了!书是人类精神上的营养剂。缺少了它,生活必有缺陷。

因此,读书应作为自己生活的一部分,必须和自己的生活经验熔为一炉。若是书和生活经验发生了亲密的关系,书便有了味道,变为知己的朋友一样了。若是生活经验从读书扩大推广,充实的机会就会无限地增多了。书将人的生活方式和态度根本改变,是常有的例子。生活的经验越丰富,读书的欣赏和理解力也就越深广,也就越能领会书中的真味。所以读书与生活是相辅相成的,必须二者并进,才可以达到佳境。光读书而无生活,只尝得到间接的经验,和吃嚼过的饭差不多;光生活而不读书,就势必思想空虚、心胸狭小。然而,人生苦短,应读之书太多,人生到了一个境界，读书就不是为了应付外界需求，而是为了充实自己，使自己成为一个明白事理的人。所以，让我们每一个人都去热爱书籍吧！在读中学，在读中乐。

通过读书提高你的素质

读书能提高人的素质，这可作以下几方面理解：
一、读书可以增长知识

历史发展到今天，读书与求知的关系更加明显。21世纪是知识经济的时代，我们身处其间，每时每刻都会深切地感受着"机遇与挑战并存"的真正含义。不会读书，没有知识，文化底蕴不足，就很难立足于这个时代。正如日本作家池田大作所说："不读书的人，不光人要变得浅薄，也将被社会的前进步伐所抛弃。"苏联作家苏霍姆林斯基也讲过同样的道理，他说："在今天这个时代，人的智力发展在越来越大的程度上取决他是否善于在知识的海洋里辨明方向，是否善于利用知识的仓库——书籍。"总之，读书、求知、长才干已经越来越明显地成为我们今天这个时代的最强音。

去过我国先导性的经济特区深圳的人，都会深切地感到那里浓浓的读书氛围。据说在深圳科技书店的殿堂内，常常有读者推着"购书车"选书，很多都是满载而归。深圳的图书馆、阅览室里，常常是座无虚席，甚至地毯上也坐有许多如醉如痴的读书人。据悉，从1989年以来，深圳人人均购书，数额一直居全国首位，深圳图书馆每天接待读者不低于4300人次，接纳人数之多也居国内图书馆的首位。深圳特区的读书热潮告诉我们，一个地区的经济发展与该地区的知识含量是成正比的，一个人事业的成功与这个人的知识能力也是成正比的。深圳的一位文化官员说过这样一句话："有钱的深圳人爱读书，爱读书的深圳人会更有钱。"这句话从一个侧面宣告，一个文盲挣大钱的时代即将过去，要在今天的知识经济大潮中立于不败之地，就必须练就沉下心来认真读书、踏踏实实地积累知识的功夫，使自己真正具备搏击其中的实力。

我们这样讲，似乎把读书看得过于功利，有人也许会说这是受当今经

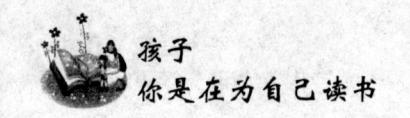

济大潮冲击的结果。其实,不尽如此。获得知识,受用于生活,从来就是读书的第一需要。早在20世纪三四十年代,叶圣陶先生就多次谈到读书受用问题。他在《自己受用》一文中就开宗明义地指出:"我们求各种知识,练各种能力,不是为了装点门面。装点门面是可做可不做的事情,做了外表好看,固然不算坏,可是不做也不关紧要。我们求各种知识,练各种能力,是为了使自己受用。"为了更通俗地说明什么是受用,他在该文中又这样讲道:"什么叫作受用?请举两个例子说。原先你常常伤风,鼻酸喉痛,非常难过。后来你有了卫生知识,你应用了卫生知识,随时当心你的衣着,护卫你的呼吸器官,你不大伤风了。这就是受用。原先你写信写不好,非常痛苦。后来你有了写信的知识,应用了写信知识,你的表达能力增强了,想起心思来有条有理,说起话来句句顺适,你给任何人写信,都能把你的情意写得清清楚楚。这就是受用。"这里谈的"伤风"和"写信"问题,看上去都是生活小事,但它却让我们懂得了"读书——求知——受用"的一般道理。同样的道理,叶老在《读书的态度》中也讲过,他说:"要知道处理现实生活是目的,读书只是达到这个目的的许多手段之一。"(《叶圣陶教育文集》第2卷)这是从学以致用的角度告诉我们读书求知的重要意义和价值。事实上,不仅是叶老这样讲,人类文明发展到今天,有谁还能否认读书求知与人类生存的密切联系呢?要说明人名论,恐怕也是举不胜举。所以,生活在21世纪的新人,我们更要充分认识读书与求知、读书与成才、读书与生存发展的特殊关系与意义,把读书当作生活的第一需要。

当然,读书的意义并不仅仅是为了生存而求取知识这一点,更不能把学以致用理解得过于狭隘,以为读书与生活是直接对等的,尽管这样的"对等"在今天的生活中是不难寻到的,但这种理解确也失之偏颇。因为,今天我们面前的书的世界是极其丰富的,有些书的确是知识的载体,但也有些书,比如文学艺术、哲学历史等人文作品,它不以装载知识为宗旨,它的效能是给人以思想的启迪和精神的慰藉,有的甚至能够为人指导人生,塑造完美人格。这就是下面我们要说的读书的另一点意义。

二、读书可以塑造人生

在谈到"书与人生"这个话题的时候,我们的头脑中自然会出现许多名人。大家尊敬的彭德怀元帅就是其中的一位。他青年时读了不少的书,

第十三章
人求上进先读书

正是这些书帮他找到了真正的人生道路。他在与斯诺的一次谈话中这样说过：他是读了《资治通鉴》才开始认真考虑军人应该对社会有什么责任问题。"司马光笔下的战争都是完全没有意义的，只给人民带来痛苦——很像我自己的时代里中国军阀之间的混战。为了要使我们的斗争有一些意义，为了实现长期的变革，我们能够做些什么？"后来，他读了《新青年》杂志，使他知道了什么是社会主义；读了《共产党宣言》、《<资本论>简介》、《新社会》等，开始研究马列主义。从此他不再悲观，怀着社会是可以改造的新信念而工作。正是这些书籍给他这一新的信念，使他走上了真正的革命道路，也可以说是书籍改变了他的人生，使他成为一位深受人民爱戴的无产阶级革命家。在我国老一辈无产阶级革命家中，像这样通过读书而逐渐认识自己、认识中国与世界而走上革命道路的，是大有人在的。在世界革命史中，这样的事实也是不乏其例的。难怪苏联作家米哈尔科夫这样恳切地说过："有时，一本适时的好书能够决定一个人的命运，或者成为他的指路明星，确定他终生的理想。"（《一切从童年开始》）德国大诗人歌德把读一本好书，比作和许多高尚的人说话。英国大戏剧家莎士比亚说："生活里没有书籍，就好像没有阳光。"这些比喻看来都是不过分的。

诚然，我们的一生中并不常常遇到选择人生道路的问题，更多的是面对自我修养、自我完善的问题，然而，就是这些小的"修补"，也离不开书的引导。英国哲学家培根在《谈读书》一文中曾这样说过："读书补天然之不足，经验又补读书之不足，盖天生才干犹如自然花草，读书然后知如何修剪移接。"他认为"精神上的种种缺陷，都可以通过读书来治疗"。近人曾国藩一生虽把主要精力置于军事上，但他又很注重读书，而且留下很多至理名言。他说："人之气质，由于天生，本难改变，唯读书则可变其气质。""天下凡物加倍磨治，皆能变换本质，别生精彩，何况人之于学？但能日新又新，百倍其功，何患不变化气质，超凡入圣！"（《曾国藩传世箴言语录解读》）这里他强调了读书对改变人的精神气质的重要意义。曾国藩不仅自己坚信读书的这一功用，还常在"家书"中训导和勉励子孙刻苦读书，加强修养，完善人格。他认为受书本影响深的人，他的脸色自然会纯粹润泽；保养得好的人，他的精神自然充足。这一点无法作伪，一定要火候到了，才有这种效验。他的一些言论虽不免会留有他那个阶级和

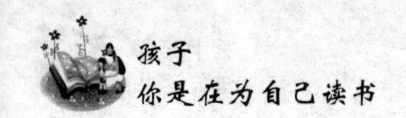

时代的烙印，但他谈的读书对人的教育和陶冶作用，以及相关的读书方法和门径是有珍贵价值的，对我们今天的读书修身是有许多有益的启迪的。

　　一个人能否成才，不仅取决于他的人生道路的正确与否，以及他的知识、才干的多少与强弱，有时也取决于他的品格和修养。当今青年们普遍喜读的拿破仑·希尔的《成功学全书》中推出了十七条有价值的、带有规律性的成功定律，其中多半涉及的是有关一个人的修养和习惯问题，比如"积极的心态"、"正确的思考方法"、"高度的自制力"、"建立自信心"、"充满热忱"以及"专心致志"、"正确对待失败"、"永葆进取心"等等。而这些修养和习惯的培养都离不开读书与实践。尤其是人处在青少年时期，受书的影响会更大些，因为这个时期的青少年可塑性最大，而他们又最排斥耳提面命式的教育，只有书的风格最适合他们。一本充满情怀的书，会如春风细雨，会如薰草芳花，点染着、滋润着他们的心田，使其在不知不觉中成长起来，完美起来。所以，青年时期是读书的最好季节，这个时期决不可不读书。当代青年的楷模张海迪，之所以能身残志不残，战胜自我、战胜生活中的种种磨难，是与她刻苦读书、孜孜以求分不开的。她曾深有体会地说："人不能不读书，我张海迪尤其不能不读书。是托尔斯泰的《战争与和平》、《安娜·卡列尼娜》，高尔基的《我的童年》、《我的大学》、《母亲》，法捷耶夫的《青年近卫军》，奥斯特洛夫斯基的《钢铁是怎样炼成的》、《暴风雨中诞生的》等，使我了解了俄国和社会主义苏联的生活，结识了那些勇敢的和意志坚强的人物，使我受到激励与鼓舞，也使我经历、感受到那些人物所经历、感受到的生活与斗争；是雨果的《悲惨世界》等等，使我了解与体验了十八世纪欧洲的生活；是李白、杜甫、曹雪芹、鲁迅、郭沫若、巴金等作家的作品，使我了解了祖先和革命先辈的生活。是前人的文化财富使我精神这样富有；是人类的日积月累的智慧使我的大脑这样充实……"（报告文学《光辉的路——记张海迪》）是的，读书对张海迪来说，是生活，是工作，也是一种幸福，她时常为此而感叹："我是一个幸福的姑娘。"疾病，使她的肉体饥渴无度，冷暖不知；书籍，却使她情感丰富，思维敏捷，走出了一条光辉的人生之路，成为当代青年的杰出楷模。

　　三、读书可以陶冶情操

　　培根在谈到读书的作用时说："读书足以怡情，足以博彩，足以长

第十三章 人求上进先读书

才。"这里他把"怡情"放到了首位,足见它的重要意义。培根还说:"其怡情也,最见于独处幽居之时。"这一点我国古代的读书人体味得最深。古人读书,讲究环境的清静,讲究四平八稳,以出闲情逸致,以求养心益德。在这种境界下读书,常常能使读书和书中情境两相交融,物我合一,有时一走出尘世,忘情其中的感觉。正像一篇叫做《好书都是气功师》的文中所描述比喻的那样:"一本好书的气场是巨大的。大到天涯海角,大到宇宙太极。可以笼罩人的整个生命,可以影响人的整个心灵。置于好书的气场,能够看到梦中的花朵以最美的形式绽放……当面对一本好书,心灵为它全部张开,就会感到有一种神奇的力量在托着自己,牵引着自己,逐渐进入心地澄明,超尘拔俗的境界。"

"会忘掉自我,遗弃小我,抵向无我和大我之国……"这种形象的说法,就是对"怡情"的一种生动的描绘,它说明人在闲情下读书常常会使自己心灵受到洗礼,体会到一种俱乐俱净的滋味儿,这对人的身心都是一种极好的休养和调节,其益处是显而易见的。

也许有人会说,在当今竞争激烈的情况下读书,哪还有文人墨客那种闲适之情呢?其实不然。我们承认,随着知识更新的加快,社会竞争的激烈,今天人的读书"经世致用"的味儿更浓了,实用的成分更多了,这是事实。但是,我们也不能因此就否认读书的其他方式和作用。而且,在某种意义上说,生活节奏越快,社会纷争越多,就越应提倡闲读书和读闲书。试想,如果能有些时间,躲开繁闹的电话铃声、汽车笛声、机器作业的轰鸣声,静下心来读一两页闲书,养养心,益益神,不是很好吗?再说,这种闲适之书,表面上与生活关联不大,其实,这书中的美好情趣,就如乳溶于水,潜移默化地滋养着人的身心,提高着人的素养,其效用是持久绵长的。

也许有人还会说,那种忘情的读书都是文人雅士之风,岂是人人都能做得到的?这样的说法、想法其实也是不恰当的。读书和欣赏是人人都做得到的,对此叶圣陶在《享受艺术》一文中曾做过这样的解释:

与艺术接触是一种享受。接受艺术可以分两方面,一方面是创造,一方面是欣赏,创造与欣赏都是一种享受。眼中看见了一番可以感动的景象,心中想着一番值得玩味的景象,把那景象画出来,画得非常之好,不但自己感动,叫别人也感动,不但自己玩味,叫别人也玩味。那时候,心

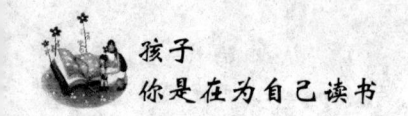

中的快乐与满足还有什么比得上的呢？这是创造方面的享受。

听人家唱歌或者吹弹乐器，唱的奏的若是活泼愉快的调子，听的人也觉得自己活泼愉快了，宛如树林中的小鸟，溪沟里的流泉；唱的奏的若是激昂慷慨的调子，听着的人也觉得自己激昂慷慨了，宛如赴难不惧的勇夫，拔剑而起的义士。那时候，心中一些卑鄙、琐屑、自私自利的念头全溜走了，思想和情绪进入了一种较高的境界。这是欣赏方面的享受。

人人应该有这种享受，人人可能有这种享受。

为什么说人人应该有这种享受？艺术原是社会的产品，好像稻和麦是社会的产品一个样。凡是社会的产品，依理说，该由社会中人共享，不该为某一些人所独有。吃了粮食，可以填饱肚子，可以把生命延续下去；接触了艺术，可以填饱精神方面的肚子，可以使生命进入一种较高的境界。这是一种权利，若不是被剥夺了，谁愿意放弃呢？

为什么说人人可能有这种享受？人与人原相去不远的，彼此的思想和情绪虽有种种的差别，可是那差别只在于程度上（如说此深彼浅，此厚彼薄，深浅厚薄都是表示程度的形容词），不在于质地上。因此之故，一种非常高妙的艺术品，普通人也能够欣赏，他虽不能够把滋味完全咀嚼出来，总能够领会到一点儿。（《叶圣陶教育文集》，第2卷，第298~299页）……

这里叶老从创造和欣赏艺术，特别是从欣赏艺术的方面说了"人人应该有这种享受"，"人人可能有这种享受"的道理，特别是他谈到欣赏艺术时，举了听人家唱歌或者吹奏乐器的实例，的确给我们很大的启发，也使我们产生诸多的共鸣。听歌赏乐虽与阅读书画作品不尽相同，但从欣赏者的感受来说是完全相通的。随着文中画面的翻转或情节的展开，我们不也常常或悲或喜、或憎或爱地变换着思想和情绪吗？当我们全身心地投入到书的境界中去的时候，我们不也曾一次次地体验过驱走自私、卑琐的念头而一时高尚起来的情怀吗？的确，欣赏文学艺术的能力，领略人类高尚思想和情感的能力，是人人皆有的，差别只在程度而已。但是，只要我们真心投入，坚持读书实践，养成爱书喜读的习惯，其欣赏的水平就会不断上升，这一点应是无疑的。只要我们记住叶老的话，把欣赏当作自己的一份权利，努力跨进艺术的门槛，相信有一天人人都会登上艺术的殿堂的。

四、读书可以提高写作水平

第十三章
人求上进先读书

读书是什么？读书是吸收；写作是什么？写作是表达。吸收和表达之间的关系是显而易见的，没有吸收或吸收得不够，就会直接影响到表达的水平和质量。但是这个道理并非所有的人都明白或明白得透彻。有些青年人爱好写作，整天就抱定一个"写"字，结果由于积累不足，文笔修养不深，很少有成功之作，而且在写的过程中还吃尽了苦头。一个人要想真正提高自己的写作水平，除了离不开生活这个"源"之外，还需把握住读书这个"流"。流虽不能代替源，但流是源的折射和反映，特别是对生活阅历尚浅的青年人，书的流的充沛可以补充生活源的不足，从而间接地丰富思想情感，丰富知识经验，丰富写作技能和技巧，为提高写作能力打下坚实的基础。

从古至今许多文人学士在这方面都有过切身体会，同时也为我们留下了不少经验之谈。像孔子的"不学诗，无以言"，杨雄的"能读千赋，自能为之"，以及杜甫的"读书破万卷，下笔如有神"等名言和蘅塘退士引用的谚语"熟读唐诗三百首，不会做诗也会吟"，就都是这方面经验的浓缩。如果我们把这些浓缩之言化解开来，那么，读书对于写作起码会有如下作用：

首先，是获得丰富的资料。恩格斯在《致康·施米特》中说："每一个时代的哲学作为分工：的一个特定的领域，都具有由它的先驱者传给它而它便得以出发的特定的思想资料作为前提。"这实际上就是个思想继承问题。马克思主义基本原理的形成不也有三个来源吗？而这种来源正是建立在马克思、恩格斯对德国古典哲学、英国古典政治经济学和法国空想社会主义著作的刻苦研读与扬弃之上的。没有阅读，就没有继承。理论科学是如此，文学等其他文化领域也一样。书籍中记载着前人丰富深刻的思想资料，是我们写作中不可缺少的，我们怎可不努力吸收呢？关于这方面，曾国藩的体味对我们很有启发。他说：凡作文写诗，总有情真意切，不得不一吐为快的时候。但必须要在平时积累下丰富的道理，这样写作时才能不假思索，左右逢源。而说出来的话，也才能充分表达心中的真切感情；在写文章时如果没有因为雕琢字句而苦恼，文章写成后也没有阻隔不清的感觉，这些都是平时读书积累多而带来的效验……这里强调的是，不论是作文还是写诗，要真的能达到情真意切，语言畅通无阻，就必须平时具备丰富的知识和道理，而这些知识和道理又离不开平时读书的积累。平时读

孩子
你是在为自己读书

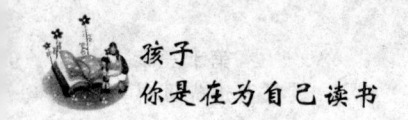

书遇到了道理，又通过思索加工熟烂在心了，写作时才能左右逢源，这不是临时抱佛脚的事。

他说：当遇到真情发泄的时候，一定要看胸中的义理怎么样，只有能随意获取这些义理才行。否则的话，要靠临时去采办，那还不如不作文，因为这时做出来的文章一定是用巧伪的手段来取悦于人的。这些话我们今天听起来仍很亲切，因为它的确是经验之谈。青年人学习写作，常常受激情有余而义理不足的困扰，广博而深入地阅读，的确是排除各种困扰的方法之一。

其次，是学习方法技巧。要写好文章，除了要有充分的义理和充沛的情感之外，还必须懂得怎样立意、作文，怎样表现和表达等问题，这些都是方法技巧问题。方法技巧当然可以边写边悟，写中求悟。但从前人的大量精品之作中直接求取，却不失为门捷径。叶圣陶在谈到阅读和写作的关系时曾说过："写作的技能所以要从精读方面训练，无非要学生写作得比较精一点。精读教材是挑选出来的，它的写作技能当然有可取之处；阅读时看出那些可取之处，对于选用与斟酌就渐渐增进了较精的识力；写作时凭着那种识力来选用与斟酌就渐渐训练成较精的技能。"《论国文精读指导不只是逐句讲解》（《叶圣陶教育文集》第2卷），而如何从阅读中增强识力，把握技巧，叶老也在不同的文章和场合下多次地做过通俗而精要的说明。比如在《写作是极平常的事》中就有这样一段讲解。这里我们不妨重温一下：

学习写作方法，大家知道，该从阅读和习作两项入手。就学习写作的观点说，阅读不仅在明白书中说些什么，更须明白它对于那些"什么"是怎么说的。譬如读一篇记述东西的文字，假定是韩的《画记》，要看出它是把画面的许多人和物分类记述的；更要看出像它这样记述，人和物的类别和姿态是说明白了，但人和物在画面的位置并没有顾到；更要明白分类记述和记明位置是不能兼顾的，这便是文字效力的限制，一篇文字不比一张照片。又如读一篇抒写情绪的文字，假定是朱自清的《背影》，要看出它叙述车站上的离别全部引到父亲的背影，父亲的背影是感动作者最深的一个印象，所以凡与此无关的都不叙述；更要看出篇中所记父亲的话都与父亲的爱子之心有关，也就是与背影有关，事实上离别时候父亲绝不止说这些话，而文中仅记这些，这便是选择的功夫；更要看出这一篇抒写爱慕

· 202 ·

父亲的情绪全从叙事着手,若不叙事,而仅说父亲怎么怎么可以爱慕,虽然说上一大堆,其效果决不及这一篇,因为太空泛、太不着边际了,抒情须寄托在叙事中间,这是个重要的原则。阅读时候看出了这些,对于写作是有用的。不是说凡作记述的文字都可以用《画记》的方法,凡作抒写情绪的文字都可以用《背影》的方法;但如果你所要写的正与《画记》或《背影》情形相类,你就可以采取它的方法;或者有一部分相类,你就可以酌取它的方法;或者完全不相类,你就可以断言绝不该仿效它的方法(《叶圣陶教育文集》第 3 卷,第 81~82 页)。这里叶老举《画记》和《背影》这两篇佳作,详细地告诉我们好文章是有很多方法和技巧可以供学习和借鉴的,经常认真仔细地阅读这样的作品,有意研究和总结其中的技法,对我们的写作是大有裨益的。当然,学习前人的技法绝不是照抄照搬,即使是精品名作也不能避免纰漏和瑕疵。我们所说的从阅读中找捷径也应该包括反面的借鉴,以便少走弯路。这一点叶老的文字中也有交代,我们也不可忽视。

第三,读书还可以影响一个人的写作风格。书读得较多的人或读到了一定程度的人,都会有这样一种感觉:在浩如烟海的书卷当中,其作品的风格也是林林总总、各不相同的。不同的作家由于经历、爱好、知识素养等的差异,他们的作品也会呈现出不同的特色。这对读者会有两方面的影响:一种人博采众家之长,使自己更加丰富起来,从而独树一帜;另一种人由于偏爱一方,长期研读受其熏染过深而成其风格的继承者,或发扬光大之。

总之,多读书,认真地读,对于写作的确是有很大帮助的。不论是过去还是现在,不论是名家学者还是初学青年,凡是在写作上有些造诣的,无不承认是借助了广泛的阅读的。所以,凡立志写作者一定要首先和书籍交上朋友。

以上我们从四个方面说了读书的作用和意义,其实这还很不够,读书的作用与意义,只有读起来才会有全方位的感觉。

我国自古以来就有读书的传统,被誉为"诗赋王国"、"书香社会"。孙康映雪、江泌照月、司马警枕、苏秦悬梁,其中有苦读者,也有乐读者。不管苦读、乐读,他们都明白一个道理,读书有用;都有一个信念,读书有成。正是这个道理、这个信念,从古至今鼓舞着一代代的读书之

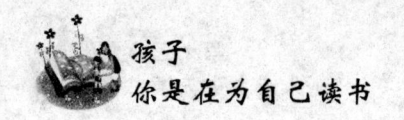

人，造就了一辈辈的有用之才。今天，面对21世纪的挑战，我们需要造就更多的高素质人才，这同样离不开对书的嗜爱和渴求。培养中华读书人群，营造新的书香社会，又已成为我们今天的社会潮流……

读书是我们获得信息与知识的方式

一、间接交流信息的方式

个体可以通过两种方式交流信息，一种是直接交流，即面对面的口头交流；一种是间接交流，即借助大众传播媒体及文献书籍而实现的信息交流。

阅读是间接交流的重要途径，也是个人利用社会信息的一种主要方式。阅读活动的主体是读者，客体看似是文献，实质上是给文献注入信息的作者。因此，阅读就是读者与作者之间借助文献中介而实现的信息交流过程。

二、高效交流信息的方式

阅读既可以是今人同古人的跨时代交流，即纵向交流；也可以是同时代不同地域的个体之间的远距离交流，即横向交流。同直接的面对面交流相比，阅读有不受时间和空间限制的优势。与同是间接交流的大众传播系统相比，它也有其突出的优越性。

1. 文献运用书面语言表述信息，这使它可以更理性、更富有逻辑、更深刻、更系统地表达作者的思想和情感。许多信息限于其本身的特性，或者无法用电视、广播等媒体传播，或者纵然传播了也不够精确和深刻，如抽象的数理分析与哲学思维。即便是形象性比较强的作品，如小说改编成电视剧后，也会失去许多原有的信息。

2. 较从电视等媒体中获取信息，阅读文献更为自由。通过电视等媒体接受信息，接受者相对处于一种被动的地位。阅读则是另一番情形。虽然读者并不能决定一部文献的内容，但读者却可以自由地选择怎么读、什么时候读、以怎样的速度阅读等。

3. 较影视等，阅读更为简捷。书籍文献可随身携带，随时随地阅读。影视则只能到固定场所观看，受到的限制要多得多。

三、获取知识的基本方式

现代媒体虽然已经非常发达，但文献仍然是知识的主要载体，阅读也仍然是人们获取知识的基本方式。

对学生来说，阅读的重要性更为明显。阅读是学生学习功课、接受新知识的主要途径；阅读能力对学生学习功课起着极为关键的作用。阅读理解能力差，就很难有效地掌握课本知识；阅读速度慢，阅读策略不对头，在阅读课外书时就难以做到广采博取，知识量就会受到影响。掌握正确的阅读策略，改善阅读能力，提高阅读效率，是每个学生的迫切希望。

解读中国古人的"读书观"

"万般皆下品，唯有读书高"。

科举制是古时考试的唯一途径。唐太宗李世民看破了这种考试的实质，即以权力为诱饵把读书人终身都束缚在了仕途上。

当他躲在门端处，看到新中的进士鱼贯而出时，高兴地自语道："天下英雄入吾彀中矣！"

中国古时的历代知识分子们也由此徘徊于政治与学术间。因为他们只有走上仕途之路，才能谋取到一官半职；也只有谋取到了一官半职，才能保证基本的物质生活。

"读书、进学、中举、得士"是古时中国读书人的老路，即"读书至上"，"读书做官"。

战国时代，有一个叫苏秦的读书人曾以"头悬梁"、"锥刺股"而名满天下，他曾说过这样一段话：读书人既然读了书，而又不能够以此来谋取高官和厚禄，这样的人读了再多的书又会有什么用呢？

在这段话中，苏秦把自己读书以图升高官、发财的目的道了出来。

"读！读！读！书中自有千种粟；读！读！读！书中自有黄金屋；读！读！读！书中有女颜如玉。"。

这句广为流传的"座右铭"据说是宋真宗赵恒的"御制杰作"。

上述观点即为人们所说的"读书观"。

读书观具体来说就是，为谁读书，为什么读书，读书掌握了知识后又

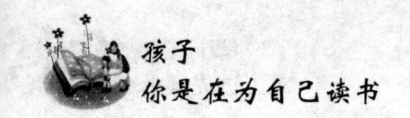

要去干什么，达到什么目的。

但是你必须清楚，头悬梁锥刺股、寒窗苦读的苏秦并不是在追求知识、真理，而是在追求做官，其发愤读书的动力来自于"做官"。

孔夫子说得很实在："耕地，馁在其中矣；学也，禄在其中矣。"就是说，通过学习可以求禄求官。

你大概也熟悉《儒林外史》里的"范进中举"的故事吧。

范进中举以前，穷极潦倒，到处遭人白眼；而一旦中举，情形立刻大变，吃的，穿的，用的，住的，自有人送上门来。

宋人周辉《清波杂志》记载了这样一个故事："闽人韩南老，就恩科，有来议亲者，韩以一七绝不之：'读尽诗文一百担，老来方得一青衫。媒人却问余年纪，四十年前三十三'。"73岁得官，还有人来议亲，当真应了书中自有颜如玉这句话。

神童诗云："天子重英豪，文章教尔曹。万般皆下品，唯有读书高。"

你读这首诗时千万不要误以为古代十分尊重读书人、尊重知识，之所以读书比种田、经商都"高"，是因为读书可以做官，做官可以出人头地。

隋唐以后实行千年之久的科举制度更是把读书和做官两者直接连在一起，一个读书人，通过考试，就可以脱掉布衣，换上官服。

如果有幸中了殿试的第一名"状元"，荣誉和特权更是达到极点。

林语堂在《中国人》里面对"中状元"者所受的"欢呼和拥戴"，作了如下描述：

"你看他骑着高头大马，由皇帝亲自装饰，作为全国第一也是最聪明的学者在街上走过，真正是一个名副其实的迷人王子。作为头名状元，他应该是很漂亮的。这就是作为一名卓越的学者所得到的荣耀，一个中国官员所得到的荣耀。他每次出行，都有人为之鸣锣，宣告他驾到。衙役们在前面开道，将过路人驱逐向两边，像扫垃圾一样……""家无读书子，官从何处来？"

不论在什么时代，不论是什么人，读书，总会有一个目的性。

现将这些目的归纳一下，即以下三种：

第一种："为读书而读书。"

为读书而读书的人凭的是兴趣，既超脱，也"有闲。"宋代诗人尤袤非常喜欢读书，也非常喜欢藏书，据说他的目的就是："饥读之以当肉，寒读之以当裘。孤寂读之而当友朋，幽忧而读之以当金石琴瑟也。"

这个目的，出自于诗人之口，确实让人感到有点"浪漫。"

由于古代的文人大部分都很清高，所以，这种目的颇能获得儒生们的赞同。章钰之所以为自己的书斋取名"四当斋"即出于此典。

第二种："为立言而读书。"

历代文人都受到了古人"太上有立德，其次有立功，有立言，虽久不废，此不谓不朽"观点的影响。

许多书都接受了以上的观点，这些观点中包括了《文赋》、《典论》、《文心雕龙》、《史论》，这些书都强调著书立说可以让人流芳于千古。说到底，他们为的也就是"名"，所谓"雁过留声，人过留名。"宋代著名的史学家郑樵，从少年之时就立志，要贯通百家学术，求得其中的博大精深，所以他不愿做官，也不参加科举。

他自称"十年访书，三十年著书"，他于16岁之时，在夹漈山之下搭起了茅屋读书，他为了博览群书，常常四处寻访，并通宵达旦地阅读，他实现了以"立言"求"不朽"的夙愿，写下60多种著作，留下了500万言的《通志》。

第三种："为功利而读书。"

古今中外，绝大多数人之所以会读书均出于这种目的。譬如在古时的科举时代，读书者之所以会读"四书五经，"其目的就是考举人、中进士，升官发财。

其实，我们对于"功利"也不能一概地予以否定。应该否定那种自私的、损人利己的目的。

譬如：今天的专业户，之所以会读《怎样养猪》、《盆景制作》、《果树剪枝》、《怎样养鸡》之类的书，也都是出于"功利"，那么他们所读之书又有什么不好的呢？

不论人们读书是出于什么目的，但是人们无可否认的，他们都是为了求知。

胡适认为，读书的目的有三点。

第一点：读书为了生活。

读书是为了获得应付环境、解决困难的方法，同时还可以获得一些思想的来源。

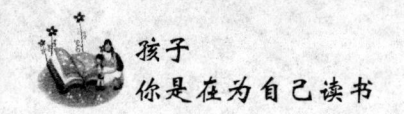

第二点：读书是为了更好地继承人类文化遗产。

因为书是先人传给我们的知识遗产，我们只有在接受了这些遗产以后，并在这些遗产的基础上，方可发扬光大，进而建立更高深的知识。

第三点：为要读书而读书。

读了书便可以多读书，不读书便不能读书，要能读书才能多读书。也就是说，人们之所以读书主要是为了增加自己的知识和读书能力。

如果我们对胡适的读书观进行仔细的分析，就会发现里面仍有两个不足之处。

第一，看上去是三个读书目的，但在事实上这三个目的只说明了生活运用和文化继承的两个目的。

因为，三个目的中有两个目的，实际上讲的是一个目的。读了书就可以获得知识，获得了知识就能应付环境，解决困难。不同的只是层次先后罢了。

第二，在现代社会生活特征中，仅仅是为了生活应用和文化继承是不够的。

在现代社会之中，生存已不是改善生活的含意，而是为了更丰富的生活品质。更丰富的生活品质，不但要有应付环境解决困难所需的一切物质基础，还要有使人们生命充实，生活美满幸福所需的精神食粮。想让你的生活达到如此境界，必须要靠读书获得那些包括价值、态度、观念在内的综合人生哲学后才能建立。对于这点，在胡适的读书论中就没有提及。

正确的读书目的应该是以下的四种情况：

第一，我们不是为了读书而读书；

第二，我们读书不是为了装饰自己表现自己；

第三，我们读书不是为了以学说去炫耀；

第四，我们读书不是为了当官。

确切地说，读书的目的是为了积累知识，为了开阔视野，为了增长才干，这才是目的所在。其中，也有许多伟人，读书的目的在于振兴中华，造福于民，这更是读书的目的所在。

童第周上大学时，就树立了"中国人不是笨人，应该拿出东西来，为我们民族争光"的读书观，使自己的读书求学进入了一个新的阶段。

在一本书中曾有这样的一段记载：

第十三章
人求上进先读书

童第周在比利时进行胚胎学的研究和实验时,与他同宿舍住的是一个研究经济学的俄国人,这个俄国人非常瞧不起中国人。

有一天,这个俄国人嘲笑中国人是"东亚病夫",童第周非常愤怒地对他说:"不许你侮辱我的祖国!要不这样,我代表我的祖国,你代表你的祖国,从明天开始,我不进行实验,我和你一起开始研究经济学,看我们谁先取得经济学学位。"这个俄国人被童第周的一番义正词严说得无地自容。

童第周经过四年的发愤读书,以非常优异的成绩获得了博士学位,因为,他擅长于在显微镜下做当时外国人还做不了的精细手术,他不但得到了生物界的称赞,还受到了世人的瞩目。

鲁迅早年因帝国主义列强侮辱中华民族为"东亚病夫"而从此立志从医,治病救人,希望能够用医道把中国从愚昧落后的状态中拯救出来。

他的读书观非常鲜明非常清晰。他在东渡日本学医时,怀着强烈的爱国愿望,带着救中国于衰亡的激奋。

然而,在他赴日孜孜求学的期间,他却改变了最初习医以救中国的愿望。

那是在一次课余看放映时,他看到一个中国人因为给沙皇俄国军队当侦探而被日军捕获,抓去枪毙,而围观的中国学子却在大声叫好,这种对同胞的生死无动于衷,精神麻木的状况,这种情景,使鲁迅的爱国之心受到了刺激。

鲁迅深深地感到,学医救国并不能够真正救中国于危难之中,并不能救中国于水火之中,现在最重要、最当紧的是如何改变中国人的现有精神状态,使之清醒振作,为中华之崛起而努力和奋斗。

鲁迅认为文艺是能最快、最好地改变中国人精神的武器。于是,他毅然拿起了笔杆子,弃医从文,以拯救民族精神为己任,投入到了救国救民的"战斗"之中。

在鲁迅从医之前,曾一度以为中国之所以会遭受侵略和侮辱,是因为经济落后所致,曾刻苦钻研采煤等专科,为振兴和发展祖国的经济而努力求学读书,并立志于中国的实业。

虽然,鲁迅数次改换所读的专业,但是,他以国家、民族振兴为己任的"读书观"始终不移,在这种读书观的推动下他不但学有所成,而且成

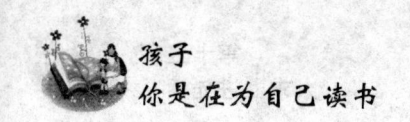

了中国新文化的开拓者，成了伟大的思想家和革命家。

人们所敬爱的周恩来，还是一名学子时，就树立了为中华民族振兴、为国家兴亡而读书的伟大思想。

周恩来在东北奉天东关模范学校读书的时候，曾经发生过一件这样的事情：

在新学年刚刚开始时，模范学校的魏校长在课堂上向学子们提出一个极为严肃的问题，那就是："读书是为了什么？"

有的学子回答："为了父母而读书。"

有的学子回答："为了知礼而读书！"

也有的学子就干脆说："为了光耀门楣而读书。"

魏校长对于这些迂腐、低俗的回答非常不满意。于是，他又大声地问道："周恩来，你来回答一下，为什么要读书？"

"为了中华之崛起而读书！"周恩来未加任何思索庄严地回答了魏校长的提问。

由于他浓重的南方口音，魏校长一时没有听清楚，于是周恩来又高声地对其读书的目的重复了一遍："为了中华之崛起而读书！"

这就是中国人民所敬爱的周恩来青年时代的一段感人至深的故事。他以祖国振兴、民族新生为自己使命的"读书观"，多么的感人！

尼古拉·奥斯特洛夫斯基曾经这样说过："没有目的，个人完了，目的也完了。"

同样，我们读书也应该有一个明确的目的，对读书这项艰辛劳动的根本认识，才是真正的"读书观"。

确立良好的读书动机

叶挺由于家贫，上学要靠亲友资助。他很喜欢读民族英雄的作品，如文天祥的《正气歌》与岳飞的《满江红》等等。

由于叶挺学习非常刻苦，所以他在中学毕业后，就以优等生的资格进入了保定陆军军官学校。

叶挺不仅对军事知识努力学习，而且对各种进步书刊也如饥似渴地阅

第十三章 人求上进先读书

读，以探索革命的真理。在这些书刊中《新青年》对他的影响最大。

他曾经给《新青年》写了一封信，他在信中表达了当时青年彷徨的心情和他矢志救国救民的革命理想。

他曾说道："吾辈青年，坐沉沉黑狱中"，并决心"振污世起衰弱"。

这就是我们要谈到的读书动机。

甘肃的会宁县是一个全国有名的贫困县，该县的年降水量极少，所以那里的人民只能靠天收获，生活非常贫困，他们只能以土豆、玉米为主食。然而这里的学子升入大学或更高学府的机会却是其他地方无法相比的，该县被誉为"状元县"。

为什么这么贫困的地区会成为状元县呢？

记者走访了会宁地区的一些在校学子和已升入高校或工作了多年的会宁人，他们的答案都是一样的：那就是为了摆脱贫困，为了发展会宁的经济。

正是由于这一动机，千千万万的会宁人喊出了一个令人振奋的口号："再苦不能苦孩子，再穷不能穷教育"。因此有数不清的会宁学子在苦苦地攻读，走出了会宁，使得会宁地区成了全国有名的状元县。

动机，是人的一种生理愿望，人在动机的驱使之下，总会想尽办法为实现这一愿望而努力，并克服重重的阻碍，最终也要达到目的。

从道理上来说，读书动机应是内动的。

譬如：儿童们之所以会去读书，其读书的动机多是内动的。内动多由人们的求知欲或好奇心所引发。

如果因好奇心或求知欲而从事的活动，你就无须对其施加外力进行管束，你只要顺其活动不加任何阻挡，就会得到极大的满足。

人们在儿童期，一些活动的动机纯属内动居多，譬如：学骑自行车、做一些游戏、摆弄玩具、看动画片等等，外力均无法导致。当然这种动机在成人之中也有。

譬如：你会在看武侠小说时着迷到废寝忘食的程度，你为何会着迷到如此地步呢？

这是因为，小说的作者巧妙地运用了"欲知后事如何，且听下回分解"的写法，而且这个原因不断地维持着人们对这本书进行阅读的求知欲和好奇心。

孩子
你是在为自己读书

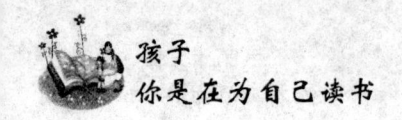

问题在于，你之所以会读书，主要是外诱的动机，内在的动机是极少的。

而且，你的外诱动机不一定符合你内在的需要，你读书动机的引起和维持，大部分都是在你的功利主义"威逼"或"利诱"的方式下进行的。

内动和外诱动机之间的差别主要在于，内动纯属于内力，不需要任何的外在吸引；而外诱动机则必须要有外在吸引。

外诱动机之所以会促进人们的行为，是因为其外在吸引之故。

对于读书的人来说，引起外诱动机的行为是一个有目的的行为，有其利也有其弊。

其有利之处，就是人们可以对外在环境进行设计和安排，对你的读书进行诱导甚至约束。

其有弊之处，就是你在这种状况下读书，不但非常被动，而且经常随着外界诱因的改变而改变自己的读书目的。

著名作家郑逸梅的读书方法可以给我们一些启示。郑逸梅以"补白大王"著称于世。

他在一生之中写了五六百万字的作品，出版的单行本有30余种，他撰写过的人物传记就有170多篇，他对收集中国的文史掌故做出了巨大的贡献。

他在80多年的读书生涯之中总结出了"外打进"的读书方法。

而且，他也运用这种读书方法在书中汲取了很多营养，并获得了卓越的治学成就。

"外打进"读书方法就是先从简单的书开始读，然后再读复杂些的书；先读现在的书，再读古时的书；先读自己感兴趣的书，再读自己不感兴趣的书。

郑逸梅小时候对读经典著作并不感兴趣，因为经典著作难读，读不懂，所以，他把读书看做是一件很苦的事。

有一次在他祖父给他讲《三国演义》时，他被书中生动的故事所吸引，他觉得读这样的书很有意思，于是，他就试着读，试着理解书中的内容，他越读越感兴趣，几乎忘记了吃饭。从苦读变为了乐读。

他在以后的日子里又读了《水浒》、《西厢记》、《东周列国志》等名著，并从中明白了许多社会、历史方面的知识，学会了一些写作技巧。

· 212 ·

第十三章 人求上进先读书

写文章时，他总是名列前茅，受到老师的好评。找一些自己感兴趣的书作为"外打进"的基点，就是郑逸梅读书的切身体会。

"外打进"读书方法，在读书时要由近至远，由浅入深。读书时从浅近的书入手，在有了一定的基础后，再读那些复杂的、有难度的书，这样不但容易理解，读起来也比较轻松。

郑逸梅就是从《水浒》、《三国演义》等文字较浅、年代较近的作品开始阅读的，并发展到读文字深、年代稍远些的明清小说，然后再读元曲、宋词、汉代文章、春秋《左传》，最后才读《诗经》、《尚书》。

这样有顺序地读书，不但容易领会，还比较容易进步。例如：他建议青年人在读《古文观止》时，从最后一篇读起，逆序而读，这样读书不但可以做到由近及古，由易到难，而且能有很大的收获。

郑逸梅认为要想运用"外打进"的读书方法，必须建立一个"基地"。

他提倡先把《唐诗三百首》、《古文观止》等书熟练地背下来，并作为读书的"基地"，逐级进击，自然会有扎实的基础，进展也会迅速多了。

郑逸梅之所以会被称为"补白大王"，是因为他所写的文章均短小精炼，富有情趣。

因为他涉猎广博，趣味横生，所以他能写出《艺坛百影》这样语词精湛的好书。

读书要从简单的书读起，从感兴趣的书读起，知识要从一点一滴积累起来，对于那些精辟的诗文，不但要记忆下来，还要背诵下来，以增强读书的"基地"。

这样，长久坚持下去，就会积少成多，慢慢地就会出口成章，妙笔生花了。

你可以用不同的术语来表示你对自己行为的期待标准，例如"抱负层次"等等。

用心理学上的术语，可称之为"求成动机"。

求成动机，是促使你追求成就的内动力。求成有两种意义：

一是战胜自己，你希望自己超越自己的表现，现在的表现超过以前的表现，将来的表现超过现在的表现；二是胜过别人，希望自己在团体中出人头地。

心理学上认为，求成动机是人格的特征之一。有此种人格特征的人，

213

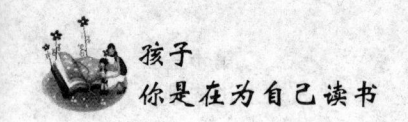

面对任何事务都是力争上游、精益求精。例如：幼儿搭积木，别人可以重叠7块不倒，他就要重叠9块、10块不倒。学子们考试，他失败了，但他绝不会因此气馁，他会锲而不舍，再接再厉。

那么，有求成动机的人其人格特征又是怎样形成的呢？心理学家认为这类动机可以培养。在培养求成动机时必须基于以下两种心理基础：

第一，在实际活动中认识自己的能力。自己的能力不但能在个人独自承担的工作中显示出来，也能在团体竞争中显示出来。

第二，在工作过程中体验成功与失败。成败经验不但能得自你预期标准的进步或退步，也能得自在团体竞争中和别人比较的结果。

如此看来，求成动机的形成是一个非常复杂的过程。求成动机复杂的原因，对你来说，并不是一个有或无的问题，也不是一个单纯的多或少的问题。

而是，当求成动机发生作用时，另一个动机，与它在一起，并发生抵消作用。我们可以把与求成动机伴随而生的动机，称为"避败动机"。

可以想象一下，当你决定追求还是放弃某事的时候，就是受求成动机与避败动机相互作用的结果，如前者力量大于后者力量，那么你的行为表现为追求；如后者力量大于前者力量，那么你就将弃之而去；如两者力量相同，那么你将表现出犹豫不决。

因此，你的追求就是求成动机减去避败动机后的净动机所产生的促动作用。也就是说，你在面对取舍之时，都会在权衡轻重、考虑利弊得失后，才采取行动。

但是，你权衡轻重而作决定时，究竟要以什么作根据呢？

其根据主要就是以下的两个原则：

第一，你以往成功、失败的经验；

第二，对于所面临的问题自估的成功可能性。事实上，第二个原则是以第一个原则为基础的，也就是说你在生活中成败的经验是主要的根据。你的成功经验多于失败经验，求成动力比较强，如果失败经验多于成功经验，避败动力比较强。

可是，在"自估成功可能性"时，成功与失败的经验却同样重要。

因此，如何从以往的成败经验中获得智慧，在面临问题时做到准确估计"成功可能性"后，再采取适当的行动，以获得更多的成功，是一种最重要的学习。

你对成功可能性的准确估计，是长期维持求成动机重要的影响因素。

心理学家经研究发现，人在追求成功时，自估成功的可能性在极低或极高时，都不会尽力去追求。

因为，前一种情况，自估失败的可能性很大，因而避败动机大于求成动机。后一种情况，即使成功了，也胜之不武，没有成就感，求成动机自然不强。

最强的求成动机是你追求时最有力的情况，你自估成败的机会相似，再两者相较，成功比失败的机会稍大。在这种情况下，你认为成败均系于自身的"人为因素"，所以你定会全力以赴。

如果用求成动机原理来解释读书活动，你就要做到下列三点：

第一，以读书的成败经验，作为以后类似可能性活动的估计。

第二，选择参加与自估成败机会相近的活动，选定后就要全力以赴。

第三，参与活动后，无论成败，均要记取教训，作为下一次估计成败的根据。

只有按照上述原则去做，才符合"失败乃成功之母"。读书好比是"逆水行舟，不进则退"。

逆水而行必须先克服水流所产生的阻力，再加上前进的动力，方能使船只继续前行。

在读书时，引发并维持内动是件非常困难的事。既然内动的读书动机极不易获得，那么，人们也只有在外诱动机上考虑了。

外诱的读书动机可以由读书的目的引起，外诱读书动机不但可以改变读书的目的，而且还可能会间接地引起内动的读书动机。

读书的第一层目的就是求知，读书的最高目的才是展才能。

所谓的展才能，也就是经过读书的活动，把你个人所具备的才能都发挥出来，把你的所有价值都体现出来（自我实现）。

你的内动里包括了求知欲，你如果以求知欲为读书目的，并把求知欲与你的读书动机相结合，你的读书动机就不会是一个零乱、被动、短见的动机了。

古人对于求知的基本条件给予了眼到、心到两个基本条件。也就是说见到任何问题之后，都不要盲目地就予以接受，而是要不断地追问、思考

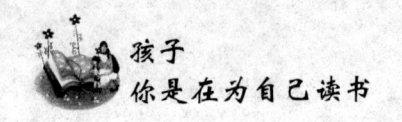

和怀疑。

宋人张载曾说过:"读书先要会疑","于不疑处有疑方是进矣"。

有疑方会引起人们的心理失去平衡,恢复心理平衡的唯一方法,就是因求知而去疑,并得到心理上的满足,这不需要外力对其进行约束。

要研究学问,其基本条件就是要不断地思考,思考主要起于有疑。

疑不仅产生于那些人们所不了解或不明白的事情,对于那些人们已众所熟知的事情也不应盲目地接受,"于不疑处有疑方是进矣",就充分地说明了这个道理。

历史上有许多划时代的思想创造,均是在"不疑处有疑"的情况之下有所突破的。

牛顿见苹果落地而发现了万有引力,瓦特见沸水推动壶盖而发明了蒸汽机;弗罗伊德在心理学上根据自己做梦的经验推翻了"日有所思,夜有所梦"的常识,从而创立了潜意识理论。这些都是在不疑处有疑的基础上的突破,并做出贡献的例子。

你不妨试试看,从你听讲、阅读、和人谈话时,随时随地都可以找到很多可疑而又值得思考与研究的问题。如果这些问题和你所读的书联系在一起,你在读书过程中就不会对它望而生厌了。

古今中外许多学者对这些问题进行了诸多讨论。在这些讨论中大家最熟悉的就是"读书三到"即"眼到、口到、心到"及"博学、审问、思考、明辨、笃行"的说法。

1925年,胡适曾建议把读书的三到改为读书四到:"眼到、口到、心到、手到",同时,胡适还提倡读书要专精与广博并重。

胡适曾就专精与广博留给后人两句读书的至理名言:为学要像金字塔,要能广大要能高。

前人对于"怎样读书"的问题,留给你的只是一些比较笼统的概念,并没有提出任何一个具体而又行之有效的方法。这就说明,即使是一个在读书方面获得成功的学者,也无法告诉你一个确切的读书方法。这也就是读书之所以会成为知易行难的另一个原因。

我们发现,传统学者对于"怎样读书"这一问题,只是从指导者的立场提供了一些比较普遍的原则,而未从对影响你读书效果的角度进行考虑。

因此，让我们先从心理学观点，提出一些对于读书问题应该考虑的三个问题。

第一，能不能读书。

你是否具备了读书的基本能力。因为，任何方法对于低能和白痴都是白费的。

最基本的主观条件就是是否能读书，只有能读书，才能谈其他的问题。

第二，愿不愿意读书。

只有靠你个人自发、自动、锲而不舍地长期努力，才会获得读书方面的成就。这也就是为什么我们不可以凭着学子的智力对其学业成绩进行预测的主要原因。

自动自发是一种内在的力量，心理学上称这种力量为动机。

如果某一特定事物被动机所促动的行为专注，我们就可称其为兴趣。

因此，从你的主观立场进行考虑，引起你的动机并维持住这种动机，培养你的兴趣，才是欲求读书的最佳方法。

第三，会不会读书。

这里所谓的会不会读书指的就是"怎样读书"的问题。但是，我们在这里所说的"会不会读书"和上面所说的"怎样读书"有些不同。

"会不会读书"强调：什么样的书要配上什么样的读法，怎样的条件之下怎样读，才能达到实用的目的。

读书是积累知识的最佳方式

一位建筑师在回顾以往之后，将他多年积累的工作经验为年轻人提供了参考。虽然现在他已年届八十，但是他工作的积极性依旧存在。

他认为读书对他爬到事业的巅峰有非常大的帮助。经过了好多年以后，他还深切地认为：职业不仅是工作，更是一连串的读书与学习过程。

唯有建立在稳固的知识基础之上的工作，才能愉快地胜任，进而达到成功。

在这位建筑师求学时，他就一直是一位优秀的学子，他在高中毕业之

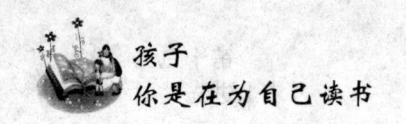

时，还曾代表毕业生们致答谢辞。

他在大学时，发现自己对那些与建筑和工程有关的课程喜爱异常。

教育不但充实了他，还为他未来的工作铺了一条康庄大道。

他的求知欲非常的强，他经常在闲暇之时阅读一些与建筑历史有关的书。

他所做的结论就是："我猜想别人可能会认为我是位学问好、非常快乐而又自负的老人。实不相瞒，你的见解是完全正确的！"

这里所讲的建筑师的读书态度与工作经验，在和我们调查的若干成功人士相比之后，我们发现他们都有很多类似之处。

你若仔细回想一下就会发现，在职业教育中知识是成功者在追求个人成功之时，给予评分最高的一项，有74%的人将此项评为A。

还有49%的人答复说，他们对所接受的教育使他们在工作上充实、一展宏图感到非常满意。

21世纪是知识经济的时代，文化的繁荣，社会的进步，经济的发展，无一不是建立在知识的基础之上。

全球经济的一体化，商业知识的高度密集，企业的管理、领导、决策，也无一不显示着知识的魅力所在。

知识被人们作为衡量人的社会价值的标准。

人们之所以会对读书这样重视，就是因为读书在你获取知识的过程中，起着重要的作用。

要知道，读书是你获得知识的一条重要途径。

大家都知道，人们获得知识的方法大致上有两个途径：第一个就是通过读书获得知识，另一个就是通过学以致用获得知识。

英国的文学家莎士比亚曾经说过："书是人类知识的总结，是全世界的营养品。"

虽然书本知识是间接的，但它是你在学以致用的活动中总结出来的，因此，书本上的知识有着非常重要的价值。而且你通过读书获得知识还有很多的优越性，它不受时间的限制。

你如果想要到原始时代，对于原始人的生活进行一番亲身体验，也许会认为自己在幻想。但是，你却可以通过对历史教科书的阅读把这一幻想变成现实，可以越过时间的差距，了解原始人的生活情况。

同时，读书获得知识也不受空间的限制。

你如果想到月球上旅行，亲自观察一下月球的情况，即使在宇航事业飞速发展的今天，也不是随意能够办到的，但是，你可以通过阅读宇航员的报道，超越空间，对月球上的有关知识详细地了解。

由于现代社会科学技术的高度发展，人类的知识也越来越多，你想要掌握这些知识不可能事事都要自己动手去做，所以就产生了通过读书获得知识的途径。

随着科学的发展，读书在你的生活之中发挥着越来越重要的作用。你生活中的一切，都是建立在书这块肥沃的土地上的。

现在，你已步入了21世纪，你应用一个全新的眼光来看待社会，现在的社会是一个信息高度发展的时代。

所谓的信息化，其实也就是知识化，信息只不过是知识的一个代名词而已。

在21世纪，知识不但会急剧地膨胀，还会迅速地传播，发挥其无尽的魅力。

世界著名的未来学家们对新世纪作了一个展望，他们一致认为：

在21世纪，人类会以一个前所未有的速度发展：印刷出版物，会像潮水般涌来；电讯每天都会不停地对人的头进行轰炸；每天都会有新的科学理论和技术知识更新。

昨天的科幻小说题材，在今天就可能变成一个现实，人脑能想到的东西，科技就能达到。

工业、商业、金融业的发展也将日益依赖于信息市场和技术市场。公司之间的竞争，则主要是信息的竞争；国家之间的竞争，也将演变成以科学技术为重点的综合实力竞争。在21世纪，谁能拥有知识和科技谁就能拥有生存权和发展权。

你不但要获得知识，还要加强学以致用。

人类在征服自然、改造自然的同时，发现了新的知识，创建了新的文明。

知识是人类在生活之中长期积累下来的，但是你获得知识的方法并不是样样都要去试试、学学，而主要是采用下面的两种方法：

一、直接获取知识

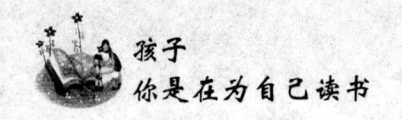

人类生活在自然环境之中，总是不断地接触自然环境，人类在与自然环境接触的过程之中，会有很多现象或者结果引起人们的注意，譬如说：你用手在脸旁扇动，会觉得有风吹到脸上，用其他的物体做出同样的动作时，也会出现同样的现象，因此你就获得了一个感性的认识。

在风吹到脸上时你会感觉有些凉快，经过反复的试验，这一现象仍旧存在。因此你得出了一个结论：如果感到热时，可以用手或者扇子扇一扇来求得凉意。

这个知识的得来，就是你在与自然界的直接接触中得来的，你把它叫作直接经验，也就是直接获取知识的意思。

二、间接获取知识

由于你的生命是有限的，在自然界漫长的发展时代里，你是不可能对于每件事情都进行亲自尝试，获取直接知识的。因此，你获得知识最重要的途径就是所谓的间接获取知识。

怎样间接获取知识呢？

举个例子来说吧：假如你翻开了一本书，这本书会告诉你，一根木条很容易折断，但是很多根木条放在一起，就不容易折断了。

如果你对书上讲的不太相信，你可以亲自尝试一下，那么你就会发现书中所言不假。

譬如你又翻开了另一本书，书中又告诉你，如果你的双腿并拢且不弯曲时，你尽全力向上跳，你会跳得很低。

如果你仍不信，你可以照其所说的再进行一次尝试，你仍会发现，书中所说的是正确的。

这是为什么呢？

这是因为书上所说的，虽然不是你亲自与自然界接触得来的，但它却是别人同自然界的接触中得来的，且已被人们多次证明过并确认为正确的，人们叫它间接知识。

实际上，无论是那些直接知识，还是那些间接知识，都是人类在与自然的较量中得来的，且已被证明过是正确的，掌握了这些知识，就掌握了同自然较量的法宝及战胜自然的能力。

何况人的时间和精力都是有限的，因此人们获取知识的途径主要靠吸收书本知识，然后再加以总结、归纳，同时，发现一些新的问题并加以解

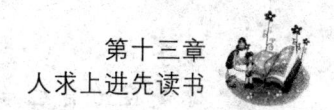

决，从而达到知识的更新和科技发展的目的。

在 21 世纪之初，在知识经济来临之时，知识与技能成了你生存与就业之根本，不养成一个补充知识的习惯是不能适应社会发展的。

从人和知识的关系来看，知识是人们在长期的生活中积累下来的财富，是打开自然界的一把钥匙，人不仅是知识的缔造者，而且还是知识的拥有者。

那些源于自然的知识，只有运用到自然之中，才能发挥出真正的作用。

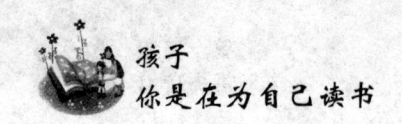

第十四章　少年辛苦终事成
——遇见未来的自己

当我们必须独立的时候，社会什么样

生活中，与父母难以有效沟通？

父母的观念老套陈腐，跟不上时代？

这也许是多数生活在21世纪的"teenagers"的共同感受。其实，在父母亲的少年时代，也曾经以同样的眼光看待我们的祖父母辈。研究历史你会发现，在古代，两代人之间的代沟并没有这样深。原因很简单，就是20世纪之后，这个世界变化得太快，我们常有这样的感觉，无论是流行服饰还是网络语言，都更新升级的特别快，昨天说"酷"还是显得很有个性，今天大家又都在传阅火星文，探讨"囧"、"萌"之类的含义了。

赶上时代，让我们在20几岁的时候不被时代远远抛在身后不是一件容易的事，也许我们现在关心的只是身边的变化，但是其实，掌握社会大趋势的变化对于我们来讲才更有实际意义。

我们有必要明白，当我们必须在社会上自己赚钱花的时候，这个社会会演变成什么样？它需要哪些领域的人才？而这也正是我们比同龄人看得更远的一项资本，拥有高屋建瓴的视野，才能开创更广阔的未来。

让我们到书里去看看未来的世界：

未来世界，电子信息、生物技术和现代医药产业蓬勃发展，涉及这类领域的专业人才供不应求。同时，专业人才必须跨领域工作的情况开始出现。解决了温饱的未来人，对心灵生活越来越向往。趋势作家丹尼尔·品克说，现在美国正从左脑逻辑思考的信息时代，演进到重视右脑思考的感性时代。未来拥有六种关键能力的人，就是拥有设计、说故事、跨领域整合、体会别人感受、休闲娱乐和追求生命意义能力的人，将会成为职场新贵，他们就是未来在等待的人才。

看了以上书中对未来世界人才观的评述，对今天要做什么和怎么做，相信你肯定能有一些初步的想法。当然，书中的看法你也不必完全赞同，如果你的兴趣和理想都在这些范畴之外也没关系，任何一个领域，只要做得出色，就都能得到认可。你同样可以去研究自然科学，研究古典文学，或是成为一名律师，只要从现在起认真做准备就没有问题。如果你感兴趣的领域属于边缘领域，那向以上的六类能力靠一靠，这对你的潜力也是一种挖掘。未来世界虽然生活节奏会更快，但人们已经意识到，需要主动避免心灵的浮躁，所以，有丰厚的知识仍然非常重要。

没有渊博的知识做资本，"独立"之路也许会成为一种心酸的体验，而不是向想象中那样充满阳光和自由。所以，在独立走进这个社会之前，即使你把它当成一次旅行，也要事先问一问自己：我的干粮准备好了吗？

十年后，我能否成为自己最崇拜的人

青少年时代，几乎每个人都有自己的偶像。可能是姚明，可能是成龙，也可能是奥巴马，我们惊羡他们伟大的成就，精彩的生活，不凡的经历，有时把他们的照片贴满自己的小屋，有时又去购买他们的成长书。

榜样的感召力量是无穷的，崇拜某一个人，说明在内心里我们有成为这样的人的理想和愿望，只是这种愿望常常被我们忽略，有时我们觉得自己还小，未来还很遥远，有时觉得自己太过平凡，可能无法拥有卓越的人生。但是，还没有试过，努力过，怎么可以轻率地说不可以，做不到？

事实上，春天种下什么，到了秋天就会收获什么。

春天种下一棵苹果树，夏天花开满园，到了秋天，果实成熟，沉甸甸地挂在枝头。我们立即摘下来品尝，或去储藏起来制作更美味的果酱，留在冬天回味。

要想成为自己所崇拜的人，我们必须从十年前的今天开始就做点什么。

比如，那个当外科医生的理想。现在，就打开你的课程表吧，从里面

孩子
你是在为自己读书

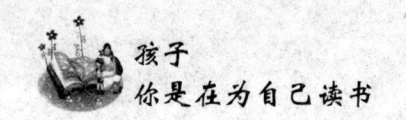

选出和当外科医生相关的课程重点突破。大部分的医学常识其实中学的生物课程就已经涉及了，如脉搏每分钟正常跳动的范围、细胞的组织结构等，这有助于你准确判断病人的生命体征或成功实施手术。而物理化学知识，会帮助你解决救助过程中出现的各类紧急状况。

或者你是想成为像秀兰·邓波一样杰出的外交官，那样的话你就一定要熟悉历史，练就一口流利的外语和掌握各种外交辞令。

我们现在所进行的学习，就像种下苹果的种子一样，会让自己在十年后收获一个果实累累的秋天，到那时，你早已经做好了成为一个优秀外科医生的各项准备，然后，通过临床的学习和实践，很快你就可以在手术台上"穿针走线"，攻克一个又一个疑难杂症，为患者送去健康。或者你还将走上国际讲坛，用流利的英语讲述中国外科医生的发现和成就。

古今中外很多拥有辉煌人生的人，都是在少年时期就明白了这一点。

让我们看看毛泽东16岁时是怎么想怎么做的。

少年时的毛泽东，非常喜欢读书。有一天，他得到一本描写帝国主义对中国的威胁的小册子，册子开头第一句便是"呜呼！中国其将亡矣"，令他十分震惊。正是这本书，让毛泽东从此将国家兴亡放在心上，小小年纪便开始忧国忧民。1910年，毛泽东刚好16岁，他的父亲要他去做生意，毛泽东却立志走出韶山冲继续求学，探索救国救民的方法。在离家求学前夕，毛泽东提笔写了一首《赠父诗》，夹在父亲每日必看的账簿里，这就是："孩儿立志出乡关，学不成名誓不还。埋骨何须桑梓地，人生无处不青山。"后来，毛泽东继续努力读书，并开始接触马克思主义，为他日后走上革命道路奠定了坚实的基础。

而居里夫人两度获得诺贝尔奖也和她从小对理想的执着追求分不开。居里夫人幼年时就对自然科学有着强烈的兴趣，父亲实验室中那些奇形怪状的试验仪器让她十分着迷。长大后因家境贫寒，居里一边做家庭教师，一边自学各类相关课程，终于攀上科学的高峰。

这样我们知道了，今天和明天的关系其实就等同于春种和秋收。成功不是一件偶然的事，而是需要我们目标明确的追求。

那么，想好了吗？有信心了吗？知道该怎么做了吗？

当然了，千万不要认为实现一个理想，只学习一个领域和学科的内容就可以了，因为各个学科之间其实都是相通的。你今天读什么书，决定着明天你会成为怎样的人。每一门学科的学习都会为你打开一扇窗，打开的窗子越多，展现在你眼前的世界也就越广阔。当然，不论哪一个清晨，你都需要在出门前确定好目标，并准备好足够多的可能需要的东西，这样你才会走得更远。

总之，从今天开始就学着为自己加分吧，使自己从内到外都更接近你想要变成的那个样子，坚持下去，明天的你就会是你想变成的那样！

长大了，我要做些什么

一队毛毛虫在树上排成长长的队伍前进，有一条带头，其余的依次跟着，食物就在枝头，一旦带头地找到目标，停了下来，他们就开始享受美味。有人对此非常感兴趣，于是做了一个试验，将这一组毛虫放在一个大花盆的边上，使它们首尾相接，排成一个圆形，带头的那条毛毛虫也排在队伍中。那些毛毛虫开始移动，它们像一个长长的游行队伍，没有头，也没有尾。观察者在毛毛虫队伍旁边摆放了一些它们喜爱吃的食物。但是，毛毛虫们想吃到食物就得看它们的目标也就是那只带头的毛毛虫是否停了下来，一旦停了下来它们才会解散队伍不再前进。观察者预料，毛毛虫会很快厌倦这种毫无用处的爬行而转向食物。可是毛毛虫没有这样做。出乎预料之外，那只带头的毛毛虫一直跟着前面的毛毛虫尾部，它失去了目标。整队毛毛虫沿着花盆边以同样的速度爬了7天7夜，一直到饿死为止。

可怜的毛毛虫给予我们最深刻的启示：没有目标的行动只能走向灭亡。

在平常每一个波澜不惊的日子，我们过着学校家里两点一线的生活，似乎很少有时间去思考目标的问题，我们只是按照社会和家长为我们安排的既定路线茫然地走下去，虽然这条路是长久以来证明最适合于我们的发展的，但是它到底好在哪里，我们并不清楚，它会导向一个什么样的未来，也几乎是未知的。没有了目标的指引和推动，每一天的学习当然会变成一种负担，似乎是在父母家长善意的"逼迫"下才不得不去做的事。

现在反思起来，我们仿佛就像是一只跟着大部队绕圈子的毛毛虫，毛毛虫爬了七天七夜就饿死了，我们呢，这样漫无目的的徜徉下去，青春也

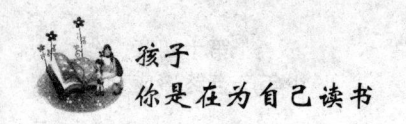

会很快消逝的，这样我们不仅不能得到想要的成功，反而让生命中最精彩的岁月中充满烦躁焦灼和不安。

　　塞涅卡有句名言说："如果一个人活着不知道他要驶向哪个码头，那么任何风都不会是顺风。有人活着没有任何目标，他们在世间行走，就像河中的一棵小草，他们不是行走，而是随波逐流。"

　　人生是受目标驱使的。当我们很小的时候，我们看到别人走路、讲话、读书、骑车等，我们就下定决心也要学会这些本领。虽然我们并不是有意识地这样做，但我们确实是为自己树立了目标。尽管达到这些目标不是件容易的事，但我们还是要努力取得成功。我们喜欢挑战、学习和成功带给我们的刺激。正是这样，我们学会了走路、讲话和其他许多我们现在看来都很简单自然的东西。

　　目标甚至还可以使人们保持青春和幸福。美国一项统计数字表明，男人平均死亡的年龄是退休后两年。这表明如果我们在某一工作岗位上工作了很多年，它就会成为我们生活中重要的组成部分，而如果我们突然间将其从我们的生活里拿走，我们就会觉得自己似乎失去了活着的意义。结果，我们对疾病的抵抗力降低了，身体变弱了。这也许就是对许多有目标追求的人之所以能够长寿的一种解释。

　　王阳元院士是我国著名的微电子学家，早在上中学的时候，他就给自己确定了一个远大的目标，要做未来的科学家。

　　一次上语文课，老师在班上朗读了王阳元交上的一篇作文，题目是《未来的科学家——宇耕在成长》，内容是宇耕立志要成为一位原子物理学家，一定会为此而努力学习，而"宇耕"正是王阳元当时给自己起的笔名，意思是一名宇宙的耕耘者。

　　老师在讲台上念，同学们就在台下"嘿嘿"地笑。有人说他"狂"，也有人说他"傻"。一个不起眼的中学生，居然要做大科学家，简直就是信口开河。

　　而这就是王阳元给自己确立的目标，靠着这个目标的激励，他考上了北京大学物理系，勤奋钻研，最终成了一个硕果累累的科学家。

　　汶川地震之后，一个只有四岁的孩子从幼儿园回来对妈妈说，"妈妈，我要琢磨琢磨用什么材料建房子最坚固。要是地震时在飞机上就好了。要是房板和家具不会砸伤人就好了。"

第十四章
少年辛苦终事成

一个即将参加高考的灾区孩子面对记者的镜头说,"今天的高考,我要报建筑材料专业,研究一种新型材料盖房子。"

还有一个中学生,学校复课以后,课间休息别的同学都在操场上做游戏,他却还是一个人闷在教室里看书。连老师都很惊奇,平常班上最调皮捣蛋的孩子为什么就突然安静了下来。问他怎么了,他认真地说,"我现在觉得,无聊的游戏都是在浪费时间。我要抓紧时间好好学习"。

无论是科学家还是灾区的孩子,都告诉了我们一条常读常新的真理,那就是:只有目标能够给行为以巨大的动力。所以,如果我们常常感到自己不愿学习,为其所苦时,不妨深入想一想,我们学习的目标是什么?

长大了,你要做些什么。

有人说,生命就是负重前行,如此才能走得踏实、久远。立下一个宏大的目标吧,现在就开始努力,你能飞多高,答案就在自己身上。

珍惜读书的机会,未来的社会才会尊重你

在科技发达的现代化社会,一个人如果没有知识和技能,就会寸步难行。

达·芬奇曾经善意地提醒年轻人:"趁年轻力壮去探求知识吧,你将弥补由于年老而带来的亏损。读书带来的智慧乃是老年的精神养料。年轻时应该努力,这样老时才不至于空虚。"

我们不能做现代文盲,否则不可能有幸福的未来。读书是为了获得科学知识,而科学知识是将来的谋生之本。没有少年时代的刻苦读书,就没有美好、幸福的明天。一个人不管将来想成为什么样的人,从事什么样的职业——开公司、当公务员、参军等,都必须从小努力读书,用知识武装自己的头脑。没有知识的人将会生存困难,因为他们连改变命运的资本都没有。

联合国教科文组织曾经提出:"谁掌握了知识和技能,谁就拥有了走向人生的通行证。"人们通过教育得到一定的知识,从而改变其认知、做事、生活以及生存和处世的能力。

在古人看来,读书可以安身立命,可以修身养性,使人成为高尚的

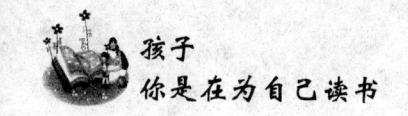

人，所以有哲人说："一日不读书便觉满身污垢。"读书可以治国平天下，读书可以足不出户就知道天下事。读书是你走向未来社会的通行证。历史上很多人物都是由于知识的武装成就了事业。

《史记·苏秦列传》中记载：苏秦曾求学于鬼谷子先生，但是开始时他骄傲自大，学到一点知识，就到外去游说，时间长达数年。因为没有真本领，没能混到一官半职，后来他的钱用光了，衣服也穿破了，只好回家。家里人看到他趿拉着草鞋，挑副破担子，一副狼狈样，都懒得理他。父母狠狠地骂了他一顿；妻子坐在织机上织帛，连看也没看他一眼；他求嫂子给他做饭吃，嫂子不理他扭身走开了。苏秦很受刺激。这时，苏秦明白一定要有真才实学。他没有消极堕落，而是振作起来刻苦读书，每当读书困倦想睡时，他就用铁锥狠刺自己的大腿。这样后来苏秦挂了六国的相印，成为显赫的人物。

这样的故事有很多，都说明了一个道理：有了知识和技能，才能改变自己的命运。

现在，随着就业压力的加剧，有些同学可能会说，大学毕业了也找不到好工作嘛，觉得读书没有用处。这是一种误解，实际的情况是，越是在就业形势严峻的时候，知识和能力越是显示出作用，读好书的人才能脱颖而出，在职场上游刃有余；而那些该读书的时候游手好闲，以为拿了毕业证就可以万事无忧的人自然工作难找，因为他们没有学到真知识，没有掌握真本领。在任何情况下都要相信，读书改变人生，知识改变命运。

人生的道路有千万条，无论要走好哪一条，都需要知识作为后盾。我们周围少年天才不少，而他们未来的成功还是要取决于今天的努力。

知识改变命运，让知识带你开启最辉煌的未来之门！

用心读书许你一个可预见的美丽未来

你曾经梦想自己的未来吗？未来的自己该是什么样，未来的生活会很美好吗？

人的一生，除了出生和死亡，中间的部分，完全是由自己规划的！你要给自己规划一个怎样的未来呢？不要常常想，未来还很遥远，不是的，时间走得可快，它几乎是呼哧一下就飞过人类的头顶。

今天的妈妈还是一头乌黑的青丝，可不知道从哪一天开始，点点白霜就要给它涂上新的色彩。

第十四章
少年辛苦终事成

今天的你，还拥有无限精彩的可能，可不知从哪一天起，你的未来只能局限在某一个点上生根发芽。

这一切是如何发生的呢？就在你嬉戏无度的无数个下午，就在你忙着看漫画的一节节课上，你放弃了时间，于是时间代替你为你的未来做了规划。

春种秋收，有耕耘才会有收获。今天的学习，正是在为明天的美好打基础。所以，不如提早规划一个未来给自己，不要让时间在不知不觉间悄悄溜掉。周恩来12岁时就发出"为中华崛起而读书"的誓言，这个少时的壮志豪言成就了他一生的事业。林肯少年时，就因为偶然一次阅读了华盛顿和亨利·克雷的传记，从此立下宏伟的志向，最后成为"美国历史上最受人尊敬的总统"。

很多年以前，在美国西部的一个乡村，一位15岁的农家少年写下了他气势不凡的计划——《一生的志愿》：

"要到尼罗河、亚马孙河和刚果河探险，要登上珠穆朗玛峰、乞力马扎罗山和麦金利峰；驾驭大象、骆驼、鸵鸟和野马；探访马可·波罗和亚历山大一世走过的道路；主演一部《人猿泰山》那样的电影；驾驶飞行器起飞降落；读完莎士比亚、柏拉图和亚里士多德的著作；谱一部乐曲；写一本书；拥有一项发明专利；给非洲的孩子筹集100万美元捐款……"

他洋洋洒洒地一口气列举了127项人生的宏伟志愿，不要说实现它们，就是看一看，就足够让人望而生畏了。许多人看过他设定的这些远大目标后，都一笑置之。

然而，少年的心却被他那庞大的《一生的志愿》鼓荡得风帆劲起。他对自己能够实现这些目标深信不疑。他的脑海里一次次地浮现出自己漂流在尼罗河上的情景，梦中一次次闪现出他登上乞力马扎罗山顶峰的豪迈，甚至在放牧归来的路上，他也会沉浸在与那些著名人物交流的遐想之中……没错，他的全部心思都已被自己《一生的志愿》紧紧地牵引着，并从此开始了将梦想转变为现实的漫漫征程。结果怎么样呢？结果44年后，他实现了《一生的志愿》中的106个愿望。

他就是20世纪著名的探险家约翰·戈达德。

有人惊讶地追问是如何做到的，他微笑着这样回答："我总是让心灵先到达那个地方，随后，周身就有了一股神奇的力量。接下来，就只需随

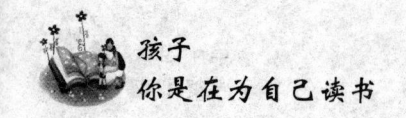

着心灵的召唤前进。"

今天的你，可以为未来做些什么呢？当然是通过读书学习来使自己掌握更多的知识了。在有了一定的知识储备之后，你可以再向着复合型人才的方向发展，使自己多具备几项本领。比如，做一个外交官，仅仅只是通熟政治历史知识肯定是不够的，人文、地理、气候甚至是生物常识，趁现在有足够的时间和精力，都可以去了解啊。多一种知识，在面临突发情况时就能应对自如，知识会随时跳出来帮你。还有外语，未来世界，多掌握几门外语对任何工作都十分必要，因为未来世界，各个国家、民族间的交流将会越来越频繁，世界将会越变越小。我们不用出国，就可以在自己生活的城市、居住的大楼中遇到很多"老外"，语言不通的话就可能会带来误会和麻烦。

通过读书，我们让自己预见美丽未来。而不管未来我们从事的是哪一种职业，丰厚的知识都是我们的立身之本，知识会让我们过上更美好的生活！

知识是一切能力中最强的力量

16～17世纪，英国的弗兰西斯·培根提出了"知识就是力量"的著名论断，他在书中写道："人类知识和人类的权力归于一，任何人有了科学知识，才能驾驭自然、改造自然，没有知识是不可能有所作为的。"

这一论断对资本主义经济的发展起了极大的推动作用。后来经过马克思的阐释，科学知识首先获得了名副其实的"力量"的使命，成为生产财富的手段，从而提出了科学技术是生产力的科学论断。

随着社会的发展，知识的作用愈加重要，特别是在知识经济时代。可以说，知识不仅是力量，而且是最核心的力量、是终极力量。

知识就是财富，李嘉诚先生曾深有体会地说："在知识经济的时代里，如果你有资金，但是缺乏知识，没有新的信息，无论何种行业，你即使勇于拼搏，成功的可能性也不大；但是如果你有知识，而只是缺少资金的话，即使小小的付出都能够有回报，并且很可能达到成功。现在跟数十年前相比，知识和资金在通往成功路上所起的作用完全不同。当今社会，知识不仅指课本内容，更包括社会经济、文明文化、时代精神等整体要素。"

有一位哲人曾这样说过，人们认为"不可能"做的事，往往不是由于缺乏力量和金钱，而是由于缺乏想象和观念。

柏拉图在2000多年前就断言："知识是一切能力中最强的力量。"

吴季松博士的论断更是一针见血："物质财富可以私有也可以公有，但同一物品只能供有限人使用，使用越多其价值越低；知识财富可以私有也可以公有，但知识使用的人越多，其价值越高。"

人的力量在原始社会时期显得十分渺小，人的存在依赖于自然的存在；在农业社会，土地、劳动力是社会发展的关键的经济因素，是人追求的目标；在传统的工业社会，货币资本、自然资源成为社会发展最关键的经济因素；而在当今的知识经济时代，知识与经济的一体化，使知识、信息、智能以及人才真正成为经济发展的最关键的决定因素，成为人们追求的主要目标，人及其知识占据全社会的主体与核心地位，成为社会发展的第一资源、第一资本、第一需要和第一力量。

我们所处的知识经济时代，是"以人为本"的时代。高智慧的人才将决定一个企业乃至一个产业的兴衰，企业的竞争将集中在人才上。《管子》云："争天下者，必先争人。"反过来说，一个人的知识越多，就越有价值。高知高酬、高智高位将成为知识经济时代最普通的事。

正因为知识有如此神奇的力量，学习在知识经济的时代已成为刻不容缓的大事。

没有明天的人，不会拥有快乐

你眼中的快乐是怎样的？

有巧克力糖吃、打电子游戏，还是在新学期给自己更换一身时尚的"行头"？不同的年龄，我们因为不同的事而快乐。

小的时候，快乐是从天而降的。美味的零食、甜蜜的亲吻多得等不及排队就蜂拥而至；慢慢长大以后，快乐和我们玩起捉迷藏的游戏，要仔细寻觅才能将它捕获；而真正成为一个大人，偶尔快乐还会举着降落伞带给我们惊喜，有时它也依然喜欢和我们玩捉迷藏的游戏，但更多的时候，快

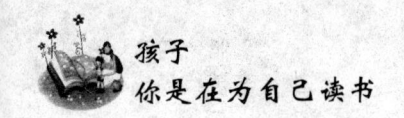

乐需要我们自己创造。

现在就想一想吧，你要怎样做才能创造出快乐呢？现在的快乐是学有所成，走上社会后的快乐则是学以致用。

现在学来的每一样理论和实际的技能，其实都是在一点一滴地壮大你自己，使你具备今后可以胜任任何工作的基本素质。进入更专业的学习领域之后，你的翅膀就会长得更加丰满茁壮。一旦有一天，你的能力足够你负担自己的生活和选择，你就已经成长为一个独立和自由的人。而这些都要靠今天的学习获得，无尽的游戏只会让你浪费宝贵的时间而变成一个寄生虫。

你愿意依附他人活着，还是做一个自力更生、传播快乐的人呢？能凭借自己的能力为自己的生活负责就是一种快乐。这种快乐要靠今天的学习得来，学习让我们具备生存的能力。

我国著名教育家陶行知先生曾给他的学生写过一首《自立歌》，歌中这样写道："淌自己的汗，吃自己的饭，自己的事情自己干，靠人靠天靠祖宗，不算真好汉！"他告诉我们，自立是每个人在年少时就该具备的一种精神。在美国，即使是富裕人家的孩子，毕业以后父母也要求他们自谋生路，而不是直接进入家族企业，以此来锻炼孩子的自立能力。

读书究竟是苦还是乐呢？亚里士多德说，教育根苦而果甜。我们看到有很多知名人士，他们在艰苦的境况下读书，最终收获了甜蜜的果实。

鲁迅先生从小学习就很认真。少年时，在江南水师学堂读书，第一学期成绩优异，学校奖给他一枚金质奖章。鲁迅立即拿到南京鼓楼街头卖掉，拿卖奖章的钱买了几本书，又买回一串红辣椒。每当晚上寒冷难以坚持读书时，他就摘下一颗辣椒，放到嘴里嚼，直辣得额头冒汗。鲁迅先生用这种办法驱赶寒冷，坚持读书，后来终于成为著名的文学家。

想想长大后的你，要靠什么来把握快乐？今天的嬉戏是否是在吞噬明天的快乐？眼前的快乐如果只是因为无聊的游戏，明天的你会因为这幼稚的行为而感到羞愧。不如趁着青春年少，趁着风和日丽，努力地学习飞翔。现在就开始做准备吧，认真对待每一堂课、每一本书，找到自己的快乐之源！

第十五章　而今迈步从头越
　　——为了梦想，准备出发

学习是一辈子的事情

　　美国商业顾问汤姆·彼得斯在《解放管理》一书中给学生们这样的忠告："记住，教育是通向成功的唯一途径，教育并不以你获得的最后一张文凭而中止。终身学习在一个以知识为基础的社会里是绝对必需的。你必须认真地接受教育，其他所有人也必须认真接受教育。教育是全球性相互依存经济中的'大竞赛'，如此而已。"

　　因此，学习的真正目的并不在于记忆、存储，或是学会运用某种特定技巧，而是在于具备终身学习的能力。

　　要具备终身学习的能力，关键就在于必须"终生学习"。

　　珍尼特·沃斯和戈登·德莱顿在《学习的革命》一书中认为："真正的革命不只在学校教育之中，它在学习如何学习，学习你能用于解决任何问题和挑战的新方法中。"

　　急遽的全球性转变，资讯光速流转，机会转瞬即逝。环境的迅速变化确实向任何人都提出了新的挑战——因循守旧，还是创新超越。在巨变的洪流中，无论企业或个人，凡是依赖于旧有的知识和依循以往的方式解决新问题，终将无法避免被淘汰的命运。我们别无选择，只有"变"才能应变。正如禅宗上所言：变，才是唯一的不变。

　　有这样一个故事：

　　很久以前，有弟兄两人，各置办了一些货物，出门去做买卖。

　　他们来到一个国家，这个国家的人都不穿衣服，被称做"裸人国"。

　　弟弟说："这儿与我国的风俗习惯完全不同，要想在这儿做好买卖，

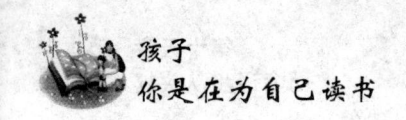

实在不易啊！不过俗话说：入乡随俗。只要我们小心谨慎，讲话谦虚，照着他们的风俗习惯办事，想必问题不大。"

哥哥却说："无论到什么地方，礼义不可不讲，德行不可不求。难道我们也光着身子与他们律来吗？这太伤风败俗了。"

弟弟说："古代不少贤人，虽然形体上有变化，但行为却十分正直。所谓'殒身不陨行'，这也是戒律所允许的。"

于是弟弟先进入了裸人国。过了十来天，弟弟派人来告诉哥哥，一定得按当地风俗习惯，才能办得成事。哥哥生气地想：不做人，要照着畜生的样子行事，这难道是君子应该做的吗？我绝不能像弟弟那样做。

裸人国的风俗，每月初一、十五的晚上，大家用麻油擦头，用白土在身上画上各种图案，戴上各种装饰品，敲击着石头，男男女女手拉着手，唱歌跳舞。弟弟也学着他们的样子，与他们一起欢歌曼舞。裸人国的人们无论是国王，还是普通百姓都十分喜欢弟弟，相互关系非常融洽。国王付给他十倍的价钱把他带去的货物全都买下来了。

而他的哥哥来了之后，满口仁义道德，指责裸人国的人这也不对，那也不好。结果引起国王及人民的愤怒，大家抓住了他，狠揍了一顿，全部财物都被抢走了。后来全亏了弟弟说情，国王才把他放了出去。

世上没有最好，只有更好，对一个人更是如此，具体情况具体处理，不要一味照搬原来的套路，否则会弄巧成拙。有什么样的环境，做出什么样的选择，自然就会有不一样的结果。学习也是一样，只有因地制宜随着变化而变化，你的学习才是最适合于你自己的，也是最成功的。

"变"是新的挑战下唯一不变的生存之道。那么，如何应变甚至导变呢？那就是学习如何学习。只有具备"如何学习"的能力，才能在爆炸般骤增的资讯中有所取舍，在"全时间〞、"全环境"中因时、因地、因事、因变进行学习创新，从而更高效地实现自己的目标。也只有如此，你的时间才是用在最有生产力的地方。而效率就是竞争力。

过去我们说，不愿学习是愚蠢。而加拿大媒体怪杰麦克鲁汉却直言："不会学习，是一种罪恶。"所谓"会学习"、"如何学习"，实质就是倡导一种创造性学习，高效学习。如何能更有效、更高效地学习，这本身就是知识和学问。

学习很重要，学习如何学习更重要。不学习的人，不如好学习的人；

好学习的人，不如会学习的人。知识的迅速增长和更新，使人不得不在学习上付出更多的努力。经过苦苦探索，人们在"终身教育"问题上达成了共识，现在"终身教育"思想已经成为当代世界的一个重要教育思潮。今天，在世界范围内都响起了"不学习就死亡"的口号。学习就意味着是一个终身的过程，是现代人生命过程的一个重要组成部分。任何人，不管他有多高的天资，有多高的文凭，都没有资格说："我已经不用学习了。"

有一家大公司的总经理对前来应聘的大学毕业生说："你的文凭代表你受教育的程度，它的价值会体现在你的底薪上，但有效期只有3个月。要想在我这里干下去，就必须知道你该继续学些什么东西。如果不知道学些什么新东西，你的文凭在我这里就会失效。"

大学毕业生小方和小安同时被招聘到某公司运输部。小方按部就班，认认真真地完成经理交办的每项工作，没出什么差错，他自己也比较满意。但小安却并没有安于现状，在对客户的分析中，他发现京津冀鲁等地的货物运输近期常有滞留现象，多是由于修路造成。于是，他通过电脑交通网络，对北京周边各交通干线的路况进行了一系列调查摸底，并于每天列出一份动态的路况交通图送给经理参阅。就是这份动态的路况图，对公司的货物运输起了重要的疏导作用，不但缩短了有效运输时间，而且减少了因堵车、绕行而产生的运输费用，受到公司领导的重视和奖励。当然，3个月后，公司继续聘用的是善于学习和思考的小安。

在我们身边确有一些高学历的人，自我感觉已经掌握了改造世界的全部本领，认为出了校门就不用再学习了。其实，这样的认识是非常危险的。

时代飞速发展，环境急剧变化，再没有一劳永逸的成功，只有不断学习，终身学习，你才不会被抛出时代的列车。

永远不要轻言放弃

曾经有一个精明的雇主登广告要招聘一个孩子，他对应征的30个小孩说："这里有一个标记，那儿有一个球，要用球来击中这个标记，你们一个人有7次机会，谁击中目标的次数越多，就雇谁。"

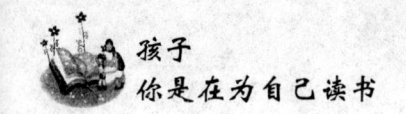

结果，所有的孩子都没能击中目标。

这个雇主说："明天再来吧，看看你们是否能做得更好。"

第二天，只来了一个小家伙，他说自己已经准备好测试了。结果，那天他每次都击中靶心。

"你怎么能做到呢？"雇主惊讶地问道。

这个孩子回答说："哦，我非常想得到这份工作来帮助我的妈妈，所以，昨天晚上我在棚屋里练习了一整夜。"

不用说，他得到了这份工作，因为他不仅具备了工作所需的基本素质，而且还表现了自己不轻言放弃的优秀品质。

每个人都知道坚持不懈、永恒进取的魅力，可是又有谁能真正地去做呢？

1948年，牛津大学举办了一个"成功秘诀"讲座，邀请到了当时声名显赫的丘吉尔来演讲。三个月前媒体就开始炒作，各界人士也都引颈等待，翘首以盼。

这一天终于到来了，会场上人山人海，水泄不通，各大新闻机构都到齐了。人们准备洗耳恭听这位政治家、外交家的成功秘诀。

丘吉尔用手势止住雷动的掌声后，说："我的成功秘诀有三个：第一是，绝不放弃；第二是，绝不、绝不放弃；第三是，绝不、绝不、绝不能放弃！我的讲演结束了。"说完就走下讲台。会场上沉寂了一分钟后，才爆发出热烈的掌声，经久不息。

没有失败，只有放弃，不放弃就不会失败。正如乔治·马萨森所说："我们获胜不是靠辉煌的方式，而是靠不断努力。"

发明家爱迪生对于人生抱着罕见的乐观态度，这促使他在发明方面有了非凡的成就。在电灯发明的过程当中，其他人已经因为失败了几千次而感到心灰意冷，而他却可以将每一次不成功的试验，视为又一个不可行方法的减少，确信自己向成功又迈进了一步。

一般人在第一次失败后就放弃了，这也就是为什么有那么多的"一般人"，而只有一个爱迪生。

我们都应该向爱迪生学习。有许多故事都是关于太快放弃尝试的人的经历。生命中有些障碍，不会因为你采取了坚定、明智且积极的行动，就从你眼前消失。当你因为某件事而感觉受到挫折时，不妨想想爱迪生那一万次的失败。

最伟大的成就往往是由奋斗挣扎中得来的。失败对人们的影响通常有两种：第一是使人们因为受到挑战而更加努力；第二是使人们灰心丧气，从此一蹶不振。

当失败的讯号第一次出现时，大多数的人就决定放弃了。有很多人只遭遇一次失败，即使是微不足道的失败，便不再尝试了。

从你对于失败的反应，便可知道你自己是否可能成为领导者。

如果你在第3次失败之后仍然继续努力，你将在目前的行业中出人头地。

如果你在第12次失败之后仍然不灰心，那么天才的种子已经在你的内心萌芽，给它希望及信心，它就会日益茁壮成长，最后开花结果。

天将降重任于斯人，一定得先让他遭受横逆和打击，考验他是否有足够的勇气去担当。我们在学习的过程中，也难免有失败的时候，但是，这个时候我们千万不能气馁，因为，学习不是一天两天的事情，今天的失败并非意味着以后的失败，只要我们善于总结失败的教训，不断努力，一定能够取得新的成功。

生活是我们最好的老师

古希腊哲学大师苏格拉底的三个弟子曾求教老师，怎样才能找到理想的伴侣？苏格拉底没有直接回答，却让他们走田埂，只许前进，且仅给一次机会要求是选摘一个最好最大的稻穗。

第一个弟子没走几步，就看见一个又大又漂亮的稻穗，高兴地摘下了。当他继续前进时，发现前面有许多比他的那个大，但他已经没有了机会，只得遗憾地走完全程。

第二个弟子吸取了教训，每当他要摘下稻穗时，总是提醒自己，后边还有更好的。可当他快到终点时才发现，机会全错过了。

第三个弟子吸取了前边两个的教训。当他走过全程三分之一时即分出大、中、小三类，再走三分之一时，验证是否正确；等到最后三分之一时，他选择了属于大类中的一个美丽的稻穗。

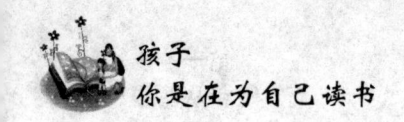

虽说，这稻穗不一定是田里最好最大的一个，但对他来说已经心满意足了。

苏格拉底的第三个弟子天生就是聪明的吗？不见得，他的聪明是从前两个弟子的愚蠢中学到的。如果他不是第三个进去摘稻穗的人，也许也会摘一个小的稻穗，或者空手而归。

生活中的每一个人都是我们的老师。从聪明的人身上我们学习智慧，从善良人那里我们萌生爱心，从愚蠢的人那里我们可以吸取教训。即使是很小的事情，也会对我们带来终身的益处。

看到别人的愚蠢，不要嘲笑，想一想这样的事情会不会发生在自己身上，也许有的时候我们会犯同样的错误。

事实上，我们看到别人的愚蠢常常会暗地里发笑，其实你笑了，除了给别人带来伤害，不会对你有任何价值。而如果你从这些事情中认真地思考并懂得了道理，那么以后也许会在你的工作生活中起作用。

五年前，有位朋友对我说，等他学会了电脑，他要做网络。一年后，再遇到他，他说他正在学。几天前打电话给他，他说网络知识发展太快，他学的东西已经过时，等他学会了新的东西，再来搞网络。

我不知道这位朋友什么时候能干上网络的工作，也许网络对他一生都只是一个梦，因为他总是生活在等待中。

也常和一些老年人聊天，这些两鬓斑白的老人，总会沉浸在过去中。有一位老人总喜欢说："我年轻的时候如果搞摄影，现在就不会是这个样子。"

"那为什么没搞呢？"

"想等学会了，再去做就已经迟了。时光不等人啊！"

看着老人一脸的懊悔，我又想起那位想要搞网络的朋友，如果他还一味地等着把新的知识学到手才去搞网络，那么他必然会像这位老人一样，只能在年老体衰时发出时光不等人的叹息了。

其实，现实是不会给你留出准备时间的，在这个知识爆炸的时代，等你学会了新的知识，你的新知识已经变成了旧知识。如果你老是在做准备，你将发现永远也准备不完。你应该一边学习，一边实践。读书，不仅仅是眼到，更重要的是要将所学到的知识运用到实践中去，只有实践，才是检验真理的唯一标准。

第十五章
而今迈步从头越

一直以为自己喜欢读书，读书不仅仅只限于汲取书本的知识，同时要走进社会，走进生活，因为最直接最实用的知识不是来自于书本上，而是来源于生活。有一次，我去一处大型煤矿企业采风，当我和一群在井下工作的矿工闲聊时，才发现自己无知得像个傻瓜。

那些工人们说，井下的白鼠是不能随便杀死的，我很是疑惑，井下的小白鼠有什么用呢？他们告诉我，如果矿井出现塌方事件，只要你的身边有小白鼠，那么你就有活的希望，因为那些小白鼠最清楚什么地方可以跑出去。

谁能想到小白鼠会在生命危难的时候给人希望，但是这些普通的工人们都知道，他们从实践中学来的东西要比书本上的丰富得多。在书本上我们只知道上螺丝时应该顺时针，卸螺丝时应该逆时针，但没有哪一本书告诉过我们，井下的小白鼠会带我们逃出塌方的地方。从那时起，我明白了一个道理——生活永远是一本读不完的书。只有生活才是我们最好的老师。

读书：以更轻松的方式环游世界

地球已经存活了四十六亿年，人的寿命不过百岁。

宇宙无限广大，世界纷繁复杂。

就算你一刻不停地将你感兴趣的事情都去体验一番，所得仍将十分有限。这时候，鲁迅先生的拿来主义就可以派上用场了。别人的实践经验，或者是所见、所闻、所听、所感，你都可以拿来学习了解。当然这比较麻烦，还要花力气搜集，最便捷的方式是：打开一本书！

从古到今，书里不知蕴藏了多少丰富的知识。历史和地理，星空和物种，外星人和诡异事件……你能想到的，书里都有涉猎。

让书带你去看看海底的发光生物；让书带你去感受"泰坦尼克"沉没的瞬间恐慌；让书将人类始祖的真实样貌在你面前细细呈现……

世界无限大，而我终将一一抵达！

很多人都是通过读书的方式来丰富自己的人生体验。我们通过书籍抵达想要了解的历史时空，得来的经验和感悟再拿来对照现实生活，往往就

孩子 你是在为自己读书

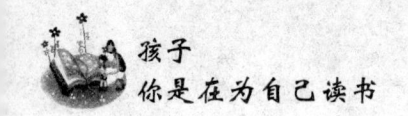

能得出一个更加正确的思考和行动了。

我们都知道毛主席少年的时候就非常喜欢读书。在投考长沙第一师范前半年，他每天都要到长沙图书馆去读书，一开门就进去，关门才出来，风雨无阻。他自己后来回忆说：到了图书馆，就像牛进了菜园一般。

毛主席的读书不是仅仅局限于一个自己感兴趣的领域，哲学、政治、经济、历史、文学、军事等社会科学，包括一些自然科学方面的书籍，他都要拿来研读一番。当然，历史方面的书籍他读得最多。中外各种历史书籍，特别是中国历代史书，毛主席都非常爱读。从《二十四史》、《资治通鉴》、历朝纪事本末，直到各种野史、稗史、历史演义等他都会拿来看一看，目的就是要借助历史的经验和教训来指导当下的革命事业，"古为今用"。实践证明，这种方法的确奏效。

书对历史和现实的忠实记录，开阔了我们的眼界，让我们爱不释手。而那些虚构的故事和人物也常常令人为之感动，书中人物的性格、精神通过书本的传递，一点点影响和塑造着我们的价值观。

中学时代，不妨多读几本优秀的大部头书，它能帮你解答不少生活里遇到的现实困惑。把心投进去，到主人公所处的年代和事件中神游一番。目力的限制可能会带来时空的隔膜，思想则能够自由穿梭。

苏联著名作家奥斯特洛夫斯基编著的《钢铁是怎样炼成的》打动了几代人的心。主人公保尔·柯察金成了人们心目中英雄的化身，而且由于他是从一个少年成长起来的平民英雄，他的故事对我们而言更具有启发性和激励性。我们在书里能看到自己生活里的影子，接受自己的不完满并努力追求美好。书一点一点锤炼着我们的人格和品质，书中人物的价值观也在潜移默化地影响着我们。

歌德说过："会读书的人用两只眼读，一只眼看纸面上的，另一只看纸背面。"

同样的一本书，在不同年龄段，也会带给我们不同的感受。比如那些大部头，小的时候看着新奇，再大些看个半懂，年龄增长了，才能领会得更多。

可见，我们并不是为了读书才去读书，而是因为读书为我们打开了更多看世界的窗子，让我们体验到更加丰富的人生美景。

成功人士为什么还要读书：
知识升级是以变应变的根本

曾有人问富豪李嘉诚："今天你拥有如此巨大的商业王国，靠的是什么？"李嘉诚毫不犹豫地回答："靠学习，不断地学习。"是的，不断学习就是李嘉诚取得巨大成功的奥秘。

在六十多年的从商生涯中，李嘉诚一如既往地保持着旺盛的求知欲望。他每天晚上睡觉前都要看半个小时的书或杂志，学习知识、了解行情、掌握信息。他说，读书不仅是乐趣，而且可启迪人的心智。据他自己讲，文、史、哲、科技、经济方面的书他都读，但不读小说。他不看娱乐新闻，认为这样可以节省时间。

荣膺世界华人首富以后，他并没有退休养老的打算，仍在不断地学习，每天继续在他的办公室里工作。他是一位真正身体力行"活到老，学到老"的杰出企业家。

一个渴望杰出的人首先必须要有知识，必须要不断地学习。一个人无论他的目标是什么，如果不去学习，没有知识，那么这一目标只能是海市蜃楼。即使是一个智力平平的人，如果能够像李嘉诚那样去储备足够多的知识，并将之转化为行动的力量，也同样可以出类拔萃。

现代社会信息更新很快，可以说，如果不继续学习，我们就无法使自己适应急剧变化的时代，就时刻有被时代淘汰的危险。据美国国家研究委员会调查，半数的劳工技能在1~5年内就会变得一无所用，而以前这段技能的淘汰期是7~14年。特别是在工程界，毕业10年后所学还能派上用场的不足1/4。

因此，不断学习也是我们青少年的必要选择，只有不断地学习，不断为自己充电，才会拥有一个永远加速的未来。

皮特·詹姆斯现在是美国ABC晚间新闻的当红主播。在此之前，他曾一度毅然辞去人人艳羡的主播职位，到新闻的第一线去磨炼自己。他做过普通的记者，担任过美国电视网驻中东的特派员，后来又成为欧洲地区的特派员。经过这些历练后，他重新回到ABC主播台的位置。而此时的他，已由一个初出茅庐的略微有点羞涩的小伙子成长为成熟稳健又广受欢迎的

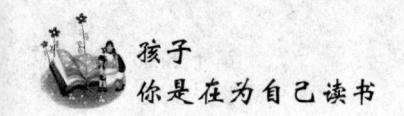

主播兼记者。

皮特·詹姆斯最让人钦佩的地方在于，当他已经是同行中的优秀者时，他没有自满，而是选择了继续学习，使自己的事业再攀高峰。一个成功人士，无论自己处于职业生涯的哪个阶段，都会把不断学习当成自己的习惯。因为他们清楚自己的知识对于所服务的机构而言是很有价值的，正因为如此，他必须时时抓紧学习，不能让自己的技能落在时代后头。因此，当你的工作进展顺利的时候，要努力学习；当工作进展得不顺利，不能达到工作岗位的要求时，那你更要加快自己学习的进度。在瞬息万变的现代社会里，"学习"是让自己实现可持续成功的保障。当我们试图通过学习超越以往的表现时，我们才能算得上真正意义上的成功人士。

反之，如果我们沉溺在对昔日以及现在表现的自满当中，学习以及适应能力的发展便会受到阻碍。学习和工作如逆水行舟，不进则退，不管你有多么成功，你都要对自身的成长不断投注心力，如果不这么做，学习自然无法有所突破，终将陷入停滞甚至是倒退的境地。

今天的首富、首相和首长等成功人士和精英人士们正是通过不断的继承和学习，才取得了现在的成就。因为要想站得更高、看得更远，取得更大的成绩，就需要不断地为自己补充新的能量。知识就像机器，也会折旧，只有终身学习，才能不断进步。社会在不断地发展变化，学习就像逆水行舟，不进则退，没有原地踏步的。只不过，随着年龄的增长，学习不再局限于课本，而是更宽泛、更自然，随时随地的发现也都成了一种学习。

学习带给我们知识，更带给我们提升自己的最好原动力。认真对待它，学习就会潜移默化地变成我们的一种生活习惯，让我们终身受益。

头脑聪明却不用功是一种耻辱

有很多孩子学习成绩不好，却仍然很自豪，令人遗憾的是他们的自豪并不是因为在学习以外的其他领域取得了骄人的成绩，而是因为他们自认为"头脑聪明"，在智力上高人一筹，"我要是努力，我如果想小丽那么用功，早就排进前五名了"。

第十五章
而今迈步从头越

也许说这句话的人没有意识到,即使真的是他头脑聪明,那么将造化赋予自身的天然优势搁置起来,任自己的智商老化,使一种"暴殄天物"的行为,让一种优点在自己的身上被无辜消磨而没有创造出应有的价值,是一件值得羞愧的事。

更何况,人与人之间智商的差别是非常小的,即使有个别天生聪明的人,如果后天不勤加学习和锻炼,原本的优势也会钝化,天才也会变成低能儿或者平庸的人。

方仲永的故事人们早已耳熟能详。

方仲永,5岁就写得一手好诗,受到乡里县里秀才们的高度赞扬。同县的人对这个神童的才华感到惊奇,纷纷请他的父亲去做客,花钱求方仲永题诗。

于是方仲永的父亲每天牵着他四处拜访同县的人,不再让他继续学习,这等于让方仲永聪明的脑子停滞下来。果不其然,方仲永长到十二三岁的时候,他的才华退步了,又过了7年,他完全同平常人没有区别了。

这是一幕活生生的天才少年荒废自己聪明头脑的悲剧,在我们身边还有多少这样的惨剧?

文章最后感叹道:仲永的通达智慧是天赋的。他的天资比一般有才能的人高得多。他最终成为一个平凡的人,是因为他没有受到好的后天训练和培养。像他那样天生聪明,如此有才智,没有好好使用聪明的头脑,尚且要成为平凡的人;那么,现在那些不是天生聪明,本来就是平凡的人,又不接受后天的教育,又怎么可能获得卓越的成就呢?

方仲永遗憾地没有挖掘出自己身上的巨大潜能,白白浪费了自己的天赋才能,而他的爸爸更是骄傲地以为自己儿子最聪明了,再学习也不可能更聪明了,就扼杀了他继续学习的权利,使方仲永落得如此可悲的下场。

中国有句古话"聪明反被聪明误",用在这里再恰当不过了。中国古往今来有多少类似的神童,在这样的骄傲中耗费了智慧呢?现在又有多少有聪明才智的孩子因为没有后天的学习机会,或丧失学习的兴趣,而葬送所有智慧的火花呢?

脑子聪明没有什么了不起,每个人都有脑子,只是有的聪明些、有的笨些。笨鸟反而先飞,聪明若骄傲自满也只能是掉队的大雁。

即使你在班上脑子第一聪明,也没什么大不了,如果因为别人赞扬几

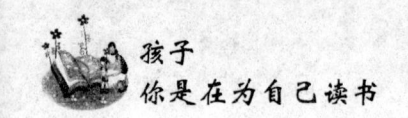

句，就停下努力的脚步，那就是浪费。

"龟兔赛跑"的故事我们听得耳朵起老茧，可是，真正理解其中内涵的又有几个呢？一般，人们将焦点放在赞美乌龟的毅力上，只有那些像聪明的兔子一样，曾经有过打盹经历的人才能体会这其中的意义与价值。

在兔子不屑一顾，咧着嘴嘲笑乌龟的笨拙，而沉入梦乡，美滋滋地想着自己会得到第一的时候，乌龟却凭着恒心，一步步向前，结果反比活蹦乱跳的兔子更早到达了终点。

这其中的兔子就是骄傲自负、不愿意用功而终致落后的实证。

还记得吧，小时候，在你家墙上、床头，总有一些励志名言被写成大大的毛笔字条幅挂着。

"宝剑锋从磨砺出，梅花香自苦寒来"恐怕是用滥了的一句。的确，做锋利的宝剑、成高洁的梅花表达了我们的心声。

有了好的材料还得锤炼、打造，方能变利刃，同样，有了聪明的头脑，不开发、用功，也是枉然。

看看你的班上学习成绩靠前的那些同学，他们的脑子未必就最聪明，而那些脑子聪明的，为什么不肯太用功呢？是他们太有自信，他们觉得这些都是小儿科、小菜一碟，于是他们不肯谦虚，不肯深入钻研，总是浮在表面。他们高估自己的聪明，没有挖掘出自己最大的潜力。

骄傲必定会落后，落后就会挨打。假如你的头脑还不太笨，还犹豫什么呢？这个世界不欢迎等待者，赶紧开始用功吧，骄傲只会使自己的潜能发挥不出来。

用心读书，许你一个可预见的美丽未来

你曾经梦想自己的未来吗？未来的自己该是什么样，未来的生活会很美好吗？

人的一生，除了出生和死亡，中间的部分，完全是由自己规划的！你要给自己规划一个怎样的未来呢？不要常常想，未来还很遥远，不是的，时间走得可快，它几乎是呼哧一下就飞过人类的头顶。

今天的妈妈还是一头乌黑的青丝，可不知道从哪一天开始，点点白霜

第十五章 而今迈步从头越

就要给它涂上新的色彩。

今天的你，还拥有无限精彩的可能，可不知从哪一天起，你的未来只能局限在某一个点上生根发芽。

这一切是如何发生的呢？就在你嬉戏无度的无数个下午，就在你忙着看漫画的一节节课上，你放弃了时间，于是时间代替你为你的未来做了规划。

春种秋收，有耕耘才会有收获。今天的学习，正是在为明天的美好打基础。所以，不如提早规划一个未来给自己，不要让时间在不知不觉间悄悄溜掉。周恩来12岁时就发出"为中华崛起而读书"的誓言，这个少时的壮志豪言成就了他一生的事业。林肯少年时，就因为偶然一次阅读了华盛顿和亨利·克雷的传记，从此立下宏伟的志向，最后成为"美国历史上最受人尊敬的总统"。

很多年以前，在美国西部的一个乡村，一位15岁的农家少年写下了他气势不凡的计划——《一生的志愿》：

"要到尼罗河、亚马孙河和刚果河探险，要登上珠穆朗玛峰、乞力马扎罗山和麦金利峰；驾驭大象、骆驼、鸵鸟和野马；探访马可·波罗和亚历山大一世走过的道路；主演一部《人猿泰山》那样的电影；驾驶飞行器起飞降落；读完莎士比亚、柏拉图和亚里士多德的著作；谱一部乐曲；写一本书；拥有一项发明专利；给非洲的孩子筹集100万美元捐款……"

他洋洋洒洒地一口气列举了127项人生的宏伟志愿，不要说实现它们，就是看一看，就足够让人望而生畏了。许多人看过他设定的这些远大目标后，都一笑置之。

然而，少年的心却被他那庞大的《一生的志愿》鼓荡得风帆劲起。他对自己能够实现这些目标深信不疑。他的脑海里一次次地浮现出自己漂流在尼罗河上的情景，梦中一次次闪现出他登上乞力马扎罗山顶峰的豪迈，甚至在放牧归来的路上，他也会沉浸在与那些著名人物交流的遐想之中……没错，他的全部心思都已被自己《一生的志愿》紧紧地牵引着，并从此开始了将梦想转变为现实的漫漫征程。结果怎么样呢？结果44年后，他实现了《一生的志愿》中的106个愿望。

他就是20世纪著名的探险家约翰·戈达德。

有人惊讶地追问是如何做到的，他微笑着这样回答："我总是让心灵

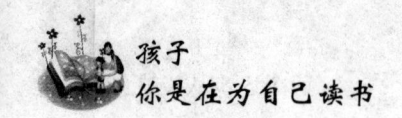

先到达那个地方，随后，周身就有了一股神奇的力量。接下来，就只需随着心灵的召唤前进。"

今天的你，可以为未来做些什么呢？当然是通过读书学习来使自己掌握更多的知识了。在有了一定的知识储备之后，你可以再向着复合型人才的方向发展，使自己多具备几项本领。比如，做一个外交官，仅仅只是通熟政治历史知识肯定是不够的，人文、地理、气候甚至是生物常识，趁现在有足够的时间和精力，都可以去了解啊。多一种知识，在面临突发情况时就能应对自如，知识会随时跳出来帮你。还有外语，未来世界，多掌握几门外语对任何工作都十分必要，因为未来世界，各个国家、民族间的交流将会越来越频繁，世界将会越变越小。我们不用出国，就可以在自己生活的城市、居住的大楼中遇到很多"老外"，语言不通的话就可能会带来误会和麻烦。

通过读书，我们让自己预见美丽未来。而不管未来我们从事的是哪一种职业，丰厚的知识都是我们的立身之本，知识会让我们过上更美好的生活！